高等职业教育机械类专业系列教材

锻造工艺与锻模设计

全国高职材料工程类教学指导委员会
中 国 锻 压 协 会 组编

主 编 龚小涛 张 琳

副主编 耿 佩

参 编 付传锋 周 超 周敏姑 门正兴

机械工业出版社
CHINA MACHINE PRESS

本书分为 4 个项目，包括 9 个任务，系统介绍了锻前坯料准备及加热、自由锻生产规程设计、模锻过程与模具设计、特种锻造等内容。其中模锻过程与模具设计涵盖锤上模锻、螺旋压力机上模锻、热模锻压力机上模锻、平锻机上模锻和液压机上模锻等内容。每个项目都通过工匠精神融入了素质教育元素，并且融入了锻造行业新技术、新工艺和新设备内容。每个任务都是以实际案例为主线，理论联系实际，有很强的实用性。

本书可用于高等职业院校、成人高校现代锻压技术、航空材料精密成型技术、模具设计与制造等专业教材，也可供锻压类企业技术人员参考。

图书在版编目（CIP）数据

锻造工艺与锻模设计/龚小涛，张琳主编. —北京：机械工业出版社，2021.12（2024.1重印）

高等职业教育机械类专业系列教材

ISBN 978-7-111-69899-9

Ⅰ.①锻…　Ⅱ.①龚…②张…　Ⅲ.①锻模-设计-高等职业教育-教材②锻模-制造-高等职业教育-教材　Ⅳ.①TG315.2

中国版本图书馆 CIP 数据核字（2021）第 261044 号

机械工业出版社（北京市百万庄大街 22 号　邮政编码 100037）

策划编辑：王海峰　　　　　责任编辑：王海峰
责任校对：陈　越　王明欣　封面设计：马精明
责任印制：单爱军

北京虎彩文化传播有限公司印刷

2024 年 1 月第 1 版第 2 次印刷

184mm×260mm·16 印张·390 千字

标准书号：ISBN 978-7-111-69899-9

定价：49.80 元

电话服务　　　　　　　　　　网络服务

客服电话：010-88361066　　　机　工　官　网：www.cmpbook.com
　　　　　010-88379833　　　机　工　官　博：weibo.com/cmp1952
　　　　　010-68326294　　　金　书　网：www.golden-book.com
封底无防伪标均为盗版　　机工教育服务网：www.cmpedu.com

前　言

本书主要解决我国职业院校航空精密成型技术专业、材料成型及控制技术专业等专业，锻压类教材内容与职业标准不对接、教学过程与龙头锻造企业生产过程不对接、学历证书与锻造职业资格证书标准不对接等问题。基于锻造龙头企业典型锻件生产过程，校企联合开发内容实用、可读性强，且符合高职院校学生学习特点的教材。

本书是在西安航空职业技术学院校本教材基础上，依照西安航空职业技术学院主持的教育部高职高专航空材料精密成型技术专业教学标准编写的，是西安航空职业技术学院承担的"中国特色高水平高职学校和专业建设计划"建设项目任务之一，是国家职业教育材料成型及控制技术专业教学资源库配套教材。

本书分为4个项目，包括9个任务，系统地介绍了锻前坯料准备及加热、自由锻生产规程设计、模锻过程与模具设计、特种锻造等内容。其中模锻过程与模具设计涵盖锤上模锻、螺旋压力机上模锻、热模锻压力机上模锻、平锻机上模锻和液压机上模锻等内容。全书结构清晰、内容完整，既保证了理论知识的系统性，又凸显了锻造技术的实用性。

本书在内容编写上以锻造生产过程为主线，以项目任务为驱动，将锻造生产理论贯穿到每个任务实施当中，并按照锻造生产流程完成任务实施。每个任务均包含任务目标、任务分析、理论知识、任务实施过程及课后思考五个部分，结构清晰、内容精炼、图文并茂，相比原来使用的本科教材理论难度降低，便于学生理解和接受知识。

本书贯彻党的二十大精神，全面落实立德树人根本任务，在每个任务后编排了锻造新技术、新工艺和新设备等内容以及"工匠精神，榜样的力量"等素质教育内容，旨在使读者掌握锻压生产基本理论的同时，了解我国锻压行业新发展、新成果，感受祖国技术进步，增强职业自信，并以大国工匠、企业专家为榜样努力提升自己，从而实现知识传授与价值引领相统一。

本书是信息化立体式新型教材。契合现代职业教育发展要求，满足高职院校学生的学习需求，配套形成了一套完整的立体化教学资源，将关键知识点的动画及视频以二维码形式展现，解决典型锻件生产过程进不去、看不见、动不了、难再现的难题。本书还配备了一套完整的数字化教学资源，满足更多类型学习者对学习时间和空间的需求，以及满足高职院校教师采用信息化教学手段的要求。本书配套的数字化教学资源已全部上传至在线平台，配套在线开放课程（网址：https://www.xueyinonline.com/detail/218788239），可供学习者在线学习。

本书由西安航空职业技术学院龚小涛、张琳任主编，西安航空职业技术学院耿佩任副主编。各部分编写分工如下：龚小涛编写绪论和项目四中的一，张琳编写项目三中的任务一和任务二，西安航空职业技术学院耿佩编写项目二和项目三中的任务四、任务五，西安航空职业技术学院周超编写项目三中的任务三和项目四中的五、六、七，中车戚墅堰机车车辆工艺研究所有限公司付传锋编写项目一和项目四中的四，西北农林科技大学周敏姑编写项目四中的二，成都航空职业技术学院门正兴编写项目四中的三。全书由西安航空职业技术学院耿佩进行统稿，龚小涛进行校稿。

由于编者水平有限，书中难免有不当之处，敬请读者批评指正。

编　者

二维码索引

序号	名称	二维码	页码	序号	名称	二维码	页码
1	钢锭结构及常见缺陷种类和预防措施		7	8	局部镦粗		48
2	锻造型材常见缺陷种类		8	9	自由锻拔长缺陷与应对措施		52
3	金属材料加热的目的和方法		16	10	实心冲子双面冲孔		54
4	金属加热时的变化（一）		20	11	空心冲子冲孔		55
5	金属加热时的变化（二）		22	12	自由锻坯料质量和尺寸的确定		59
6	锻造加热规范概述		26	13	锤上模锻方式与变形特征（上）		83
7	垫环镦粗		48	14	开式模锻成形过程中的金属流动		83

（续）

序号	名称	二维码	页码	序号	名称	二维码	页码
15	锤上模锻方式与变形特征（下）		85	22	变速叉锤上模锻过程		135
16	闭式模锻的变形过程		86	23	锤身微动型液压模锻锤的工作原理		137
17	模锻件分模面的选择方法		90	24	螺旋压力机的工作原理		140
18	模锻件图的设计内容与绘制方法		90	25	螺旋压力机上模锻工艺特点		142
19	飞边槽的结构及尺寸确定		105	26	螺旋压力机锻模结构种类和形式		149
20	模膛的布排		118	27	热模锻压力机上模锻变形工步及工步图设计		161
21	变速叉锤锻模结构		135	28	间接加压液态模锻过程		221

目 录

前言

二维码索引

绪论 ·· 1

一、锻造生产的作用、特点和生产
流程 ······································ 1

二、锻造技术分类和应用情况 ········· 2

三、锻造生产的发展及面临的任务和
挑战 ······································ 3

四、本课程的性质和任务 ·············· 4

项目一 锻前坯料准备及加热 ········· 6

任务一 差速器行星锥齿轮锻前坯料准备 ··· 6

任务目标 ································ 6

任务分析 ································ 6

理论知识 ································ 7

一、锻造用铸锭与型材 ··············· 7

二、下料方法 ························· 11

任务实施 ······························ 15

一、工艺分析 ························· 15

二、选择下料方法 ···················· 15

课后思考 ································ 15

任务二 轮毂锻造坯料加热规范的制订 ··· 15

任务目标 ································ 15

任务分析 ································ 16

理论知识 ································ 16

一、锻前加热的目的及方法 ·········· 16

二、金属加热时产生的变化 ·········· 19

三、金属锻造温度范围的确定 ········ 24

四、金属的加热规范 ················· 26

五、金属的少无氧化加热 ············ 31

任务实施 ································ 34

一、材料分析 ························· 34

二、制订锻造加热规范 ··············· 35

课后思考 ································ 36

【新技术·新工艺·新设备】 ········· 36

【工匠精神·榜样的力量】 ··········· 37

项目二 自由锻生产规程设计 ········· 38

任务一 齿轮坯自由锻生产规程设计 ··· 38

任务目标 ································ 38

任务分析 ································ 38

理论知识 ································ 39

一、金属塑性变形的流动规律 ········ 39

二、自由锻概述 ······················ 39

三、自由锻工序特点及锻件分类 ······ 40

四、自由锻基本工序分析 ············· 44

五、自由锻工艺规程的编制 ·········· 57

任务实施 ································ 62

一、齿轮成形工艺分析 ··············· 62

二、齿轮坯自由锻工艺规程设计 ······ 62

三、齿轮坯锻件后处理工序 ·········· 65

任务二 汽轮发电机转子的锻造工艺设计 ··· 66

任务目标 ································ 66

任务分析 ································ 66

理论知识 ································ 67

一、大型自由锻件锻造特点 ·········· 67

二、大型钢锭加热特点 ··············· 67

三、锻造对组织和性能的影响 ········ 67

四、提高大型锻件品质的技术措施 ···· 70

任务实施 ································ 72

一、转子钢的冶炼与浇注 ············· 72

二、转子锻件的生产流程 ············· 72

三、转子的锻造过程 ………… 72
四、转子锻后热处理 ………… 76
课后思考 ………………………… 76
【新技术·新工艺·新设备】 ……… 77
【工匠精神·榜样的力量】 ……… 78
项目三　模锻过程与模具设计 ……… 80
任务一　变速叉锤上模锻过程与模具设计 … 80
任务目标 ………………………… 80
任务分析 ………………………… 80
理论知识 ………………………… 80
一、锤上模锻及其工艺特点 ……… 80
二、锤上模锻方式与变形特征 …… 82
三、锤上模锻件的类型 ………… 88
四、锤上模锻件图设计 ………… 90
五、模锻变形工步的选择 ……… 95
六、坯料尺寸的确定 …………… 100
七、模锻设备的选择和模锻力的
　　计算 ……………………… 101
八、锤锻模模膛设计 …………… 102
九、锤锻模结构设计 …………… 118
任务实施 ……………………… 128
一、锻件图设计 ………………… 129
二、计算锻件的主要参数 ……… 130
三、锻锤吨位的确定 …………… 130
四、确定飞边槽的形式和尺寸 … 131
五、绘制计算毛坯图 …………… 131
六、制坯工步选择 ……………… 131
七、确定坯料尺寸 ……………… 132
八、模锻模膛设计 ……………… 133
九、其他模膛设计 ……………… 134
十、锻模结构设计 ……………… 134
十一、模锻工艺流程 …………… 135
课后思考 ……………………… 136
【新技术·新工艺·新设备】 …… 136
任务二　花键轴叉螺旋压力机上模锻过程与
　　　　模具设计 ………………… 138
任务目标 ……………………… 138
任务分析 ……………………… 139
理论知识 ……………………… 139
一、螺旋压力机及其成形过程特征 … 139
二、螺旋压力机上模锻件的类型 … 142
三、螺旋压力机上模锻件图设计
　　特征 ……………………… 144

四、螺旋压力机吨位的确定 …… 146
五、模锻工步的选择 …………… 148
六、螺旋压力机用锻模设计 …… 148
任务实施 ……………………… 154
一、模锻件的设计 ……………… 154
二、飞边槽结构形式及尺寸 …… 155
三、设备吨位的确定及其有关参数 … 155
四、热锻件图的确定 …………… 155
五、确定制坯工步 ……………… 156
六、模具设计 …………………… 156
七、模锻工艺流程 ……………… 156
课后思考 ……………………… 157
【新技术·新工艺·新设备】 …… 157
任务三　连杆热模锻压力机上模锻与模具
　　　　设计 ……………………… 159
任务目标 ……………………… 159
任务分析 ……………………… 159
理论知识 ……………………… 160
一、热模锻压力机上模锻件图设计
　　特征 ……………………… 160
二、模锻力及设备吨位确定 …… 161
三、热模锻压力机上锻模结构设计 … 161
任务实施 ……………………… 167
课后思考 ……………………… 170
任务四　汽车半轴套管平锻机上模锻过程与
　　　　模具设计 ………………… 171
任务目标 ……………………… 171
任务分析 ……………………… 171
理论知识 ……………………… 171
一、平锻机上模锻特点 ………… 171
二、锻件分类 …………………… 172
三、平锻机上模锻工步 ………… 174
四、平锻机模锻件图设计 ……… 174
五、顶镦规则及聚集工步计算 … 177
六、通孔锻件和盲孔锻件的成形过程
　　分析 ……………………… 179
七、管类平锻件的成形特点 …… 181
八、平锻设备规格的确定 ……… 182
九、平锻机上模锻的锻模结构 … 182
任务实施 ……………………… 184
课后思考 ……………………… 186
任务五　从动齿轮液压机上模锻过程与模具
　　　　设计 ……………………… 186

任务目标 ……………………………… 186
任务分析 ……………………………… 186
理论知识 ……………………………… 186
　一、液压机工作特点 ………………… 186
　二、液压机上模锻成形特点 ………… 188
　三、锻件图设计特点 ………………… 189
　四、液压机上模锻工艺特点 ………… 189
　五、液压机吨位计算 ………………… 190
　六、液压机上锻模设计及材料选择 …… 191
任务实施 ……………………………… 192
　一、锻件图设计 ……………………… 192
　二、锻件主要参数计算 ……………… 193
　三、坯料尺寸确定 …………………… 194
　四、设备吨位计算 …………………… 194
　五、锻造工步的确定 ………………… 194
　六、终锻模膛设计 …………………… 194

　七、锻模结构设计 …………………… 195
课后思考 ……………………………… 196
【新技术·新工艺·新设备】 …………… 196
【工匠精神·榜样的力量】 …………… 198
项目四　特种锻造 ……………………… 199
　一、摆动辗压 ………………………… 199
　二、环件辗压 ………………………… 202
　三、辊锻 ……………………………… 206
　四、等温锻造 ………………………… 209
　五、液态模锻 ………………………… 220
　六、热挤压 …………………………… 226
　七、精密模锻 ………………………… 230
课后思考 ……………………………… 240
【新技术·新工艺·新设备】 …………… 240
【工匠精神·榜样的力量】 …………… 241
参考文献 ……………………………… 243

绪论

锻造是一种利用锻压机械对金属坯料施加压力，使其产生塑性变形，以获得具有一定力学性能、一定形状和尺寸锻件的加工方法，是锻压（锻造与冲压）的两大组成部分之一。金属通过锻造能消除其在冶炼过程中产生的铸态疏松等缺陷，优化微观组织结构，同时由于保存了完整的金属流线，因此锻件的力学性能一般优于同样材料的铸件。机械设备中负载大、工作条件苛刻的重要零件，除形状较简单的可用轧制的板材、型材或焊接件外，多采用锻件。

随着科学技术的进步，传统制造业注入了新的活力，锻造技术也迎来了前所未有的发展机遇。尤其是航空制造业、汽车行业的蓬勃发展，对高品质锻件的需求不断增加，带动了锻造业不断创新和技术改进。新设备、新技术的自主研发与引进，无疑提高了我国整体的锻造水平，尤其是等温锻造和特种锻造技术的研发和应用，使锻件产品精度更高，品质更好，品种更丰富。

一、锻造生产的作用、特点和生产流程

1. 锻造生产的作用

锻造生产广泛应用于机械、冶金、造船、航空、航天、兵器等诸多工业部门，在国民经济中占有极其重要的地位。锻造生产能力及其工艺水平反映了国家装备制造业的水平。因此，随着锻造技术的日益发展，锻造生产对国民经济的贡献将越来越大。随着锻造方法和设备的不断完善以及新的锻压技术的出现，锻造生产的领域将更加广阔。

2. 锻造生产的特点

通过锻造过程生产的中间毛坯或工件，金属材料内部缺陷可以得到改善，如能够打碎铸态树枝状晶粒，焊合空洞类缺陷，还可以提高金属组织性能，相比铸件，锻件内部品质更高；锻造生产过程可以实现机械化，生产率高，且锻件表面机械加工余量小，可实现少、无切削加工，省工省料；锻造生产过程灵活，可以锻制形状简单的锻件（如模块、齿轮坯等），也可锻制形状复杂、不需或只需少量切削加工的精密锻件（如曲轴、精锻齿轮等）。

但是，模锻生产过程需要模具，而锻造模具成本较高，模具生产加工周期长，且锻件生产种类受锻造设备吨位的限制，这就给锻造生产技术人员及企业提出了更高的要求。

3. 锻造生产流程

（1）下料　主要任务是为锻造生产准备原材料，包括原材选择、按尺寸要求切割坯料。锻造用原材料种类主要有铸锭、棒材、锻坯等，大型自由锻和模锻件一般选择铸锭为原材料，中小型批量生产的自由锻和模锻件一般以棒材、锻坯等为原材料。

（2）锻前加热　锻造生产过程主要以热模锻为主。锻前需要将金属材料加热至再结晶温度以上，也就是始锻温度。不同的金属材料需要依据各自制定的加热规范实施加热过程。

（3）锻造成形　该流程是金属材料发生塑性变形，得到不同类型锻件的关键步骤。锻造成形有自由锻、模锻、轧制、挤压、辊锻等多种成形方式。

（4）锻件后处理　锻造成形结束，锻件还需经过一系列的后处理工序，包括锻件切边、冲孔，锻件冷却、热处理及清理工序。

二、锻造技术分类和应用情况

1. 锻造技术分类

按照锻造加热温度不同，将锻造技术分为冷锻、温锻和热锻。钢的开始再结晶温度为727℃，但普遍采用800℃作为划分线。高于再结晶温度以上的锻造即为热锻，在300～800℃进行的锻造为温锻，在室温条件下进行的锻造即为冷锻。

根据锻造模具的运动方式不同，锻造技术又可分为摆动辗压、辊锻、楔横轧、辗环和斜轧等。

目前用得最多的分类方法就是按照生产工具不同，将锻造技术分为自由锻、模锻和特种锻造三类。以下重点讲解这三类锻造方法的特点。

（1）自由锻　自由锻是指借助简单工具如锤、砧、摔子、冲子、垫铁等对铸锭或棒材进行不同的塑性变形，如镦粗、拔长、冲孔、扩孔、弯曲等生产零件毛坯的方法。其加工余量大，生产率低，锻件力学性能和表面质量受生产操作工人技术水平影响较大，难以精确保证。

由于自由锻的通用性好，对设备要求不高，工人操作简单，因此在锻造领域得以广泛应用。目前主要应用于单件、小批量生产，但是在一些大型重要零件的加工中，自由锻是唯一的锻造方式，这是其他锻造方法不可比拟的。

自由锻可分为手工自由锻和机器自由锻。在现代化的生产中，机器自由锻为主要加工方式，而锻造设备主要有空气锤、蒸汽-空气锤和水压机等。如今，新的自由锻设备改变了原有的控制和驱动方式，如数控电液锤、直线锤、径向锻造机和伺服液压机等。

（2）模锻　模锻是借助锻造模具完成锻件成形的。它是将加热好的坯料放入上、下模的模膛中，借助锻锤锤头、压力机滑块或液压机活动横梁向下的冲击力或静压力，使金属材料发生塑性变形进而充满模膛，最终得到模锻件的方法。模锻件机加工余量小，尺寸精度高，表面质量好，且模锻过程可实现机械化，生产率高，锻件内部组织均匀，批量产品中的品质差异化较小，形状和尺寸主要依靠模具保证，受操作人员的水平影响小。

模锻常用的设备有模锻锤、热模锻压力机、螺旋压力机（电动、摩擦、液压等）、平锻机和模锻液压机等。模锻变形过程一般还需配备自由锻、辊锻或楔横轧等设备进行制坯。

（3）特种锻造　有些锻件采用普通模锻方法难以生产或者机加工余量太大，生产率低，此时就需采用特种锻造设备，如螺钉采用镦头机和搓丝机，生产率可成倍增长；利用摆动辗压生产盘形件或杯形件，可以节省设备吨位，即实现"用小设备成形大锻件"；利用旋转锻造生产棒材，其表面质量高，生产率也比其他设备高，操作方便。特种锻造有一定的局限性，特种锻造设备只能生产某一种类型的产品，因此适合大批量生产。

2. 应用情况

锻造是机械制造工业中机械零件毛坯的主要加工方法之一。通过锻造，不仅可以得到机械零件的形状，而且能改善金属内部组织，提高金属的力学性能和物理性能。对受力大、要求高的重要机械零件，大多采用锻造方法制造。如汽轮发电机轴、转子、叶轮、叶片、护环、大型水压机立柱、高压缸、轧钢机轧辊，内燃机曲轴、连杆、齿轮、轴承，以及航空工业上使用的发动机涡轮盘、起落架等重要零件，均采用锻造生产，C919 大飞机上的主起落架外筒、上下缘条和垂尾等 130 余种零件都是锻造生产的。

因此，锻造生产广泛应用于冶金、矿山、汽车、农业、机械、石油、化工、航空、航天、兵器等工业部门，在国民经济中占有重要位置。

从某种意义上说，锻件的年产量、模锻件在锻件总产量中所占的比例，以及锻造设备大小和拥有量等指标，在一定程度上反映了一个国家的工业水平。

三、锻造生产的发展及面临的任务和挑战

1. 锻造生产的发展情况

锻造技术经过一百多年的发展创新，现已成为一门综合性学科。它以塑性成形原理、金属学、摩擦学等为理论基础，同时涉及传热学、物理化学、机械运动学等相关学科。锻造成形技术的飞速发展，同时促进了锻压成形设备的发展。锻造所使用的设备应具有良好的刚性、可靠性和稳定性，要有精密的导向机构等，对生产工序要能自动监控和具备检测功能。

古老的锻锤是各种锻压设备的发展先驱，虽在近些年来因能耗高、劳动环境差而不断受到针砭，但由于其成形能力强、工艺通用性好等优点至今未被淘汰。改造蒸汽锤的动力源开始于 20 世纪 60 年代，70 年代初步成功，80 年代有了较大发展，既达到了高效、节能的目的，又保持了锻锤原有的优点，原有操作习惯也未改变，投资也不高。目前有许多厂家已经采用电液驱动代替蒸汽驱动的技术。

摩擦压力机是我国 20 世纪的主要锻压设备之一。其在国内总体数量较多，与锻锤相当。因其投资较小，被用来代替锻锤，并不断向大吨位级发展。与锻锤相比，其外形相差很大，但具备锻锤的特点，生产率较低，能耗较大。

20 世纪 50—70 年代，国内外陆续出现了用于热模锻的曲柄压力机和螺旋压力机。其中曲柄压力机生产率高、锻件余量小，可以多工位锻造，易于实现自动化，适宜大批量生产，是比较先进的锻压设备。螺旋压力机有齿轮传动式、高能离合器式和伺服直驱式，这种压力机高效、节能、有效行程长且可调，打击力和输出能量可控，虽然造价和维护技术比摩擦压力机高，但由于其突出的优点，在中小型锻件生产中，已完全取代摩擦压力机。

20 世纪 60 年代，出现了等温锻造技术，它是一种比较先进的近净成形技术，是针对传统热模锻的不足而逐渐发展起来的一种材料加工工艺。近年来它在航空、航天制造业和军品生产中受到普遍重视。飞机发动机涡轮盘、燃料箱、飞机薄壁骨架件以及机车柴油机中的重要零件组合活塞铝裙等，都陆续采用等温锻造技术生产。等温锻造通过精确控制工件温度和变形速率，能够生产出近净成形制件，并能较好地控制显微组织及性能。

目前，国内拥有等温锻造设备的厂家较多，如陕西宏远航空锻造有限责任公司拥有160MN等温锻造压力机，航空工业贵州安大航空锻造有限责任公司拥有250MN等温锻造压力机；中航飞机股份有限公司西安制动分公司也拥有一台万吨级的等温锻造液压机；2021年3月31日，西安三角防务股份有限公司新建全球最大的300MN等温模锻液压机热试成功，主要用于等温锻、热模锻产品的制造，适用于高温合金、钛合金、粉末合金等各种难变形合金材料及复杂形状的大型结构件、盘类零件、航空发动机叶片等高端锻件的等温锻造成形。

随着新产品的开发和技术诉求，陆续出现了各种形式的特种锻造成形技术。特种锻造主要是回转塑性成形工艺，不同于传统锻造的往复运动方式的成形工艺。它利用设备的旋转运动可以连续加工锻件，包括辊锻、辗环、楔横轧、摆动辗压等。

特种锻造是利用特种锻造设备，对一种特殊的机械零件进行加工，加工成本高，只适用于大批量零件的生产。特种锻造的主要设备有辊轧机、径向锻造机、楔横轧机和斜轧机、旋压机等专用设备。

2. 锻造生产面临的任务和挑战

锻造生产虽然生产率高、锻件综合性能高，节约原材料和机械加工工时，但生产要跟上当代科学技术的发展，尚需要不断改进技术，采用新工艺、新技术，进一步提高锻件的性能指标；同时要缩短生产周期，降低成本，使之在竞争中处于优势地位。

目前，锻造业面临的主要任务可以归纳为以下几个方面。

（1）稳定原材料品质　大型重要模锻件对所采用的原材料（大规格棒材、型材）品质要求很高，目前这类锻件生产前需在制坯阶段进行改锻，否则原材料所带来的内部缺陷会遗传至锻件内部，造成锻件性能不合格，同时也加长了生产周期。

（2）促进发展锻件规模化生产　目前国内年产万吨以上模锻件的生产厂家不多，专一品种锻件生产厂家较少，不利于锻件规模化生产，而小企业生产设备简陋，检测设备、仪器较少，难以保证锻件品质。

（3）加大培养锻造专业技术人员力度　国内锻造专业技术人员普遍分布在国营锻造企业，不利于锻造行业整体发展进步，而且对锻造专业技术人员，尤其是一线操作技术人员的职业素质培养不够，缺乏具备进一步提升锻造技术的能力。

锻造行业既面临着发展机遇，也面临着各种挑战。想要锻造技术获得较大发展，需要先行发展锻造工艺技术，且要不断完善和提高。这也是从事锻造技术的每一位工程技术人员、技术管理人员和科研人员共同面对的任务。

四、本课程的性质和任务

"锻造工艺与锻模设计"课程与锻造生产实践联系十分紧密，人们从长期的实践活动中，积累了丰富的锻造生产经验，总结了不少分析问题和解决问题的方法，本课程力求反映这方面的实践知识，并予以必要的理论分析。

学好"塑性成形原理"和"金属材料与热处理"这两门理论基础课程，有助于在学习本门课程时将实践知识与理论知识相结合，融会贯通。再结合专业教学的课程安排中增设"材料成型CAD/CAE/CAM"课程，将会收到更为理想的效果。

对于高职院校的学生，要求重实践操作，在开设"锻造工艺与锻模设计"课程后，要配套开设"锻造实训""锻造生产认知"和"锻造工艺设计"等实践操作、生产认识和工艺设计类课程，还应安排工艺理论基础实验课、课堂讨论、练习、课程设计和毕业设计等环节。学完该系列课程后，应安排学生进入企业对接具体锻造生产岗位进行岗位实习。

通过本课程的学习，学生应该达到以下要求：

1）基本掌握自由锻工艺过程设计、模锻工艺过程设计和锻模设计方法。

2）具有初步进行锻造工艺过程分析的能力。

3）具有初步分析和克服产品缺陷，解决锻件品质问题的能力。

项目一

锻前坯料准备及加热

任务一　差速器行星锥齿轮锻前坯料准备

> 任务目标

1) 了解钢锭的组织结构与锻造型材的缺陷种类。
2) 了解锻件原材料的技术特性。
3) 针对具体锻件会选用合适的下料方法。

> 任务分析

1. 任务介绍

随着锻造生产技术的逐步发展，市场对模锻件的精密化及低成本要求越来越高。图 1-1 所示的某普通乘用车差速器行星锥齿轮精密模锻件，其形状比较复杂，尺寸精度、表面品质及综合力学性能的要求都比较高，采用闭塞锻造成形技术生产优势明显，这就要求其坯料尺寸精确，下料方法合适。

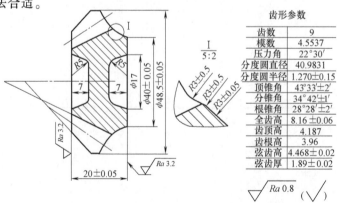

齿形参数

齿数	9
模数	4.5537
压力角	22°30′
分度圆直径	40.9831
分度圆半径	1.270±0.15
顶锥角	43°33′±2′
分锥角	34°42′±1′
根锥角	28°28′±2′
全齿高	8.16±0.06
齿顶高	4.187
齿根高	3.96
弦齿高	4.468±0.02
弦齿厚	1.89±0.02

图 1-1　某普通乘用车差速器行星锥齿轮精密模锻件

2. 任务基本流程

本任务主要介绍锻造用钢锭与型材的特点及缺陷，以及剪切、锯切等下料方法。通过理论知识的学习，能够根据差速器行星锥齿轮精密模锻件结构特点和坯料要求，选择合理的下料方法，生产出符合技术要求，且综合成本最低的锻件。

 理论知识

一、锻造用铸锭与型材

自由锻和模锻生产用的原材料主要是黑色金属铸锭和各种型材。钛合金和其他有色合金也可作为锻造原材料。

（一）钢锭的组织结构及类型

1. 钢锭的组织结构

钢锭的组织结构如图 1-2 所示，分为激冷层、柱状晶区、分枝柱状晶区、A 形偏析区、等轴晶区、沉积锥区、V 形偏析区、冒口区、水口区。

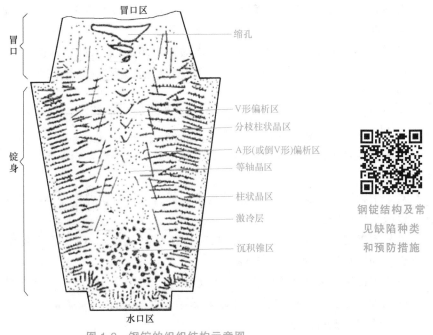

图 1-2 钢锭的组织结构示意图

钢锭结构及常见缺陷种类和预防措施

激冷层：锭身表面的细小等轴晶区，厚度为 6~8mm；因过冷度较大，凝固速度快，无偏析；可能有夹渣、气孔等缺陷。

柱状晶区：位于激冷层内侧；由径向呈细长的柱状晶粒组成；由于树枝状晶沿温度梯度最大的方向生长，该方向刚好是径向，因此形成了柱状晶区；因凝固速度较快，偏析较轻，夹杂物较少；厚度为 50~120mm。

分枝柱状晶区：从柱状晶区向内生长；主轴方向偏离柱状晶，倾斜，并出现二次以上分枝；温差较小，固、液两相区大，合金元素及杂质浓度较大。

A 形偏析区：枝状晶间存在残液，残液较锭内未凝固的钢液密度小，向上流动，形成 A 形偏析；在偏析区合金元素和杂质富集，存在较多的硫化物，易产生偏析裂纹。

等轴晶区：位于中心部位；温差很小，同时结晶；钢液黏稠，固相彼此搭桥，残液下流形成 V 形偏析，疏松增多。

沉积锥区：位于等轴晶区的底端；由顶面下落的结晶雨、熔断的枝状晶形成的自由晶组成，显示负偏析；等轴的自由晶上附着大量夹杂物，其组织疏松，且夹杂浓度很大；应切除。

V 形偏析区：钢锭在凝固过程中，由于沉积锥区的中央下部收缩下沉，而上部不能同时下沉，就会在沉积锥区上方产生 V 形裂纹，V 形裂纹被低熔点的溶质填充，便形成 V 形偏析。V 形偏析常出现在大型钢锭中，一般呈锥形，偏析区中含有较高的碳、磷和硫等杂质。

冒口区：位于最后凝固的顶部；因钢液的选择性结晶，使后凝固的部分含有大量的低熔点物质，最后富集于上部中心区，其磷、硫类夹杂物多；若冒口保温不良，顶部先凝固，则会因无法补缩而形成缩孔；品质最差，应予切除。

水口区：是钢锭浇注时的浇口端，应予切除。

2. 钢锭的类型

钢锭有普通钢锭、短粗型钢锭、短冒口钢锭、细长型钢锭、空心钢锭、多锥度钢锭及电渣重熔钢锭。

普通钢锭的高径比一般为 1.8~2.5。通常，10t 以下的普通钢锭，其高径比为 2.1~2.3，10t 以上的普通钢锭，其高径比为 1.5~2，锥度为 3%~4%，横截面为八棱边形，小钢锭的横截面一般为正方形。

短粗型钢锭的高径比一般为 0.5~2，锥度为 8%~12%。高径比减小、锥度加大有利于钢锭实现自下而上的顺序凝固，易于钢液补缩，中心较密实；有利于夹杂上浮，气体外溢，减少偏析；锭身较短，钢液压力小，侧表面不易产生裂纹；钢锭锥度大，易脱模；可增加拔长锻造比。

对于中碳钢、低碳钢、中合金结构钢、低合金结构钢的大型空心锻件，可使用短冒口钢锭，以减少冒口钢液。

细长型钢锭的高径比大于 3.5，锥度一般为 5%~8%，用于不需要镦粗的轴类件，可减少火次，钢锭利用率达 70%~75%。

空心钢锭用于锻造大型筒类、环类等锻件，对于容器制造具有重要意义；在钢锭模内置入薄壁钢管，浇注后形成空腔，可显著提高钢锭利用率，大幅减少火次；冷却速度明显提高，组织致密，偏析减轻。

多锥度的钢锭下部锥度大，中部次之，上部锥度较小，内部组织比较致密。

电渣重熔钢锭一般为圆形截面，锥度小，高径比约为 2.5；钢液洁净，组织致密，钢锭利用率高。

（二）锻造型材及常见缺陷

锻造型材一般为黑色金属和有色金属，根据其形状不同可以分为棒材、板材和管材。

1. 黑色金属

锻造用黑色金属为各种钢材，表 1-1 所示为部分冷锻用钢。

锻造型材常
见缺陷种类

表 1-1　部分冷锻用钢

种　　类		举　　例
碳素结构钢		Q195、Q215、Q235
优质碳素结构钢		10、20、30、40
合金结构钢	铬钢	20Cr、30Cr、40Cr
	铬钼钢	20CrMo、30CrMo、40CrMo
	铬镍钼钢	20CrNiMo、30CrNiMo
	铬锰钢	20CrMn、40CrMn
不锈钢	奥氏体型	06Cr19Ni10、06Cr17Ni12Mo2、022Cr19Ni10N
	马氏体型	12Cr13、20Cr13、30Cr13、14Cr17Ni2
	铁素体型	10Cr17、06Cr13Al

　　钢中碳和硅含量的变化不仅影响钢的变形抗力，而且影响冷锻成形件的内在品质。钢中磷、硫、铜的含量必须严格控制，因为随着它们的含量增加，金属的锻造成形性能下降。

　　因此，如果使用不符合国家标准的材料时，至少要分析、确定碳和硅的含量。为了加工精密锻造成形件，最好按各元素的质量分数分组加工。

　　(1) 宏观缺陷　锻造成形用的材料除要求表面不能有肉眼可见的裂纹、结疤、折叠及夹杂物以外，细小的划痕、压痕、发纹等也不允许超过一定的深度，尤其不能有轴向缺陷。

　　1) 折叠。折叠是轧材表面的常见缺陷，折痕方向为轧制方向，边缘弯曲不齐，有时存在一些氧化物的夹杂物。轧制时，轧材表面金属被翻入内侧并被拉长，折缝内由于有氧化物而不能被锻合，结果形成折叠。若棒材表面存在折叠，则必须剥皮去除，否则会造成大批量的废品锻件。

　　2) 划痕。材料纵向划痕是在轧制、挤压、拉拔过程中，表面金属的流动受到轧辊孔型或模具上某种机械阻碍（如毛刺、斑痕及积瘤）而形成的。划痕深度通常有 0.2~0.5mm，它能使棒材和板材报废，是造成冷锻成形件开裂的主要原因。

　　3) 发纹。发纹是钢中夹杂物、气泡或疏松等缺陷，在热加工过程中沿锻、轧方向延伸而形成的细小纹缕。发纹大多出现在钢材表面，有时也存在于钢材的内部。发纹中往往可以发现夹杂物，其周围无氧化脱碳现象。如果材料表面存在发纹，在锻造成形时，发纹处势必会引起应力集中，进而造成开裂。

　　(2) 低倍组织　钢的低倍组织反映了钢材的冶金品质，它能充分地暴露出钢材在冶炼、浇注以及锻、轧过程中所产生的宏观缺陷。这些宏观缺陷一般包括缩孔、白点、微观偏析等。

　　1) 缩孔。在凝固过程中，由于液态收缩和凝固收缩的产生，往往在最后凝固的部位出现孔洞，称为缩孔。如果钢锭在开坯时未能全部消除缩孔，缩孔就会残留在锻轧钢材中。

　　2) 白点。白点是隐藏在锻坯内部的一种缺陷，在锻轧钢坯的纵向断口上呈圆形或椭圆形的银白色斑点，在横向断口上呈细小裂纹，显著降低钢的韧性。白点的大小不一，长度为 1~20mm，或者更长。一般认为白点是由于钢中存在一定量的氢和各种应力共同作用产生的。当钢中含氢量较多和热压力加工后冷却太快时，就容易产生白点。为避免产生白点，首先应提高钢的冶炼品质，尽可能降低氢的含量；其次在热加工后采用缓慢冷却的方法，让氢充分逸出并减少各种内应力的产生。

3）微观偏析。微观偏析是指在微小范围内的化学成分不均匀现象，一般在一个晶粒尺寸范围左右。微观偏析按其位置分为胞状偏析、枝晶偏析（晶内偏析）和晶界偏析。

由于偏析的存在，通常钢材中心部位的含碳量偏高。在含碳量高的合金钢中易出现这种碳化物缺陷，它会降低钢的锻造性能，严重时会导致零件内部在热加工过程中零件内部产生较大的拉应力，引起锻件开裂，或者使锻件心部硬度高于产品规定的要求，降低产品韧性。

（3）非金属夹杂物　非金属夹杂物在钢中会破坏金属基体的连续性，致使材料的塑性和韧性降低。非金属夹杂物的数量及分布状态是衡量钢材品质的一项重要指标。各种钢材的技术标准都明确规定了对非金属夹杂物的要求。

钢材中常见的非金属夹杂物有两类：一类是钢在冶炼、浇注过程中物理化学反应的产物；另一类是在冶炼、浇注钢锭过程中炉渣及耐火材料浸蚀剥落后进入钢液中形成的。常见的细小非金属夹杂物颗粒有硫化物、氧化物、硅酸盐等。

例如，用20CrMnTi钢锻制的变速器齿轮毛坯，有较严重的氧化物夹杂，在拉削花键内孔时，零件的表面粗糙度达不到技术要求，拉刀磨损严重，并连续发现数量不少的齿轮花键孔内壁有细小的横向裂纹，在裂纹附近有大量堆积状氧化物及由其形成的复合夹杂物。

夹渣是用肉眼可观察到的大块夹杂物。它通常是由于冶炼以及浇注过程中，钢液表面的炉渣，或者从出钢槽、钢液包等内壁剥落的耐火材料，在钢液凝固前未能浮出，而存留在钢锭内部的。钢材中存在夹渣是不允许的，这种缺陷的存在将造成钢材锻造时开裂。

2. 有色金属及其合金

有色金属及其合金用于精密锻造成形的较多。表1-2所列为精锻成形常用的有色金属材料。合金成分较高的铝合金因变形性能差而难以成形。单相黄铜塑性较好，其变形抗力相当于低碳钢，适合于冷热压力加工。而双相黄铜只适合于热压力加工。

表 1-2　精锻成形常用的有色金属材料

种　类	举　例
铝及铝合金	纯铝 1035、1060、1080；防锈铝 3A21；锻铝 6A02、2A14、6063；硬铝 2A12；超硬铝 7A04
铅及铅合金	纯铅、铅合金
锌及锌合金	纯锌、锌合金
锡及锡合金	纯锡、锡合金
铜及铜合金	纯铜 T2；无氧铜 TU1；黄铜 H59、H68、H80、H96；锌白铜 BZn15~20；白铜 B19

有色金属及其合金的型材存在以下缺陷：

1）铝合金氧化膜。在熔炼过程中，敞露的熔体液面与大气中的水蒸气或其他金属氧化物相互作用时易形成铝合金氧化膜，在浇注时被卷入液体金属内部，铸锭经轧制或锻造，其内部的氧化物被拉成条状或片状，降低了锻件的横向力学性能。

2）粗晶环。铝合金和镁合金的挤压棒材，在其圆断面的外层区域，常出现粗大晶粒，此区域称为粗晶环。形成粗晶环的主要原因是挤压过程中金属与挤压筒之间的摩擦过大。有粗晶环的棒料，锻造时容易开裂，如果粗晶环保留在锻件表层，将会降低锻件的性能。因此，锻前应将坯料表面的粗晶环去除。

二、下料方法

在金属制品和机械制造行业里，下料是第一道工序，也是自由锻和模锻准备前的第一道工序。不同的下料方式，直接影响锻件的精度、材料的消耗、模具与设备的安全以及后续工序过程的稳定性。随着国内外工艺水平的不断发展，一些先进少、无切削的净成形（无切屑）或近似净成形（少切屑）工艺，如冷热精锻、挤压成形、辊轧、高效六角车床等高效工艺对下料工序提出了更为严格的要求，要求不但要有高的生产率和低的材料消耗，而且要求下料件具有更高的重量精度。

传统的下料方法如图 1-3 所示。这些下料方法品质一般不高，常出现断口不齐、坯料精度低的现象。如气割下料时切口误差可达 8~10mm，切口部位晶粒粗大，端面易出现歪斜、结疤、有台阶、马蹄形等情况，导致原材料浪费很大。

离子束切割、电火花线切割等新型下料方法，不仅能锯切硬度很高的材料，而且剪切品质很好，但由于成本高，故不宜用于大批量生产。金属带锯和圆盘锯下料时，既能得到高的下料精度，又能适应大批量生产。

```
         ┌ 车床下料
   ┌ 金属切削机床下料 ┤ 砂轮片切割下料
   │              │        ┌ 圆盘锯
   │              └ 锯床下料 ┤
下 │                        └ 弓锯床
   ┤ 气割下料
料 │                    ┌ 压力机下料
   │                    │ 剪板机下料
   └ 压力加工机床下料 ──┤ 摩擦压力机下料
     （冷折、热剪、蓝脆）  │
                        └ 锤上下料
```

图 1-3　传统的下料方法

为使精锻件达到净成形或近似净成形加工，要求坯料表面光滑，无缺陷。若坯料的形状歪斜或有毛刺，则其在模腔中定位会不稳，在精锻时会产生偏心载荷，使毛坯偏歪，造成金属流动不均匀，产生局部充填不满，或圆度超差，并影响模具寿命。

（一）剪切法

剪切下料具有生产率高、操作简单、切口无金属损耗、模具费用低等特点，因而得到广泛应用。一般剪切法下料是在专用剪床上进行，也可以在热模锻压力机、液压机和锻锤上配套剪切模具进行。

在剪板机上剪切的棒料截面尺寸为 $\phi15 \sim \phi200mm$。剪板机的大小，一般用抗拉强度为 450MPa 的钢材被剪切的最大直径表示。抗拉强度低于 600MPa 的绝大多数碳素钢和合金结构钢都在冷态下剪切。

棒料剪切过程如图 1-4 所示。因为在上、下两刀片之间存在间隙 Δ，如图 1-4a 所示，所以在剪切初始阶段，除棒料的一端压下距离 f 以外，还可观察到棒料因力 P 和 P' 的作用而产生的扭转角度 ψ，如图 1-4b 所示。在这之后才开始真正的剪切，在两刀片施压的地方产生深度为 z 的压痕，P 及 P' 两力之间的距离增为 l，角度 ψ 亦增加，如图 1-4c 所示。此时所产

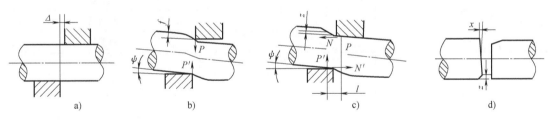

a)　　　　　　　　b)　　　　　　　　c)　　　　　　　　d)

图 1-4　棒料的剪切

生的水平抗力 N 及 N' 使棒料两部分断开。如果剪切品质很好，在棒料的剪切端部，压痕会较小，如图 1-4d 所示。

剪切截面小于 225mm^2 的棒料一般都采用热模锻压力机，锻工车间通常采用切边压力机。在压力机上虽然没有防止棒料翻转的压紧装置，但固定刀片（下刀片）的模膛有孔型，同样起到压紧装置的作用。

剪切下料也有缺点：坯料局部被压扁、坯料端面不平整、剪切面常有毛刺和裂纹。剪切品质与刀刃的利钝程度、刀片间隙 Δ 大小、支承情况、材料性质及剪切速度等因素有关。刃口钝时，将扩大剪切坯料的塑性变形区，刃尖处裂纹出现较晚，剪切端面不平整，如图 1-5a 所示；刀片间隙过大时，坯料容易产生弯曲，使端面与轴线不相垂直，对于软材料还会拉出端部毛刺，如图 1-5b 所示。刀片间隙过小时，则不仅容易碰损刀刃，上、下裂纹也不重合，致使端面呈锯齿状，如图 1-5c 所示。塑性差的材料，冷切时可能产生端面裂纹，如图 1-5d 所示。若坯料支承不利，因弯曲使上、下两裂纹方向不相平行，则会发生断口偏斜。剪切速度慢时，情况则相反。

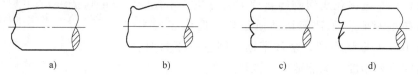

图 1-5　剪切坯料的缺陷

a) 端面不平整　b) 端部毛刺与不平整　c) 锯齿状　d) 端面裂纹

剪切按剪切时坯料温度不同，分为冷剪切和热剪切。冷剪切生产率高，但需要较大的剪切力。强度高、塑性差的钢材，冷剪切时产生很大的应力，可能导致切口出现裂纹，甚至发生崩裂，因此应采用热剪切下料。截面大或直径大于 120mm 的中碳钢，应进行预热剪切。高碳钢及合金钢均应预热剪切。高碳钢和合金钢应按化学成分和尺寸大小确定预热温度。预热温度一般在 400~700℃ 范围内。表 1-3 是生产上确定剪切方法的经验数据，可参考选用。

表 1-3　剪切材料截面尺寸与剪切状态

钢号	坯料直径或边长/mm	剪切状态
35	≤75	冷剪切
	80~85	热剪切
		冷剪切
	>85	热剪切
45	≤60	冷剪切
	65~75	热剪切
		冷剪切
	>75	热剪切
40Cr	≤50	冷剪切
	55~60	热剪切
		冷剪切
	>60	热剪切

（续）

钢号	坯料直径或边长/mm	剪切状态
45Cr 20CrMnTi 12Cr2Ni4	≤35	冷剪切
	40~48	热剪切
		冷剪切
	>48	热剪切

（二）锯切法

1. 一般锯切

一般锯切采用弓形锯和圆盘锯锯切坯料。弓形锯的锯条做往复运动，锯切效率低，而且锯断大直径圆钢时，锯条要加厚，使得材料利用率降低。圆盘锯在锯断大直径圆钢时，必须使用大直径的圆锯片，机器也变大。锯缝越大，材料利用率越低。

2. 带锯锯切

带锯锯切采用半自动或全自动机床，切割能力大于 $\phi170mm$，最大锯切尺寸可达 1062mm×1260mm，切割速度为 10~100mm/min，主传动功率最大值达 11kW，锯切长度精度为 ±(0.13~0.25)mm，表面粗糙度值可低至 $Ra2.5~12.5\mu m$，在锯切 $\phi95mm$ 棒料时端面垂直度不超过 0.2mm，端面平整、无弯曲、压塌等缺陷。

带锯床的发展已日臻完善，控制方式已从一般的机械-液压控制系统发展到电子计算机数控系统。带锯床切割速度绝大部分采用无级变速、进给伺服控制，送料、夹紧、切割、测量、称重、计算及切屑传送等均为自动化。

为了消除由锯屑（粉）引起的锯切弯曲及其他不良影响，最大限度延长锯条的使用寿命，提高锯切精度，必须把锯屑（粉）从锯条上清除。常用的方法是采用锯刷（钢丝轮刷）清除。要注意将其位置调整合理，最好使钢丝轮刷的端部与锯齿的底部相齐。若钢丝轮刷的端部高于锯齿底部，则会造成轮刷磨损严重，有可能发生轮刷早期折断；若低于锯齿底部，则会造成锯切粉清除不干净。

采用带锯床下料具有如下优点：

1）下料切口损失小，锯口一般为 0.65~2.5mm。

2）下料精度高，切口截面的端部表面粗糙度值低，垂直度好，弯曲小，长度与质量偏差小。

3）电能消耗小，仅为其他下料方法消耗的 5%~6%。

4）操作人员少，完成同样的锯切工作，需要的操作者较其他下料方法人数都少。

5）生产率高，切割速度为 45~260cm²/min，与圆盘锯的切割速度相当或略高。

切割硬度低、强度低的材料时，可调高金属带锯锯条的锯割速度；而切割硬度高、强度高的材料时，则必须调低带锯锯条的锯切速度。

6）对坯料弯曲度和直径偏差要求不高。

7）成本低廉。

带锯床使用的切割工具是锯带。由于被切材料截面的大小、材质不同，锯带线速度不同，进刀量大小也不同。当锯齿锋利程度变化时，锯切能力随之发生变化；液压油温液升高，油由浓变稀，相同刻度的进刀位置，进刀量也随之"悄悄"加快，阻力和拉力也"悄悄"增大，一旦超过锯带的抗拉强度，则会出现断带。

常用的锯带是以高速工具钢为齿部材料，以弹簧钢为背部材料，通过电子束焊接后开齿而成的双金属锯带。此种锯带适用范围广，切割速度快、精度高，使用寿命长。图 1-6 所示为经电子束焊接的双金属锯带结构形式。

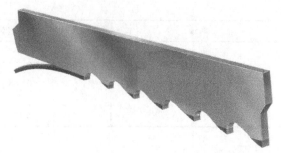

图 1-6　经电子束焊焊接的双金属锯带结构形式

锯带的切割性能决定于锯带的齿形，为适应不同材质、不同截面形状材料的下料，锯带生产厂家为其设计了如图 1-7 所示的五种典型锯带齿形。图 1-7a 为标准齿形，它是最普遍的齿形，适合切割不同的材料，由于锯齿没有斜角，适合切割薄或者直径小的束状材料；图 1-7b 为强力齿形，它有 10° 的正斜角，经过多年实践证明，它适宜对坚硬材料高速切割；图 1-7c 为 MG 齿形，它有 10° 斜角而且咽喉部比强力齿形和标准齿形大，主要用于高速强力切割，切割时会产生螺旋状大锯屑；图 1-7d 为 ACG 齿形，它有 5° 斜角，且咽喉部的大小与锯带的宽窄成最佳比例，能防止弯曲带来的应力集中，加强了锯带的支撑力，主要用于高速切割；图 1-7e 为变化齿形，它包括了标准齿形、强力齿形和 MG 齿形，可减低噪声与振动，主要适应于锯切时易发生振动的不规则材料，此外，即使高速切割也不会发生锯齿破碎。

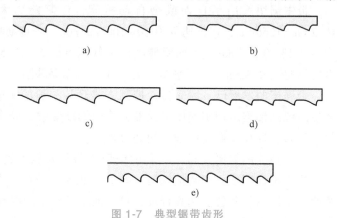

图 1-7　典型锯带齿形
a）标准齿形　b）强力齿形　c）MG 齿形
d）ACG 齿形　e）变化齿形

不同的锯带具有不同的使用寿命，硬质合金锯带使用寿命最高。一般情况下，双金属的使用寿命大于高速工具钢锯带，更远远大于高碳合金钢锯带，高碳钢锯带的使用寿命最低。

为了延长锯带寿命，要注意锯带在磨合期的使用。磨合期的目的是为了使锯齿的高度均一，也是使齿尖经过微小磨耗后耐锯切，提高锯带的使用寿命。磨合期内锯割时锯割速度要低，一般从标准锯带速度的60%开始。开始时的切入量也要小，大致为标准切入量的40%。

锯切量的单位为 cm^2/min，它等于锯切材料的截面积与锯断时间的比值。

3. 其他下料方法

切断下料的方法多种多样，常用的材料切断方法还有砂轮切断。砂轮切断时，砂轮高速旋转会产生大量的热量、粉尘和噪声，会对环境造成污染。

此外，还有可燃气体熔断、等离子弧切割、放电切割、激光切割等熔断方法。熔断的缺点主要是在切断的过程中受到熔断热影响，材料的组织会发生变化，形成变质层，需要通过采用热处理工艺才能消除这种变化。放电切割的成本高，普及率低，不能广泛用于钢材的切断，只适于应用在经过热处理以后的模具以及高硬度材料零件上。激光切割在板料加工上用得较多，在棒材、型材的切割上用得较少。

总之，选用何种方法，要结合被切断材料的性质、尺寸大小、批量和对下料品质的要求进行选择。

📡 任务实施

一、工艺分析

闭塞锻造成形的坯料尺寸过大时容易产生毛刺，在极端情况下甚至会导致模具破损，而坯料尺寸过小时，又容易产生锻件充不满。普通乘用车差速器行星锥齿轮材料一般为20CrMnTi，产品精度要求为7级。采用冷闭塞锻造成形的差速器行星锥齿轮，其齿形不需切削加工，仅需对轴孔、背锥进行切削加工。采用冷闭塞锻造成形差速器行星锥齿轮，不仅提高了产品合格率、精度与强度，省去切边工序，还降低了生产成本，提高了市场竞争力。对于普通乘用车差速器行星锥齿轮的下料过程，要综合考虑它的成形技术要求和材料特点等因素，选择合适的下料方式。

二、选择下料方法

下料方法与产品质量有关，即单件产品质量大的产品大多采用锯床下料，单件产品质量小的产品大多采用剪板机下料；平均月批量小于3000件的产品采用锯床下料，而平均月批量大于3000件的产品宜采用剪板机下料。

目前国内轧制后的棒材表面难以保证不存在裂纹，坯料表面需要剥皮。因此，根据任务要求和制件加工特点，对星形锥齿轮制定冷锻工艺的坯料下料工艺为：原材料→剥皮、磨外圆→下料→倒角→正火或退火。是否需要倒角主要与成形过程有关。带锯、圆盘锯下料的断面平行度很好，剪切下料平行度较差；但带锯和圆盘锯下料浪费锯缝材料，而剪切下料基本不浪费材料。现阶段精密模锻一般采用下料品质较高的带锯或圆盘锯。制造如图1-1所示的锻件，质量为191g，其平均月批量为2000多件，综合考虑适宜采用圆盘锯下料。

下料尺寸需根据成形前的坯料尺寸、剥皮与磨外圆的余量计算。通过计算得知，成形前的坯料尺寸为$\phi 34.6mm \times 26mm$，剥皮、磨外圆单边加工量为0.2mm（表面粗糙度值$Ra \leqslant 3.2\mu m$），下料的长度公差为±0.2mm。因此，下料尺寸为$\phi 35mm \times (26 \pm 0.2)mm$。

📡 课后思考

1. 金属材料下料方法有哪些？
2. 下料精度要求高时，应该采用哪种下料方式？
3. 计算得到的坯料尺寸就是实际下料尺寸吗？为什么？

任务二 轮毂锻造坯料加热规范的制订

📡 任务目标

1）了解锻件用坯料的加热方法。

2）掌握金属加热时产生的变化及影响因素。

3）掌握金属锻造温度范围的确定方法。

4）能制订合理的金属加热规范。

任务分析

1. 任务介绍

轮毂模锻件图如图 1-8 所示。材料为 42CrMo，外径为 φ721mm，最大厚度为 339mm，未注圆角 R8mm，未注模锻斜度为 5°，轮毂部位高而窄。要求制订该模锻件坯料的加热规范。

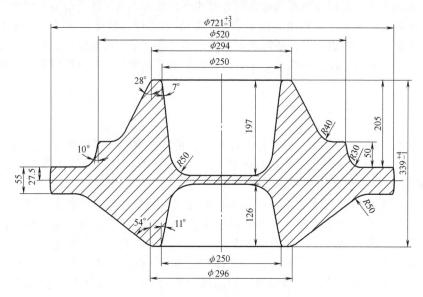

图 1-8　轮毂模锻件图

2. 任务基本流程

本任务主要根据轮毂模锻件结构特点，制订其加热规范，介绍金属加热时产生的变化、锻造温度范围的确定、加热规范的内容及少无氧化加热。通过理论知识的介绍，并结合当前企业生产的实际情况，制订比较合理的加热规范，实现高效、低成本生产轮毂模锻件。

理论知识

一、锻前加热的目的及方法

金属材料加热的目的和方法

在锻造生产中，为了提高金属塑性，降低变形抗力，使坯料易于变形并获得良好的锻件，锻前需要对金属材料加热。锻前加热对提高锻造生产率，保证锻件品质等都有直接影响，是锻造生产过程不可缺少的重要环节。

金属锻前加热方法，按所采用的热源不同，可以分为火焰加热和电加热两大类。

（一）火焰加热

火焰加热是一种传统的加热方法。它是利用燃料（煤、油、煤气、天然气等）燃烧时所产生的热量，通过对流、辐射把热能传到坯料表面，再由表面向中心热传导，使整个坯料加热。其优点是燃料来源方便、加热炉修造容易，加热费用较低，适应性强。这类加热方法应用广泛，适用于各种大、中、小型坯料的加热。其缺点是劳动条件差，加热品质差，热效率低等。

火焰加热炉的投资少，建造容易，对坯料的适应性比较强。中、小型锻件生产多采用以油、煤气、天然气或煤作为燃料的手锻炉、室式炉、连续炉等。大型圆钢或钢锭则常采用以油、煤气和天然气作为燃料的车底式炉、环形转底炉等。火焰加热炉的缺点是劳动条件差，加热速度慢，炉内气氛、温度不易控制，坯料加热品质差。煤、重柴油加热时环境污染严重，能源利用率低，现在已经被节能环保的气体燃料取代。

（二）电加热

电加热是将电能转换为热能来加热坯料的方法。电加热的优点是劳动条件好，加热速度快，炉温控制准确，金属坯料加热温度均匀且氧化少，易于实现自动化控制；缺点是设备投资大，用电费用较高，加热成本较高。电加热按其传热方式可分为电阻加热和感应加热。

1. 电阻加热

电阻加热的传热原理与火焰加热相同，根据发热元件的不同分为电阻炉加热、盐浴炉加热、接触电加热等。

（1）电阻炉加热　电阻炉加热是利用电流通过炉内的电热体（材料为铁铬铝合金、镍铬合金或碳化硅元件、二硅化钼元件等）产生的热量，加热炉内的金属坯料，其原理如图1-9所示。这种方法的加热温度受到电热体使用温度的限制，热效率比其他电加热低，但对坯料加热的适应范围较大，便于实现加热的机械化、自动化，也可采用保护气体进行少、无氧化加热。

作为电热体材料，铁铬铝合金的电阻系数大，耐热性好，但高温强度低，冷却后有脆性。而镍铬合金的高温强度较高，冷却后无脆性。碳化硅元件和二硅化钼元件均为非金属元件，它们可以做成各种形状，做成棒状的叫硅碳棒，管状的叫硅碳管。它们电阻高，耐热性好，但电阻温度系数较大，冷态时硬而脆。

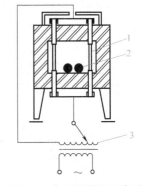

图1-9　电阻炉原理示意图
1—电热体　2—坯料
3—变压器

（2）盐浴炉加热　盐浴炉加热是电流通过炉内电极产生的热量把导电介质盐熔融，通过高温介质的对流与传导将埋入介质中的坯料加热。

加热不同的坯料需要不同的温度，而许多盐各有其不同的熔点，因此，对于从250～1300℃之间的任何温度都可以找到适当的盐或几种盐的混合物，使盐的溶液在这一温度时蒸发得很少，而同时又呈液体流动状态。盐浴炉按热源位置的不同而分为外热式和内热式两种。内热式盐浴炉的工作原理如图1-10所示。

内热式盐浴炉有用管状电热元件加热的，也有用电极加热的。

盐浴炉加热升温快、加热均匀，可以实现金属坯料整体或局部的无氧化加热，但其热效率低，辅助材料消耗大，劳动条件差。

（3）接触电加热 接触电加热是以低电压（一般为 2 ～ 15V）、大电流直接通入金属坯料，由金属坯料自身电阻在通过电流时产生的热量加热坯料本身，其原理如图 1-11 所示。这种加热方法加热速度快、金属烧损少、加热范围不受限制、热效率高、耗电少、成本低、设备简单、操作方便。它更适用于长坯料的整体或局部加热，但对坯料的表面粗糙度和形状、尺寸要求严格，下料时必须保证坯料的端部规整。此外，这种加热方法难以测量和控制加热温度。

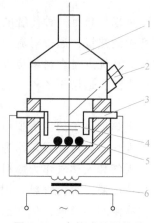

图 1-10 内热式盐浴炉的工作原理示意图

1—排烟罩 2—高温计 3—电极
4—熔盐 5—坯料 6—变压器

2. 感应加热

随着锻压生产机械化自动化程度的提高，特别是对无公害加热技术的要求，在大批量生产中，采用感应加热已成为发展趋势。感应加热的优点是加热速度快，可达 0.4 ～ 0.6min/cm；总效率高达 50% ～ 60%；感应加热时，坯料周围的气氛流动弱，氧化脱碳少，加热品质好，对环境没有污染，温度易于控制，金属烧损少，操作简单，工作稳定，便于实现机械化、自动化等。感应加热装置消耗的电能比接触电加热消耗的电能大（但比电阻炉加热消耗的电能小）。每吨钢材的耗电指标为 400 ～ 500kW·h。

感应器的规格必须与坯料尺寸相匹配，每种规格的感应器加热坯料的尺寸范围较窄。当坯料尺寸经常变化时，必须及时更换相应的感应器，否则加热效率明显下降，导致加热时间延长。一般情况下，感应加热不能加热形状复杂的异形和变截面坯料。

感应加热是利用电磁感应发热直接加热金属坯料。将金属坯料放入通过交变电流的螺旋线圈（感应器）中，感应器产生的感应电动势，在坯料内部形成强大的涡流，使坯料得到加热。感应加热原理如图 1-12 所示。

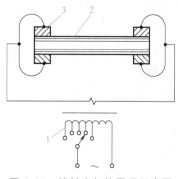

图 1-11 接触电加热原理示意图

1—变压器 2—坯料 3—触头

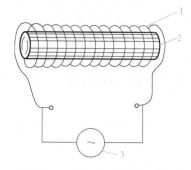

图 1-12 感应加热原理示意图

1—感应器 2—坯料 3—电源

若将坯料 2 放在感应器 1 内，并在其两端施加交变电压 u，当感应器内通过电流后，便产生相应的交变磁场，根据电磁感应定律，在坯料内便产生感应电流，依靠坯料的阻抗，使坯料产生热量。

由于感应加热时的趋肤效应，坯料表层的电流密度大，中心电流密度小。通过交变电流的表面层厚度称为电流穿透深度 δ，其计算公式如下：

$$\delta = 5030 \sqrt{\frac{\rho}{\mu_\mathrm{r} f}}$$

式中　ρ——金属的电阻率（$\Omega \cdot \mathrm{cm}$），不同温度下各种金属材料的电阻率可由有关资料查得；

　　　μ_r——金属的相对磁导率。对于钢材而言，当温度在磁性转变点（760℃左右）以下时，μ_r 值为变数，当温度在 760℃ 以上，可取 $\mu_\mathrm{r} = 1$；

　　　f——电流频率（Hz）。

分析上式可知：当坯料处于热态时（$\mu_\mathrm{r} = 1$），电流穿透深度 δ 与电流频率 f 的平方根成反比。所以，电流频率 f 越高，则电流穿透深度 δ 越小，趋肤效应越明显。因为坯料表面的热量必须依靠热传导方式逐渐传到中心，故当加热时间给定时，为了减小坯料表面和中心的温差，必须减小坯料尺寸；当坯料温差和尺寸给定时，就要延长加热时间。而加热时间增加，会降低坯料的品质。

按照所用电流频率不同，感应加热通常分为工频加热（$f = 50\mathrm{Hz}$）、中频加热（$f = 50 \sim 1000\mathrm{Hz}$）和高频加热（$f > 1000\mathrm{Hz}$）。对于大直径坯料，要注意保证坯料加热均匀，一般选用低电流频率，增大电流透入深度，可以提高加热速度；而对于小直径坯料，可采用较高的电流频率，提高加热效果。

试验证明，感应加热时，氧化和脱碳在很大程度上取决于加热温度和加热时间。当温度从 1050℃ 增加到 1200℃ 时，烧损增加约 50%，氧化皮增厚。随着加热温度和高温下停留时间的增加，脱碳层明显增厚。例如，对于 $\phi 80\mathrm{mm}$ 的 40Cr，用 5min 加热到 1100℃，脱碳层为 0.25mm；而用 8min 加热到 1200℃，脱碳层为 0.5mm。因此，为了实现感应加热的无氧化加热要求，需要采用保护气体。

加热方法的选择要根据具体的锻造要求、投资效益、能源情况及环境保护等多种因素确定。火焰加热目前应用比较广泛，电加热主要用于加热品质要求高的铝、镁、钛、铜和高温合金，为了适应特殊材料锻造工艺的需要，满足各种精密成形工艺的要求，电加热方法的应用将日益扩大。

二、金属加热时产生的变化

金属在加热过程中，由于原子在晶格中相对位置的强烈变化、原子的振动速度和电子运动的自由行程的改变，以及周期介质的影响等原因，金属将产生以下变化：

1）在组织结构方面，大多数金属不但发生组织转变，其晶粒还会长大，严重时会造成过热、过烧。

2）在力学性能方面，总的趋势是金属塑性提高，变形抗力降低，残余应力逐步消失，但也可能产生新的内应力，过大的内应力会引起金属开裂。

3）在物理性能方面，金属的热导率、热扩散率、热胀系数、密度等均随温度的升高而变化，550℃ 以上时，金属还会发出不同颜色的光线，即有火色变化。

4）在化学变化方面，金属表层与炉气或其他周围介质发生氧化、脱碳、吸氢等化学反应，结果生成氧化皮与脱碳层等。

金属在加热过程中发生的各种变化，直接影响金属的成形性能和锻件品质，了解这些变化是制订加热规范的基础。下面重点讨论金属加热时的氧化、脱碳、过热、过烧及内应力等问题。

(一) 氧化

金属在高温加热时，表层中的离子和炉内的氧化性气体（如 O_2、CO_2、H_2O 和 SO_2）发生化学反应，使金属表面生成氧化物，这种现象叫氧化，也叫烧损。

钢坯料在高温加热时，会发生氧化反应，生成一种氧化物，叫作氧化皮。如图 1-13 所示，表层中的铁（Fe）离子和炉内的氧化性气体发生化学反应，生成最内层细小的 FeO（约为 40%）、中间层粗大的 Fe_3O_4（约为 50%）和最外层的 Fe_2O_3（约为 10%）三种氧化物。氧化皮的热胀系数比钢低，熔点也较低（1300~1350℃）。因此，坯料表面的氧化皮疏松，易于脱落，使坯料未被氧化的部分裸露成为新表面，继续被氧化。

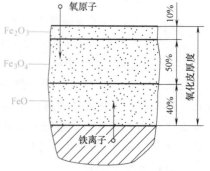

图 1-13 氧化皮的形成过程

氧化的实质是一种扩散过程。伴随着金属以离子状态（钢坯则为铁离子）由内部向表面扩散，炉气中的氧以原子的状态吸附到金属（钢坯）表面并向内扩散，使氧化反应不断向金属（钢坯）内部深入。

氧化主要受被加热金属的化学成分和加热环境（如炉气成分、加热温度、加热时间）两方面因素的影响。

金属加热时的
变化（一）

(1) 钢的化学成分 在同样条件下，不同牌号的钢氧化烧损各不相同，低碳钢烧损量大而高碳钢烧损量小，这是由于在高碳钢中反应生成了较多 CO 而降低了氧化铁的生成量。Cr、Ni、Al、Mo 等合金元素能在钢坯表面形成致密的氧化膜，其透气性很小，阻止了氧化性气体向钢坯内部扩散，而且其热胀系数与钢几乎一致，能牢固地附在钢的表面而不脱落，阻止了氧化的进行。

(2) 炉气成分 坯料处在氧化性气体中的加热时间越长，氧化扩散量越大，氧化皮越厚。尤其在高温加热阶段，氧化速度快，加热时间越长，氧化损失越大。火焰加热炉炉气的性质，取决于燃料燃烧时的空气供给量。当供给的空气过多时，炉气呈氧化性，促使被加热金属形成氧化皮。如供给的空气不足时，炉气呈还原性，被加热金属产生氧化很少甚至不产生氧化。

(3) 加热温度 加热温度是影响金属氧化速度的最主要因素。加热温度越高，金属和气体的原子扩散速度越大，则氧化越剧烈，生成的氧化皮越厚。实际观察表明，在 200~500℃ 加热时，钢料表面仅能生成很薄的一层氧化膜。当加热温度升至 600~700℃ 时，便开始有显著氧化，并生成氧化皮。当加热温度达到 850~900℃ 时，钢的氧化速度急剧升高，如图 1-14 所示。

(4) 加热时间 钢坯在氧化性介质中的加热时间越长，氧的扩散量越大，形成的氧化皮越厚，如图 1-15 所示。特别是加热到高温阶段，加热时间的影响更加显著。

金属的氧化烧损危害很大，在一般情况下，钢坯每加热一次，便有 1.5%~3% 的金属被烧损，这种烧损量称为火耗率，用 δ 表示。不同加热方法的火耗率 δ 见表 1-4。

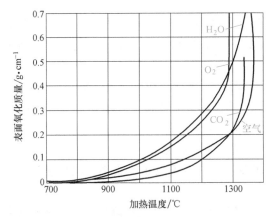

图 1-14 加热温度对钢氧化的影响

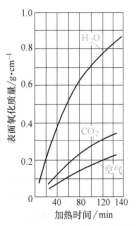

图 1-15 加热时间对钢氧化的影响

表 1-4 不同加热方法的火耗率 δ

加热方法	室式油炉	连续式油炉	室式煤气炉	连续式煤气炉	电阻炉	高频加热炉	接触电加热	室式煤炉
δ(%)	3.0~3.5	2.5~3.0	2.5~3.0	2.0~2.5	1.0~1.5	0.5~1.0	0.5~1.0	3.5~4.0

注：两火加热时 δ 再乘以 1.5~2 的系数。

此外，氧化皮还会加剧模具的磨损，降低锻件的表面品质和尺寸精度。氧化皮的熔渣还将严重浸蚀耐火材料，造成加热炉炉底过早损坏，降低加热炉使用寿命。残留氧化皮的锻件，在机械加工时刀具刃口易于磨损。因此，减少或消除加热时金属的氧化对锻造生产来说非常重要。在加热工艺过程中通常采用如下措施：

1）快速加热。在保证锻件品质的前提下，尽量采用快速加热，缩短加热时间，尤其是缩短高温下的停留时间，坯料装炉时尽量少装、勤装。

2）控制加热炉气体的性质。在燃料完全燃烧的条件下，尽量减少空气过剩量，以免炉内剩余氧气过多。应使炉内有过量还原性气体，并注意减少燃料中的水分。

3）炉内应保持不大的正压力，以防吸入炉外空气。

4）介质保护加热。将坯料表面与氧化性炉气隔离，防止坯料在加热时产生氧化。所用的介质有气态保护介质（如纯惰性气体、石油液化气、氮气等）、液态介质（如玻璃熔体、熔盐等）和固态保护介质（如木炭、玻璃粉、珐琅粉、金属镀膜等）。

（二）脱碳

坯料在加热时，其表层的碳（C）和炉气中的氧化性气体（如 O_2、CO_2、H_2O 等）以及某些还原性气体（如 H_2）发生化学反应，造成坯料表层的含碳量减少，这一表层常称脱碳层，这种缺陷即为脱碳。

脱碳过程实质也是一个扩散过程，即炉气中的 O_2 和 H_2O 等与钢中的 C 相互扩散。一方面炉气中的氧向钢内扩散；另一方面钢内的碳向外扩散。从整个过程来看，脱碳层只在脱碳速度超过氧化速度时才能形成，或者说，在氧化作用相对弱的情况下，可形成较深的脱碳层。

影响钢加热时脱碳的因素如下：

1）坯料的化学成分。钢中 C、W、Al、Si、Co 等元素均促使脱碳增加，而 Cr、Mn 等元素则阻止脱碳。Ni 和 V 对钢的脱碳没有影响。

2）炉气成分。炉气成分中脱碳能力最强的介质是 H_2O（汽）、其次是 CO_2 和 O_2，脱碳能力较差的是 H_2。而 CO 的含量增加可减少脱碳，一般在中性介质或弱氧化性介质中加热可减少脱碳。

3）加热温度。坯料在氧化性的炉气中加热，既产生氧化，也引起脱碳。加热温度在 700~1000℃，由于氧化皮阻碍碳的扩散，因此脱碳过程比氧化要慢。当加热温度在 1000℃ 以后，一方面，脱碳的速度迅速加快，同时氧化皮也丧失保护作用，这时脱碳比氧化更为剧烈。如 GCr15 钢，加热到 1100~1200℃ 时，将产生强烈的脱碳现象。

4）加热时间。加热时间越长，脱碳层厚度越厚，但二者不成正比关系，当厚度达到一定值后，脱碳速度将逐渐减慢。

钢在加热时产生了脱碳，会使锻件表面硬度和强度降低，耐磨性也降低，从而影响零件的使用性能。脱碳增加了钢组织、性能的不均匀性，如果脱碳严重，锻造容易引起变形不均匀，可能产生裂纹；热处理时容易引起更大的内应力而淬裂，使锻件表面硬度达不到要求。如果脱碳层厚度小于机械加工余量，则对锻（零）件没有危害。反之，就要影响锻件品质。特别是对精密锻造而言，加热时应避免脱碳现象的发生。

一般用于防止钢锻件氧化的措施，同样也可用于防止脱碳。

（三）过热

当钢加热超过某一温度时，或在高温下停留时间过长，会引起奥氏体晶粒迅速长大，这种现象称为过热。晶粒开始急剧长大的温度叫做过热温度。

不同钢种的过热温度见表 1-5。一般钢中 C、Mn、S、P 等元素会增加钢的过热倾向，Ti、W、V、Nb 等元素可减小钢的过热倾向。

金属加热时
的变化（二）

表 1-5　部分钢的过热温度

钢种	过热温度/℃	钢种	过热温度/℃
45 钢	1300	18CrNiWA	1300
45Cr	1350	25MnTiB	1350
40MnB	1200	GCr15	1250
40CrNiMo	1250~1300	60Si2Mn	1300
42CrMo	1300	W18Cr4V	1300
25CrNiW	1350	W6Mo5Cr4V2	1250
30CrMnSiA	1250~1300		

过热对金属锻造过程影响不大。某些过热较严重的钢材，只要没有过烧，在足够大的变形程度下，晶粒粗大组织一般都可以消除。如果变形程度较小，终锻温度比较高，则锻后冷却时将出现非正常组织。例如过热的亚共析钢，冷却时由于奥氏体晶粒分解形成魏氏组织；而过热的过共析钢，冷却时析出的渗碳体则形成稳定的网状组织；工模具钢（或高合金钢）过热之后往往呈现一次碳化物网状化等。有的合金结构钢过热后除了晶粒粗大外，晶界还有析出物，用一般热处理方法也不易消除。以上这些都会导致钢的强度和冲击韧度降低。

坯料过热所造成的锻件不良组织，虽然可以通过二次锻造或热处理消除，但这却增加了生产周期和成本。为了尽量避免钢的过热，必须严格遵守加热规范，严格控制加热温度和时间，避免截面尺寸相差很大的坯料同炉加热。此外，控制加热炉炉气的氧化性气体也很重要，因为坯料在强烈氧化性炉气中加热时，表层剧烈氧化放出热量，会使其表面温度超过炉温而引起过热。

（四）过烧

当坯料加热超过过热温度时，并且在此温度下停留时间过长，不但引起奥氏体晶粒迅速长大，而且还有氧化性气体渗入晶界，这种缺陷称为过烧。产生过烧的温度叫做过烧温度。不同的钢的过烧温度见表 1-6。一般钢中含有 Ni、Mo 等元素容易产生过烧，而 Al、Cr、W、Co 等元素则能抑制过烧。

表 1-6　部分钢的过烧温度

钢种	过烧温度/℃	钢种	过烧温度/℃
45 钢	>1400	W18Cr4V	1360
45Cr	1390	W6Mo5Cr4V2	1270
30CrNiMo	1450	20Cr13	1180
4Cr10Si2Mo	1350	Cr12MoV	1160
50CrV	1350	T8	1250
12CrNiA	1350	T12	1200
60Si2Mn	1350	GH135 合金	1200
60Si2MnBE	1400	GH136 合金	1220
GCr15	1350		

坯料过烧时，氧化性气体进入到晶界，会使晶间物质 Fe、C、S 发生氧化，形成易熔共晶氧化物。甚至晶界产生局部熔化，使晶粒间结合完全破坏。因此，对过烧的坯料进行锻造时，在表面会产生网络状裂纹，一般称之为"龟裂"。严重的则使坯料破裂成碎块，其断口无金属光泽。过烧是加热的致命缺陷，使坯料报废。如果坯料只是局部过烧，可将过烧的部分切除掉。

为减少和防止坯料过烧，应严格遵守加热规范，特别是要控制加热温度以及在高温时的停留时间。

（五）内应力

如果坯料在加热过程的某一温度下，内应力（一般指拉应力）超过它的抗拉强度，那么坯料就会产生裂纹。通常内应力有温度应力、组织应力和残余应力。

1. 温度应力

坯料在加热时，其表面和中心部位之间存在温度差引起不均匀膨胀，使表面受到压应力，中心部位受到拉应力。这种由于温度不均匀而产生的内应力叫温度应力。温度应力的大小与钢的性质和横截面温度有关。一般只有坯料出现较大的温度梯度，才会产生较大的温度应力并产生裂纹。钢在温度低于 550℃ 时，必须考虑温度应力的影响。当温度超过 550℃ 时，钢的塑性比较好，变形抗力较低，通过局部塑性变形可以使温度应力得到消除，此时就不会产生温度应力。

温度应力一般都是处于三向应力状态，加热时圆柱坯料中心部位受到的轴向温度应力较径向温度应力都大，而且都是拉应力，因此钢料加热时心部产生裂纹的倾向性较大。

2. 组织应力

加热具有相变的坯料时，表层首先发生相变，珠光体变为奥氏体，比体积减小，在表层形成拉应力，心部为压应力。当温度继续升高时，心部也发生相变。这时心部为拉应力，表层形成压应力。这种由于相变前后组织的比体积发生变化而引起的内应力叫组织应力。由于相变时坯料已处在高温，塑性好，尽管产生组织应力，也会很快被松弛消失。因此，在坯料加热过程中，组织应力无危险性。

3. 残余应力

钢锭在凝固和冷却过程中，由于外层和中心冷却次序不同，各部分间的相互牵制将产生残余应力。外层冷却快，应力为压应力；中心冷却慢，应力为拉应力。当残余应力超过抗拉强度时，金属材料将产生裂纹。

综上所述，坯料在加热过程中，由于内应力引起的裂纹，主要是温度应力造成的，一般来讲，裂纹发生在加热低温阶段，且裂纹发生的部位在心部。因此，在500℃以下加热时，应避免加热速度过快，应降低装炉温度。

三、金属锻造温度范围的确定

锻造温度范围是指坯料开始锻造时的温度（即始锻温度）和结束锻造时的温度（即终锻温度）之间的温度区间。

确定锻造温度范围的基本原则是：要求坯料在锻造温度范围内锻造时，金属具有良好的塑性和较低的变形抗力；保证锻件品质，锻出优质锻件。锻造温度范围尽可能宽广些，以便减少加热火次，提高锻造生产率，减少热损耗。

确定锻造温度范围的基本方法是：以合金平衡相图为基础，再参考塑性图、变形抗力图和再结晶图，由塑性、品质和变形抗力三个方面加以综合分析，从而定出合适的始锻温度和终锻温度。

合金相图能直观地表示出合金系中各种成分的合金在不同温度区间的相组成情况。一般情况下，单相组织比多相组织塑性好、变形抗力低，多相组织由于各相性能不同，变形不均匀，同时基体相往往被另一相机械地分割，故塑性低、变形抗力变大。锻造时应尽可能使合金处于单相状态，以便提高工艺塑性和减小变形抗力。因此，首先应根据相图适当地选择锻造温度范围。

塑性图和变形抗力图是对某一具体牌号的金属，通过热拉伸、热弯曲或热镦粗等试验所测绘出的关于塑性、变形抗力随温度而变化的曲线图。为了更好地符合锻造生产实际，常用动载设备和静载设备进行热镦粗试验，这样可以反映出变形速度对再结晶、相变以及塑性、变形抗力的影响。

再结晶图表示变形温度、变形程度与锻件晶粒尺寸之间的关系，是通过试验测绘的。它对确定最后一道变形工步的锻造温度、变形程度具有重要参考价值。对于有晶粒度要求的锻件（例如高温合金锻件），其锻造温度常需要根据再结晶图来检查和修正。

本书以碳素钢为例，说明锻造温度范围的确定方法。

（一）始锻温度范围的确定

确定始锻温度时，应保证坯料在加热过程中不产生过烧现象，同时也要尽量避免发生过热。由此，碳素钢的始锻温度则应比铁-碳平衡相图的固相线低150~250℃。由图1-16可以看出，碳素钢的始锻温度随着含碳量的增加而降低。对合金钢而言，始锻温度通常随着含碳量的增加而降低得更多。

此外，始锻温度的确定还应考虑到坯料组织、锻造方式和变形工艺过程等因素。如以钢锭为坯料时，由于铸态组织比较稳定，产生过热的倾向比较小，因此钢锭的始锻温度可以比同钢种钢坯和钢材高 20~50℃。对于大型锻件的锻造，最后一火的始锻温度，应根据剩余的锻造比确定，避免锻后晶粒粗大，这对不能用热处理方法细化晶粒的钢种尤为重要。

（二）终锻温度范围的确定

在确定终锻温度时，既要保证金属在终锻前具有足够的塑性，又要保证锻件能够获得良好的组织性能，所以终锻温度不能过高。温度过高，会使锻件的晶粒粗大，锻后冷却时出现非正常组织。相反，温度过低，不仅导致锻造后期加工硬化，还可能引起锻裂，而且会使锻件局部处于临界变形状态，形成粗大的晶粒。因此，通常钢的终锻温度应稍高于其再结晶温度。

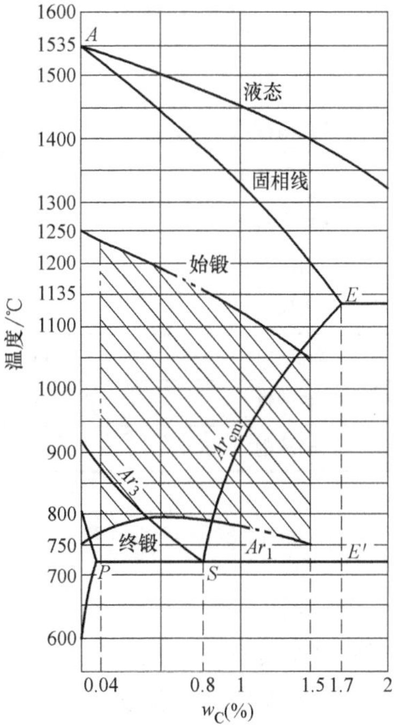

图 1-16　碳素钢的锻造温度范围

按照以上原则，碳素钢的终锻温度约在铁-碳平衡相图 Ar_1 线以上 25~75℃。由图 1-16 可以看出，中碳钢的终锻温度位于奥氏体单相区，组织均匀，塑性良好，完全满足终锻要求。低碳钢的终锻温度虽处在奥氏体和铁素体的双相区，但因两相塑性均较好，不会给锻造带来困难。高碳钢的终锻温度是处于奥氏体和渗碳体的双相区，在此温度区间锻造时，可借助塑性变形将析出的渗碳体破碎呈弥散状，而在高于 Ar_{cm} 线的温度下终锻，将会使锻后沿晶界析出网状渗碳体。

终锻温度与钢种、锻造工序和后续工序等也有关。对于冷却时不产生相变的钢种，因为热处理不能细化晶粒，只能依靠锻造控制晶粒度，为了使锻件获得较细晶粒，这类钢的终锻温度一般偏低。当锻后立即进行锻件余热处理时，终锻温度应满足余热处理的要求。如低碳钢锻件锻后进行余热处理，其终锻温度则要求稍高于 Ar_3 线。

锻造精整工序的终锻温度，比常规值低 50~80℃。

通过长期生产实践和大量试验研究，已有锻造金属材料的锻造温度范围都已经确定，可从有关手册中查得。对于新的金属材料，可应用本任务中介绍的方法进行确定。表 1-7 列出了部分钢的锻造温度范围。从表中可以看出，各类钢的锻造温度范围相差很大，一般碳素钢的锻造温度比较宽，而合金钢的锻造温度相对比较窄，尤其高合金钢的锻造温度只有 200~300℃。因此在锻造生产中，高合金钢锻造较困难，对锻造工艺过程要求严格。

表 1-7　部分钢的锻造温度范围　　　　　　　　　　　　　　（单位：℃）

钢　　种	始锻温度	终锻温度	锻造温度范围
普通碳素钢	1280	700	580
优质碳素钢	1200	800	400

（续）

钢　　种	始锻温度	终锻温度	锻造温度范围
碳素工具钢	1100	770	330
合金结构钢	1150~1230	800~850	350
合金工具钢	1050~1180	800~900	250~300
高速工具钢	1100~1150	900	200~250
耐热钢	1100~1150	850	259~300
不锈钢	950~1180	750~900	200~300
高温合金	1120~1190	927~1093	60~165
弹簧钢	1100~1150	800~850	300
轴承钢	1080	800	280

四、金属的加热规范

锻造加热
规范概述

（一）金属加热规范制订的原则

所谓加热规范（加热制度），是指坯料从装炉开始到加热完了整个过程对炉子温度和坯料温度随时间变化的规定。为了应用方便，加热规范采用温度-时间变化曲线表示。通常以炉温-时间的变化曲线（又称加热曲线）表示加热规范。

在锻造生产中，坯料锻前加热采用的加热规范类型有一段、二段、三段、四段及五段加热规范，其加热曲线如图 1-17 所示。

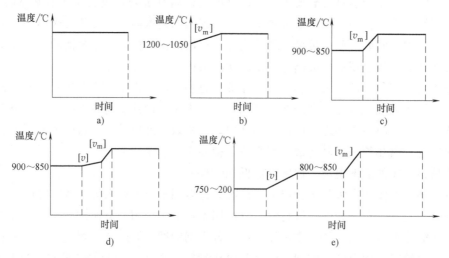

图 1-17　锻造加热曲线类型

a）一段加热曲线　b）二段加热曲线　c）三段加热曲线　d）四段加热曲线　e）五段加热曲线

$[v]$—金属允许的加热速度　$[v_m]$—最大可能的加热速度

制订加热规范的基本原则是优质、高效、低消耗，要求坯料加热过程中不产生裂纹、过热与过烧，温度均匀，氧化和脱碳少、加热时间短、生产率高和节省动能等。

加热规范的核心问题是确定金属在加热过程不同时期的加热温度、加热速度和加热时间。通常可将加热过程分为预热、加热、保温三个阶段。预热阶段，主要是合理规定装料时的炉温；加热阶段，关键是正确选择升温加热速度；均热阶段，则应保证钢料温度均匀，给定保温时间。

(二) 金属加热规范制定的内容

1. 装炉温度

开始加热的预热阶段，坯料的温度低而塑性差，同时还存在蓝脆区。为了避免温度应力过大而产生裂纹，需要规定坯料的装炉温度。装炉温度的高低取决于温度应力，与钢的导温性和坯料的大小有关。一般对于导温性好、尺寸小的坯料，装炉温度不受限制；而导温性差、尺寸大的坯料，则应规定装炉温度，并要求在该温度下保温一定时间。

关于装炉温度的确定，可以通过加热温度和应力的理论计算公式确定，也可以依据生产经验和实验数据制定。如钢锭加热时的装炉温度，可按如图 1-18 所示的我国现行钢锭加热规范实践总结的经验曲线选定。图 1-18 中的直线表示装炉温度，虚线表示在装炉温度下的保温时间。

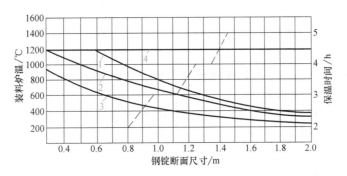

图 1-18　钢锭加热的装炉温度及保温时间

1—Ⅰ组冷锭的装炉温度　2—Ⅱ组冷锭的装炉温度　3—Ⅲ组冷锭的装炉温度　4—热锭的装炉温度

2. 加热速度

坯料加热升温时的加热速度，一般采用单位时间内金属表面温度升高的多少（℃/h）计算；另一种是用单位时间内金属横截面热透的数值（mm²/min）计算。

加热规范中有两种不同含义的加热速度，一种称为最大可能的加热速度，另一种称为坯料允许的加热速度。最大可能加热速度是指炉子按最大供热能量升温时所能达到的加热速度，它与炉子的类型、动能状况、坯料形状尺寸及其放在炉中的位置等有关。钢料允许加热速度是指在不破坏金属完整性的条件下所允许的加热速度 $[v]$，它取决于金属在加热过程中的温度应力，而温度应力的大小与金属的导热性、热容量、线胀系数、力学性能及坯料尺寸有关。根据对加热温度应力的理论计算公式可导出，圆柱体坯料允许加热速度 $[v]$ 在数值上可按下式计算：

$$[v]=\frac{5.6a[\sigma]}{\alpha_l ER^2}$$

式中　$[v]$——圆柱坯料允许的加热速度（℃/h）；

　　　a——热扩散率（m²/h）；

　　　$[\sigma]$——许用应力，可用相应温度下的抗拉强度计算（MPa）；

α_l——线胀系数（℃$^{-1}$）；

E——弹性模量（MPa）；

R——坯料半径（m）。

由上式可知：坯料的导热性越好，抗拉强度越大，横截面尺寸越小，允许的加热速度越大；反之，允许的加热速度越小。因此，在加热导热性好的坯料时，不必考虑允许加热速度，可以最大的加热速度加热；而加热导热性差的坯料时，在低温阶段，则以坯料允许的加热速度加热，升到高温后，就可按最大加热速度加热。

在实际生产中，由于钢材或钢锭有内部缺陷存在，实际允许的加热速度要比理论计算值低。但是对于热扩散率高、横截面尺寸小的钢料，即使炉子按最大可能的加热速度加热，也很难达到实际允许的加热速度。因此，对于碳素钢和有色金属，其横截面尺寸小于 200mm 时，根本不用考虑允许的加热速度。然而，对于热扩散率低、横截面尺寸大的钢料，由于允许的加热速度较小，在炉温低于 850℃ 时，应按允许加热速度加热，当炉温超过 850℃ 时，可按最大加热速度加热。

3. 保温时间

通常的保温包括装炉温度下的保温、700~850℃ 的保温、锻造温度下的保温，共三个保温阶段。

装炉温度下的保温目的是防止金属在温度内应力作用下引起破坏。特别是钢在 200~400℃ 很可能因蓝脆而发生破坏。

700~850℃ 的保温目的是为了减少前段加热后坯料横截面上的温差，从而减少坯料横截面内的温度应力和使锻造温度下的保温时间不至过长。对于有相变的钢，当其几何尺寸较大时，为了不至于因相变吸热使内外温差过大，更需要在 700~850℃ 保温。

锻造温度下的保温目的除了减少坯料的横截面温度差，以使其温度均匀外，还有借助扩散作用，使其组织均匀化，这样不但提高了金属的塑性，而且对提高锻件品质也具有重要意义。如高速钢在锻造温度下保温的目的，就是使碳化物溶于固溶体中。但是对于有些钢，如铬钢（GCr15）在高温下易产生过热，因此在锻造温度下的保温时间不能太长，否则将产生过热和过烧。

保温时间的长短，要从锻件品质、生产率等方面考虑，特别是终锻温度下的保温时间尤为重要，因此终锻温度下的保温时间规定了最小保温时间和最大保温时间。最小保温时间是指能够使坯料温度差达到规定的均匀程度所需的最短保温时间，其具体的确定可参考图 1-19 和图 1-20。

由图 1-19 可以看出，最小保温时间与温度头（温度头为当坯料表面加热到始锻温度时，炉温与坯料表面的温度差）和坯料直径有关。温度头越大，坯料直径越大时，坯料断面的温度差也越大，因此相应的最小保温时间也越大，反之，最小保温时间也越短。图 1-20 的横坐标为坯料直径，纵坐标为均热最小保温时间，即最小保温时间与表面加热到始锻温度时所需要的加热时间之比。

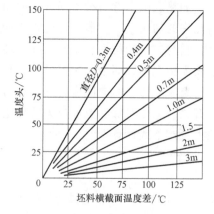

图 1-19　炉温为 1200℃ 时温度头与坯料横截面温度差、坯料直径的关系

坯料加热结束时，横截面温差应达到的均匀程度因钢种的不同而不同，碳素钢和低合金钢要求小于50~100℃，高合金钢要求小于40℃。

最大保温时间是不产生过热、过烧缺陷的最大允许保温时间。实际生产中，保温时间应大于最小保温时间，以保证产品的加热品质。但保温时间不能太长，否则会出现加热缺陷。如因故不能按时将加热到锻造温度的坯料出炉，应将炉温降至700~850℃。

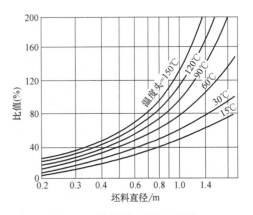

图1-20　均热最小保温时间与温度头、坯料直径的关系

4. 加热时间

加热时间是指坯料在炉中均匀加热到规定温度所用的时间，它是加热各个阶段保温时间和升温时间的总和。按传热学理论计算加热时间，非常烦琐复杂，误差也很大，生产中很少采用。一般以经验公式、试验数据或图线等来确定加热时间，虽然具有局限性，但应用简单方便。

下面简单介绍两种确定加热时间的方法。

（1）钢锭（或大型钢坯）的加热时间

冷钢锭（或钢坯）在室式炉中加热到1200℃所需要的加热时间τ可按下式计算：

$$\tau = ak_1D\sqrt{D}$$

式中　τ——加热时间（h）；

　　　a——与坯料成分有关的系数（碳素钢与低合金钢$a=10$，高碳钢和高合金钢$a=20$）；

　　　k_1——与坯料的横截面形状和在炉内排放情况有关的系数，其值为1~4，可参阅图1-21；

　　　D——坯料直径（m），方形截面取边长、矩形截面取短边边长。

（2）钢材（或中小型钢坯）的加热时间

在连续炉或半连续炉中加热时间τ可按下式确定：

$$\tau = a_0D$$

式中　D——坯料直径或边长（cm）；

　　　a_0——与坯料成分有关的系数（碳素结构钢$a_0=0.1~0.15$h/cm，合金结构钢$a_0=0.15~0.2$h/cm，工具钢和高合金钢$a_0=0.3~0.4$h/cm）。

采用室式炉加热时，加热时间的确定方法如下：

对于直径为200~350mm的钢坯，其加热时间可参考表1-8确定。表中的数据为单个坯料的加热时间，加热多件及短料时，要乘以相应的修正系数k_1、k_2（图1-21）。

表1-8　钢坯加热时间

钢种	加热时间/（h/100mm）
低碳钢、中碳钢、低合金钢	0.60~0.77
高碳钢、合金结构钢	1
碳素工具钢、合金工具钢、高合金钢、轴承钢	1.20~1.40

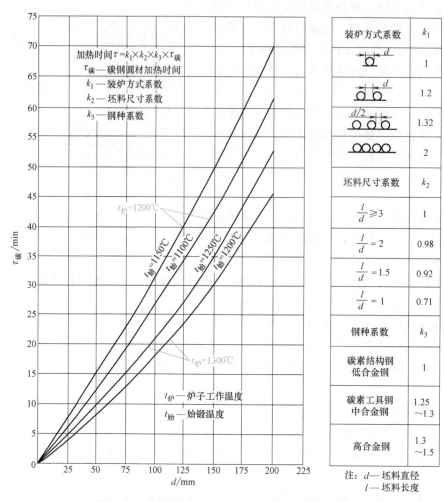

图 1-21　碳素钢在室式炉中单个放置时的加热时间

对于直径小于 200mm 的钢材，其加热时间可按图 1-21 确定，图中 $\tau_\text{碳}$ 为碳素钢圆材单个坯料的加热时间，考虑到装炉方式、坯料尺寸和钢种类型的影响，加热时间还应乘以相应的修正系数 k_1、k_2、k_3。

总之，在制订坯料加热规范时，应考虑坯料的类型、钢种、横截面尺寸、组织性能、其他有关性能（如塑性、抗拉强度、热导率、线胀系数）、坯料的原始状态、加热时的具体条件，并参考有关的手册资料。首先应制定出坯料的始锻温度，然后再确定加热规范的类型及其相应的加热过程参数，如装炉温度、加热速度、保温时间、加热时间等。

（三）金属的一般性加热规范

大型自由锻件与高合金钢锻件多以钢锭为原材料。按钢锭规格可分为大型钢锭和小型钢锭。一般把质量大于 2000kg、直径大于 500mm 的钢锭称为大型钢锭，其他钢锭划分为小型钢锭。

钢锭按锻前加热装炉时的温度又分为冷锭（一般为室温）和热锭（一般为大于室温）。冷锭在低于 500℃ 加热时的塑性较差，加上其内部残余应力又与温度应力同向，各种组织缺陷还会造成应力集中，如果加热规范制定不当，则容易引发裂纹。所以，在冷锭加热的低温阶段，应限制装炉温度和加热速度。而从炼钢车间钢锭脱模后，直接送到锻压车间装炉加热的钢锭称为热锭。由于热锭在装炉时，其表面温度一般不低于 600℃，处于良好的塑性状态，温度应力小，装炉温度不受限制，入炉后便可以最大的加热速度进行加热。

加热大型钢锭时，由于其横截面尺寸大，产生的温度应力也大，要采用多段加热规范。加热小型钢锭时，由于其横截面尺寸小，产生的温度应力不大，对于碳素钢与低合金钢小锭，多采用一段式快速加热规范。对于高合金钢小锭，因其低热扩散率较差，和大型冷锭加热一样，也采用多段加热规范。

一般中、小锻件采用钢材或中小钢坯为原材料，由于其坯料横截面尺寸小，钢材与钢锭经过塑性加工组织性能好。在锻造生产中，钢材与中、小钢坯的加热规范如下：

直径小于 200mm 的碳素结构钢钢材和直径小于 100mm 的合金结构钢钢材，采用一段式加热规范，一般炉温控制在 1200~1300℃，温度头达 100℃ 左右。

直径为 200~350mm 的碳素结构钢钢坯（碳的质量分数大于 0.45%）和合金结构钢钢坯，采用三段式加热规范。炉温控制在 1150~1200℃，采用最大加热速度，钢坯入炉后需要进行保温，加热到始锻温度后也需保温，保温时间为整个加热时间的 5%~10%。温度头达 100℃ 左右。

对于导温性差、热敏感性强的高合金钢坯（如高铬钢、高速钢），则采取低温装炉，装炉温度为 400~650℃。

五、金属的少无氧化加热

少氧化或无氧化加热可以减少金属的氧化烧损（烧损量小于 0.5%），提高加热品质，而且还可以提高锻件的尺寸精度和降低表面粗糙度，提高模具的使用寿命，因此，它是现代加热技术的发展方向。

通常把烧损量在 0.5% 以下的锻造加热称为少氧化加热，烧损量在 0.1% 以下的加热称为无氧化加热。在精密锻造成形过程中，实现少无氧化加热方法主要有快速加热、少无氧化火焰加热和介质保护加热等。

1. 快速加热

快速加热包括火焰炉中的辐射快速加热和对流快速加热、感应加热和接触电加热等。

快速加热的理论依据是：采用技术上可能的加热速度加热金属坯料时，坯料内部产生的温度应力、留存的残余应力和组织应力叠加的结果，不足以引起坯料产生裂纹。小规格的碳素钢钢锭和一般简单形状的模锻用坯料，均可采用这种方法。由于上述方法加热速度很快，加热时间很短，坯料表面形成的氧化层很薄，因此可以达到少无氧化的要求。

感应加热时，钢材的烧损量约为 0.5%。为了达到无氧化加热的要求，可在感应加热炉内通入保护气体。保护气体有稀有气体，如氮、氩、氦等，还有还原性气体，如 CO 和 H_2 的混合气，它们是用保护气体发生装置专门制备的。

由于快速加热大大缩短了加热时间，在减少氧化的同时，还可明显降低脱碳程度，这点不同于少无氧化火焰加热，是快速加热的最大优点之一。

2. 少无氧化火焰加热

在燃料（火焰）炉内，可以通过控制高温炉气的成分和性质，即利用燃料不完全燃烧所产生的中性炉气或还原性炉气，来实现金属的少无氧化加热。这种加热方法称为少无氧化火焰加热。

3. 介质保护加热

用保护介质把金属坯料表面与氧化性炉气机械隔开进行加热，便可避免氧化，实现少无氧化加热。

常用的气体保护介质有稀有气体、不完全燃烧的煤气、天然气、石油液化气或分解氨等。可向电阻炉内通入保护气体，且使炉内呈正压，防止外界空气进入炉内，坯料便能实现少无氧化加热。

图 1-22 所示为精密锻造加热采用的马弗炉。炉中马弗管的壁厚为 25~30mm，通常是由碳化硅、刚玉等材料制成的。加热时高温炉气在马弗管外燃烧，而坯料在马弗管内，与氧化性炉气隔开，通过高温马弗管辐射传热间接加热。同时马弗管口又不断通入保护气体，从而实现了少无氧化加热。这种方法多用于小锻件坯料的加热。其不足是，坯料出炉后，表面还会产生二次氧化。马弗炉炉体造型美观，采用内外双层风冷结构，炉子高温工作时，炉壳外表面

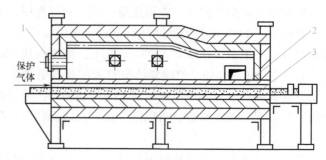

图 1-22 通保护气体的马弗炉示意图
1—烧嘴　2—马弗管　3—坯料

保持低温，可有效保护操作人员不被烧伤，与传统的立式炉相比，采用编程温控表控制温度，智能化水平高，操作方便。

常见的液体保护介质有熔融玻璃、熔融盐等。盐浴炉加热就是液体介质保护加热的一种。

固体介质保护加热，也叫涂层保护加热，是将特制的涂料涂在坯料表面，加热时涂料熔化，形成一层致密不透气的涂料薄膜，且牢固地黏结在坯料表面，把坯料和氧化性炉气隔离，从而防止氧化。坯料出炉后，涂层可防止二次氧化，并有绝热作用，可防止坯料表面温降，在锻造时可起到润滑剂的作用。

保护涂层按其构成不同分为玻璃涂层、玻璃陶瓷涂层、玻璃金属涂层、金属涂层、复合涂层等。目前应用最广的是玻璃涂层。

玻璃涂料是由一定成分的玻璃粉，加上少量稳定剂、黏结剂和水配成的悬浮液。使用前应先将坯料表面通过喷砂等处理方法清理干净，以便使涂料和坯料表面结合牢固。涂料的涂敷方法有浸涂、刷涂、喷枪喷涂和静电喷涂。涂层要求均匀，厚度适当，一般为 0.15~0.25mm。涂层过厚容易剥落，太薄则起不到保护作用。坯料涂后先在空气中自然干燥，再放入低温烘干炉内进行烘干。也可在涂敷前预先将坯料预热到 120℃ 左右，这样湿粉涂上去后立即干涸，能很好地黏附在坯料表面。涂层干燥后即可进行锻前加热。

为了使玻璃保护涂层产生良好的保护及润滑作用，要求涂层应有适当的熔点、黏度和化学稳定性。而玻璃的各种成分配比不同时，上述的物理、化学性能也就不同。因此，使用时要根据金属材料的种类和锻造温度的高低，选择适当的玻璃成分。玻璃涂层保护加热方法，目前在我国的钛合金、不锈钢和高温合金航空锻件生产中得到了较广泛的应用。

钢料在火焰炉内加热时，炉气成分中的 O_2、CO_2、H_2O 等气体与钢料表面之间会产生

氧化与脱碳，其主要化学反应为

$$2Fe+O_2 \Leftrightarrow 2FeO \tag{1-1}$$

$$Fe_3C+O_2 \Leftrightarrow 3Fe+CO_2 \tag{1-2}$$

$$Fe+CO_2 \Leftrightarrow FeO+CO \tag{1-3}$$

$$Fe_3C+CO_2 \Leftrightarrow 3Fe+2CO \tag{1-4}$$

$$Fe+H_2O \Leftrightarrow FeO+H_2 \tag{1-5}$$

$$Fe_3C+H_2O \Leftrightarrow 3Fe+CO+H_2 \tag{1-6}$$

上述反应是可逆过程，向右是氧化反应，向左是还原反应。其中 O_2、CO_2、H_2O 是氧化性气体，CO、H_2 为还原性气体。

从式（1-1）和式（1-2）可见，为保证坯料在加热过程中无氧化，则必须使炉气成分中不存在 O_2，而炉气中的 O_2 含量多少，与空气消耗系数 α 有关。所谓空气消耗系数（亦称空气过剩系数），是指燃料燃烧实际供给的空气量与理论计算的空气量的比值。

空气充足，炉气中除含有气体 N_2 以外，还有大量的 CO_2、H_2O 及过剩的 O_2，因此炉气呈氧化性。空气不足时，炉气中除含有气体 N_2、CO_2、H_2O 外，还有还原性气体 H_2、CO 等，因此炉气仍具有一定的氧化性。随着空气进给量的减少，炉气中 H_2、CO 含量增加，而 CO_2、H_2O 含量相应减少。当四种气体的相对含量，即 $\dfrac{[CO]}{[CO_2]}$、$\dfrac{[H_2]}{[H_2O]}$ 比值达到一定临界值时，氧化反应和还原反应将达到平衡，这时炉气呈中性，坯料表面既不氧化也不还原；若空气供给量进一步下降，CO、H_2 将继续增多，结果形成还原性炉气。

分析式（1-3）、式（1-4）、式（1-5）和式（1-6），要防止坯料在加热过程中的氧化，根据质量作用定律，还应控制反应前后的生成物与反应物的浓度比，使之高于该温度下的化学反应平衡常数 k_1 与 k_2。即 $\dfrac{[CO]}{[CO_2]} \geq k_1$；$\dfrac{[H_2]}{[H_2O]} \geq k_2$。如果增加 CO 和 H_2 浓度，则平衡便向反应式的左方进行，于是 FeO 得到了还原，减少了钢料的氧化。

综上所述，钢料加热是否产生氧化将取决于空气消耗系数 α，炉气 $\dfrac{[CO]}{[CO_2]}$、$\dfrac{[H_2]}{[H_2O]}$ 值及加热温度。

图 1-23 为温度在 $400 \sim 1400℃$ 之间，空气消耗系数 $\alpha = 0.48 \sim 0.29$ 时，炉气和被加热坯料的平衡图。图中曲线 AB 表示炉气为氧化性和还原性的分界线。由图可见，对锻造加热炉（炉温为 $1000 \sim 1300℃$），只有当空气消耗系数 α 降到 0.5 或更低时，才会形成加热炉正常工作条件的无氧化气体，这时的炉气成分应保持为 $\dfrac{[CO_2]}{[CO]} \leq 0.3$、$\dfrac{[H_2O]}{[H_2]} \leq 0.74$。

实现少无氧化加热的最大空气消耗系数称为许用空气消耗系数。许用空气消耗系数因所用燃料的不同而不同。常用燃料的许用空气消耗系数 $[\alpha]$ 见表 1-9。

表 1-9　常用燃料的许用空气消耗系数 $[\alpha]$

燃料	发生炉煤气	水煤气	焦炉煤气	天然气	重油
$[\alpha]$	0.20	0.30	0.45	0.50	0.60

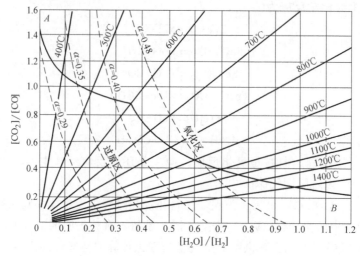

图 1-23　炉气和被加热坯料的平衡图

常见的少无氧化火焰加热炉有一室两区敞焰少无氧化加热炉、隔顶式少无氧化火焰加热炉及平焰少无氧化加热炉（采用先进的平焰烧嘴）等。

图 1-24 所示为一室两区敞焰少无氧化加热炉原理图。在同一炉内分成两个不同的燃烧区，控制燃料分层进行不同性质的燃烧。下部为低温无氧化区（不完全燃烧区），从烧嘴进入的煤气多、空气少，控制空气消耗系数小于或等于加热所要求的许用空气消耗系数，使燃料不完全燃烧，煤气及助燃空气形成还原性炉气，保护坯料不被氧化，此区的炉温较低。炉中上部为高温氧化区（空气燃烧区），安装在炉顶的空气预热器，将空气预热至 400℃ 左右，从烧嘴进入炉中的煤气少、空气多，控制空气消耗系数大于 1，使煤气及从低温无氧化区进入的不完全燃烧产物完全燃烧，产生大量的热，形成高温区，并透过炉膛下部的保护气层对坯料进行辐射传热，使坯料达到锻造温度，实现少无氧化加热。

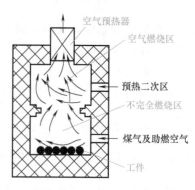

图 1-24　一室两区敞焰少
无氧化加热炉原理图

少无氧化加热炉结构简单，加热成本低，坯料的适应性广，烧损率一般在 0.3% 以下，为普通火焰炉的 1/40～1/30，能够满足精密锻造工艺的要求。其缺点是防止脱碳的效果不好，有待进一步完善。

任务实施

一、材料分析

轮毂模锻件材料为 42CrMo4，要求采用"电弧炉+炉外精炼+真空脱气"冶炼，钢中元素的质量分数要求见表 1-10，钢中元素允许的偏差规定见表 1-11。

表 1-10　42CrMo4 钢中元素的质量分数　　　　　　　　　　　　（%）

牌号	C	Si	Mn	P	S	Cr	Mo
42CrMo4	0.38~0.45	≤0.40	0.60~0.90	≤0.015	≤0.015	0.90~1.20	0.15~0.30

表 1-11　42CrMo4 钢中元素允许的偏差　　　　　　　　（质量分数,%）

C	Si	Mn	P	S	Cr	Mo
±0.02	+0.03	±0.04	+0.005	+0.005	±0.05	±0.03

直径为 $\phi25mm$ 试样经（850±15）℃（保温 1h）油淬（油温 60~80℃），再经（560±50）℃回火（保温 2h），空冷后检验其纵向力学性能，结果应符合表 1-12 要求。

表 1-12　42CrMo4 力学性能要求

R_m/MPa	$R_{p0.2}$/MPa	A(%)	Z(%)	KV/J
1000~1200	≥750	≥11	≥45	≥35

二、制订锻造加热规范

正确的锻造加热规范可以使坯料在加热过程中温度应力较小、温度均匀而不产生裂纹、不过热过烧、氧化脱碳少、加热时间短、生产率高和节省燃料能源等。影响锻造加热时间的因素很多，分关键因素和次要因素。如果相关因素发生变化，锻造加热时间也发生变化。因此，锻造加热时间不是固定不变的，而是一个范围。

由 Deform-3D 模锻成形数值模拟结果及轮毂模锻件锻造比≥4、锻件体积及烧损率等计算得知，采用尺寸为 $\phi330mm×670mm$ 的坯料，可实现下料及加热效率的最大化。

影响锻造加热时间的关键因素是坯料的材质、形状与尺寸、放置间距、加热设备、加热介质、炉温、坯料温度和加热温度等。碳素结构钢和低合金钢在室式天然气燃气炉中的加热时间可参照表 1-13。由于 42CrMo4 热扩散率较高，装料炉温、升温速度和升温时间可以不受限制便能保证加热品质，生产中采用四段式加热。针对轮毂模锻件原材料 42CrMo4 制订的加热规范如图 1-25 所示。

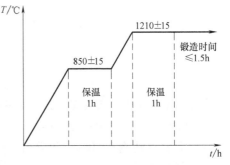

图 1-25　轮毂坯料加热曲线

表 1-13　碳素结构钢和低合金钢（≤$\phi350mm$）的加热时间　　　　（单位：min）

坯料直径 /mm	放置方式								
	单独放置			间距放置（间距为 d/2~d）			紧靠放置		
	长径比 l/d								
	1.0	1.5~2.5	≥3.0	1.0	1.5~2.5	≥3.0	1.0	1.5~2.5	≥3.0
≤20	3~4	3.5~4.5	4~5	4~5	5.5~6	6~7	6~7	7~9	8~10
21~30	4.5~5.5	5.5~7	6~8	5.5~8	7~10	8~11	8.5~11	11~14	12~15
31~45	6~8	7~10	8~12	8~9	9~12	10~15	11~15	14~20	15~25
48~60	10~12	11~15	12~18	11~18	15~22	16~25	18~25	22~30	25~35

（续）

坯料直径 /mm	放置方式								
	单独放置			间距放置(间距为 $d/2 \sim d$)			紧靠放置		
	长径比 l/d								
	1.0	1.5~2.5	≥3.0	1.0	1.5~2.5	≥3.0	1.0	1.5~2.5	≥3.0
65~80	12~18	15~20	16~25	15~20	18~28	20~30	25~35	30~45	35~50
85~100	15~20	20~28	22~30	18~25	22~30	25~35	30~40	40~55	45~60
105~120	20~30	25~35	30~40	25~30	30~35	35~40	40~55	50~65	55~75
125~140	25~35	30~40	35~45	30~40	40~55	45~60	45~60	60~80	65~90
150~170	30~45	40~55	45~60	40~55	50~70	55~80	60~85	75~110	85~120
180~200	35~50	45~65	50~70	45~65	60~80	65~90	70~100	90~125	100~140
220~250	50~60	65~75	70~85	65~80	80~100	90~110	100~120	125~150	140~170
270~350	60~70	80~90	85~100	80~90	100~120	110~130	125~150	150~180	160~200

注：1. 当坯料直径、长径比介于表中数值之间时，根据实际情况确定。

2. 当钢的长径比 $l/d < 1.0$ 时，则按径长比计算，径长比 d/l 即为该表所示的长径比 l/d。

课后思考

1. 如何给金属材料选择合适的锻前加热方法？

2. 金属材料加热时会发生哪些现象，为什么？

3. 如何制订锻造加热规范？什么时候采用多段式加热规范，为什么？

4. 进行精密锻造时，材料加热可采用什么加热方式？

【新技术·新工艺·新设备】

先进的金属锯切机床

高速精密圆盘锯机床（图 1-26）是一种先进的金属锯切机床，具有锯切速度快（4~12s/次）、切割表面光洁（$Ra = 3.2\mu m$）、精度高（垂直度达到 ±0.05mm）等特点，主要特点如下。

1）机床通过机械、电气、液压的配合，具有自动夹紧、自动进刀、切割完毕锯架自动快速上升（即退刀）的功能。

2）机床既可手动操作，也可全自动操作，由人机界面转换控制。人机界面取代传统控制面板功能，支持双通信口联机功能，可同时连接两种不同通信格式的控制器，架构多机联

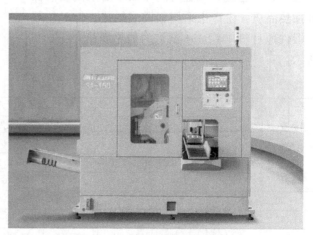

图 1-26　SA-150 高速精密圆盘锯机床

机网络，具有数字设定、指示灯显示设备状态、操作指示、参数设定等诸多功能。在人机界面上输入锯切长度、锯切数量后，即可自动完成锯切工作。

3）锯床上装有两组台虎钳，一组用来锯料时夹紧，另一组用来控制送料时夹紧。送料长度由紫外线接近行程开关控制，送料时由光栅尺自动检测数据控制，由 PLC 控制器转换锯床切割工作，自动送料返回原点。

4）送料长度采用光栅尺控制，定位准确精度高，长度误差<0.5mm。

5）根据不同材料的锯切特性，在给定的范围内可进行无级调节进给速度，达到不同的锯切效率。

6）可同时叠加多根材料锯切，适用于大批量同规格材料锯切，性能稳定，效率高，工作效率是普通锯床的 3 倍。

7）机床具有加工余料、铁屑、乳化液分离及排屑系统，保证了操作者的安全与环境卫生。

【工匠精神·榜样的力量】

突破极限精度，将"龙的轨迹"划入太空；破解 20 载难题，让中国繁星映亮苍穹。焊花闪烁，岁月寒暑，为火箭铸"心"，为民族筑梦，他就是中国航天科技集团有限公司第一研究院首都航天机械有限公司特种熔融焊接工、特级技师高凤林（图 1-27）。

图 1-27 高凤林

高凤林，参与过一系列航天重大工程，焊接过的火箭发动机占我国火箭发动机总数的近四成，攻克了长征五号火箭发动机的技术难题，为北斗导航、嫦娥探月、载人航天等国家重点工程的顺利实施以及长征五号新一代运载火箭研制做出了突出贡献。

所获荣誉：国家科学技术进步二等奖、全国劳动模范、全国五一劳动奖章、全国道德模范、最美职工。

自由锻生产规程设计

任务一 齿轮坯自由锻生产规程设计

任务目标

1）了解自由锻工序特点及锻件分类。
2）掌握自由锻基本工序变形过程。
3）能设计正确的自由锻件图。
4）能制订合理的自由锻生产规程。

任务分析

1. 任务介绍

齿轮零件图如图 2-1 所示，材料为 45 钢。齿轮零件属于圆盘类件，其最大外径为

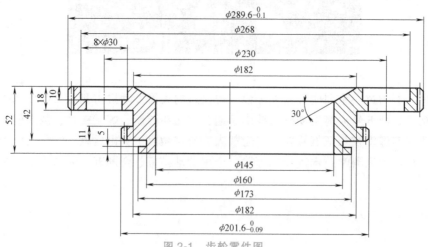

图 2-1 齿轮零件图

$\phi289.6\text{mm}$，齿轮轴的安装孔径为 $\phi145\text{mm}$，孔径精度要求较高，其他尺寸精度要求一般，要求用自由锻工艺方法完成该齿轮坯的锻造成形。该零件比较简单，便于初步学习和掌握自由锻工艺规程设计相关的基本知识。

2. 任务基本流程

通过学习自由锻工艺规程设计的内容和方法，对图 2-1 所示的齿轮零件进行锻造成形工艺分析，了解自由锻成形工艺特点；分析齿轮自由锻基本工序过程；设计并绘制齿轮坯自由锻件图；计算坯料尺寸；选择自由锻设备吨位；确定锻造温度范围；最后制订出合理的齿轮坯自由锻成形工艺规程。

▷ 理论知识

一、金属塑性变形的流动规律

金属的塑性变形是通过金属内部质点的流动实现的。掌握金属塑性变形的规律，才能制订出合理的锻造工艺规程，正确指导实际生产，使锻件达到预期的效果。

(一) 最小阻力定律

金属塑性加工时，质点的流动规律可以应用最小阻力定律分析。最小阻力定律可表述为：金属在塑性变形过程中，如果金属质点有几个方向移动的可能时，则金属各质点将向着阻力最小的方向移动。最小阻力定律符合力学的一般规则，它是塑性成形加工中最基本的规律之一。

金属在自由镦粗变形的情况下，坯料流动会受坯料与工具之间的摩擦力影响。金属流动距离越短，摩擦阻力越小，金属流动越容易。如图 2-2 所示，方形坯料镦粗时，质点沿四边中点向外流动的摩擦阻力最小，而沿对角线向外流动的阻力最大，因此金属在流动时主要沿垂直四边方向流动，很少向对角线方向流动。随着变形程度的逐渐增加，横截面逐渐接近圆形。由于相同面积的任何形状，总是圆形周边最短，因此最小阻力定律在坯料镦粗变形中也称最小周边法则。

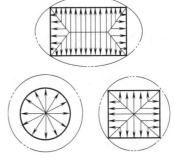

图 2-2　最小周边法则

(二) 体积不变定律

体积不变定律是指金属在塑性变形前后的体积保持不变，即 $V_{锻前} = V_{锻后}$。金属塑性变形的过程实际是通过金属流动而使坯料体积进行再分配的过程，因而遵循体积不变定律。根据体积不变定律，可以由锻件尺寸计算出坯料尺寸、工序图尺寸和模膛尺寸，便于工艺计算，进而制订出合理的工艺规范，设计出合理的锻造模具。

二、自由锻概述

自由锻是借助简单的通用性工具，或在锻造设备的上、下锤头之间直接使加热的金属变形，而获得所需的几何形状、内部品质和性能的锻件。根据锻造设备和操作特点，自由锻又分为手工自由锻和机器自由锻。手工自由锻主要依靠工人手工操作，利用简单的工具，如小型工具或用具，对坯料进行锻打，改变坯料形状和尺寸，从而获得所需锻件。这种方法是最早的锻造加工方法，可用于生产中小型自由锻件，目前使用较少，大多被机器自由锻所代替。机器自由锻，主要依靠专用的自由锻设备（锻锤或水压机）和专用工具对坯料进行锻打，改变坯料的形状和尺寸，从而获得所需锻件。机器自由锻可用于锻造小、中、大型或者较大型的自由锻件。

自由锻所用原材料为初锻坯、热轧坯、冷轧坯和铸锭等，对于碳素钢和低合金钢的中小型锻件，原材料大多采用经过锻轧的坯料，这类坯料内部品质较好，在锻造时主要解决成形问题；要求利用金属流动规律，选择合适的工具，安排好变形工步，以便有效而准确地获得所需形状和尺寸。而对于大型自由锻件和高合金钢锻件，原材料大多数是铸锭或初锻坯，因其内部组织疏松，存在偏析、缩孔、气泡和夹杂等缺陷，所以在锻造时主要解决锻件品质问题。

三、自由锻工序特点及锻件分类

（一）自由锻过程特征

1）工具简单，通用性强，灵活性大，生产准备周期短，适合单件和小批量锻件的生产。

2）工具与坯料部分接触，逐步变形，所需设备功率比模锻小得多，可锻造大型锻件，也可锻造多种多样、变形程度相差很大的锻件。

3）靠人工操作控制锻件的形状和尺寸，精度差、效率低、劳动强度大。

（二）自由锻工序分类

根据变形性质和变形程度不同，自由锻变形工序分为基本工序、辅助工序和修整工序三类。

（1）基本工序　能够较大幅度地改变坯料形状和尺寸的工序，也是自由锻造过程中主要的变形工序。基本工序有镦粗、拔长、冲孔、芯轴扩孔、芯轴拔长、弯曲、切割、错移、扭转等。

（2）辅助工序　指在基本工序之前预先对坯料采用的变形工序，如钢锭倒棱、预压夹钳把、阶梯轴分段压痕等。

（3）修整工序　用来修整锻件尺寸和形状，使其完全达到锻件图要求的工序。一般是在某一基本工序完成后进行，如镦粗后的鼓形滚圆和截面滚圆、端面平整、拔长后的校正和弯曲校直等。

上述各种工序简图见表 2-1。

表 2-1　自由锻工序简图

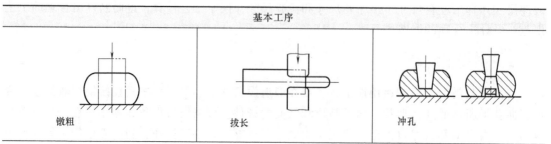

基本工序		
镦粗	拔长	冲孔

（续）

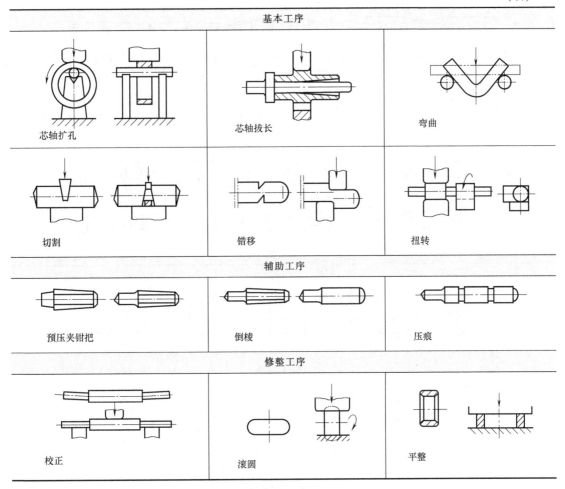

（三）自由锻件分类

根据锻件的外形特征及其成形方法，可将自由锻件分为六类：盘类、空心类、轴杆类、曲轴类、弯曲类和复杂形状类。自由锻件分类简图见表2-2。

表2-2 自由锻件分类

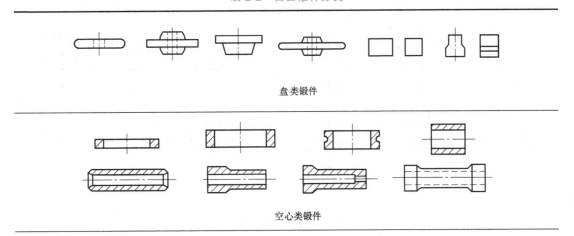

（续）

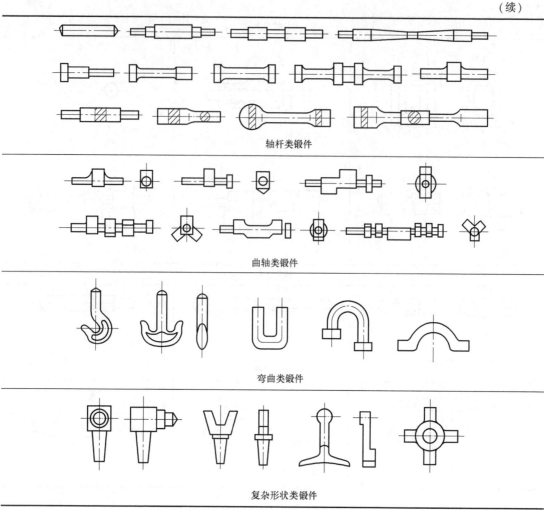

轴杆类锻件

曲轴类锻件

弯曲类锻件

复杂形状类锻件

1. 盘类锻件

这类锻件外形横向尺寸大于高度尺寸，或两者相近，如圆盘、叶轮、齿轮、模块、锤头等。其采用的基本工序为镦粗变形，辅助工序和修整工序为倒棱、滚圆、平整等，如图 2-3 所示。

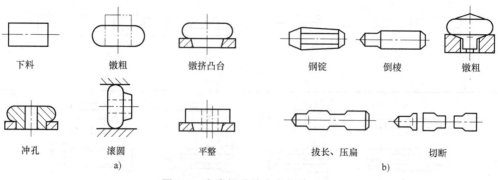

下料　　　镦粗　　　镦挤凸台　　　钢锭　　　倒棱　　　镦粗

冲孔　　　滚圆　　　平整　　　拔长、压扁　　　切断

a)　　　　　　　　　　　　　　　　b)

图 2-3　盘类锻件的自由锻造过程

a）齿轮锻造过程　b）锤头锻造过程

2. 空心类锻件

这类锻件有中心通孔，一般为圆周等壁厚锻件，轴向可有阶梯变化，如圆环、齿圈和各种圆筒（异形筒）、缸体、空心轴等。所采用的基本工序为镦粗、冲孔、芯轴扩孔和芯轴拔长，辅助工序和修整工序为倒棱、滚圆、校正等。空心类锻件的自由锻过程如图 2-4 所示。

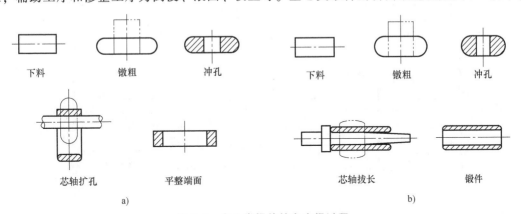

图 2-4　空心类锻件的自由锻过程

a）圆环的自由锻造过程　　b）圆筒的自由锻造过程

3. 轴杆类锻件

这类锻件为实心轴杆，轴向尺寸远远大于横截面尺寸，可以是直轴或阶梯轴，如传动轴、车轴、轧辊、立柱、拉杆等，也可以是矩形、方形、工字形或其他截面形状的杆件，如连杆、摇杆、杠杆、推杆等。锻造轴杆类锻件的基本工序是拔长，或镦粗加拔长，辅助工序和修整工序为倒棱、滚圆和较直。轴杆类锻件的自由锻过程如图 2-5 所示。

4. 曲轴类锻件

这类锻件为实心长轴，锻件不仅沿轴线有截面形状和面积变化，而且轴线有多方向弯曲，包括各种形式的曲轴，如单拐曲轴和多拐曲轴等。锻造曲轴类锻件的基本工序是拔长、错移和扭转，辅助工序和修整工序为分段压痕、局部倒棱、滚圆、校正等。三拐曲轴的自由锻过程如图 2-6 所示。

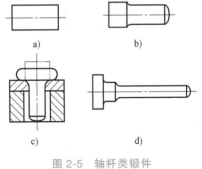

图 2-5　轴杆类锻件

（传动轴）的自由锻过程

a）下料　b）、d）拔长

c）镦出法兰

5. 弯曲类锻件

这类锻件的轴线有一处或多处弯曲，沿弯曲轴线，截面可以是等截面，也可以是变截面。弯曲可以是对称弯曲和非对称弯曲。锻造弯曲类锻件的基本工序是拔长、弯曲，辅助工序和修整工序为分段压痕和滚圆、平整。弯曲类锻件的自由锻过程如图 2-7 所示。

6. 复杂形状类锻件

复杂形状类锻件是指除了上述五类锻件以外的其他形状锻件，也可以是由上述五类锻件的特征所组成的复杂锻件，如阀体、叉杆、吊环体、十字轴等。由于这类锻件的锻造难度较大，所用辅助工序较多，因此，在锻造时应合理选择锻造工序，以保证锻件的顺利成形。

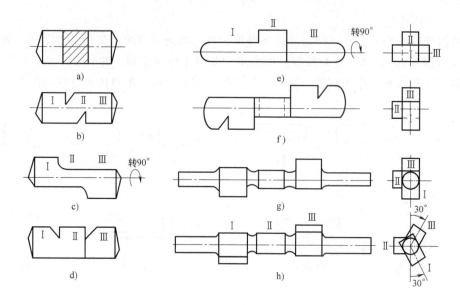

图 2-6　三拐曲轴的自由锻过程

a）下料　b）压槽（卡出Ⅱ段）　c）错移、压出Ⅱ拐扁方　d）压槽（Ⅰ、Ⅲ分段）　e）压出Ⅰ、Ⅲ拐扁方

f）压槽（Ⅰ、Ⅲ与轴端分段）　g）压出中间、两端轴颈　h）扭转（Ⅰ、Ⅲ拐各扭30°）

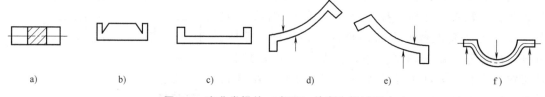

图 2-7　弯曲类锻件（卡瓦）的自由锻过程

a）下料（120kg）　b）压槽卡出两端　c）拔长中间部分

d）弯曲左端圆弧　e）弯曲右端圆弧　f）弯曲中间圆弧

四、自由锻基本工序分析

（一）镦粗

使坯料高度减小而横截面增大的锻造工序称为镦粗。镦粗工序是自由锻中最常见的基本工序之一。镦粗变形的用途有以下四个方面：

1）将高径（宽）比大的坯料锻成高径（宽）比小的盘类锻件。

2）锻造空心类锻件时，在冲孔前用于增大和平整坯料的横截面。

3）利用反复镦粗加拔长的组合变形，可以提高后续拔长工序的锻造比；同时打碎金属中的碳化物，并使其均匀分布。

4）提高锻件的横向力学性能，减小锻件力学性能的异向性。

按照成形锻件的形状不同，镦粗工序一般可分为平砧镦粗、垫环镦粗和局部镦粗三类。

1. 平砧镦粗

（1）平砧镦粗变形分析　坯料完全在上、下平砧间或镦粗平板间进行的镦粗变形称为平砧镦粗，如图 2-8 所示。

平砧镦粗的变形程度常用压下量 ΔH （$\Delta H = H_0 - H$）和镦粗比 K_H 来表示。镦粗比 K_H 就是坯料镦粗前后的高度之比，即

$$K_H = \frac{H_0}{H}$$

式中　H_0、H——镦粗变形前后坯料的高度（mm）。

圆柱形坯料在平砧间镦粗，随着坯料轴向高度的减小，径向尺寸不断增大。由于坯料与上、下平砧之间的接触面存在着摩擦，导致坯料上、下两端面的塑性变形量非常小，而镦粗变形后坯料的侧表面因塑性变形量较大而变成鼓形，造成坯料的变形分布不均匀。通过采用对称面网格法镦粗实验，可以看到刻在坯料上的网格在镦粗后的疏密变化情况，如图 2-9 所示。

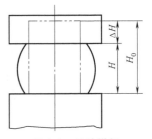

图 2-8　平砧镦粗

根据镦粗后网格的变形程度大小，可将坯料分为三个变形区：

区域 I——难变形区。该变形区受端面摩擦的影响，且温度降低快，变形十分困难。

区域 II——大变形区。该变形区处于坯料中段，受摩擦影响小，温度降低最慢，而且处于三向压应力状态，有利于发生塑性变形，因此变形程度最大。

区域 III——小变形区。该区域材料的塑性变形完全是由于区域 II 的金属横向流动时对其产生压应力所引起，变形程度介于区域 I 与区域 II 之间。

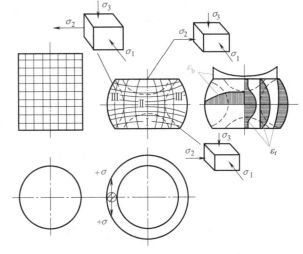

图 2-9　平砧镦粗时变形分布与应力状态

I—难变形区　II—大变形区　III—小变形区

由于三个区域的材料变形量均不相同，变形方式也有差异，使得整个金属坯料变形不均匀，因此坯料容易出现各类缺陷，比如镦粗鼓形、侧表面裂纹和内部组织不均匀等。

（2）平砧镦粗质量分析　由于坯料镦粗时三个区域的变形不均匀，使得坯料内部的组织变形不均匀，从而导致锻件性能的不均匀。在难变形区（I 区），坯料上、下两端因摩擦和温降的原因，出现粗大的铸造组织。在大变形区（II 区），由于金属受三向压应力的作用，金属内部的某些缺陷易被焊合而消除，形成细小晶粒的锻造组织。在小变形区（III 区）的侧表面，产生鼓形，由于受到切向拉应力的作用，易产生纵向开裂，随着鼓形的增大，产生纵向裂纹的趋势也增大。

对不同高径比尺寸的坯料进行镦粗时，产生鼓形的特征和内部的变形分布均不相同，如图 2-10 所示。

1）坯料高径比 $\dfrac{H_0}{D_0} < 2.5 \sim 1.5$ 时，坯料开始在上、下两端先产生侧面鼓形，形成 I、II、III、IV 四个变形区。其中 I、II、III 与前述相同，而坯料的中部 IV 区为均匀变形区，所受摩

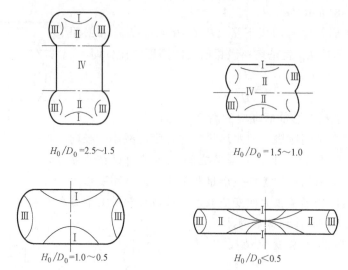

$H_0/D_0 = 2.5 \sim 1.5$　　　　$H_0/D_0 = 1.5 \sim 1.0$

$H_0/D_0 = 1.0 \sim 0.5$　　　　$H_0/D_0 < 0.5$

图 2-10　不同高径比坯料镦粗时的变形情况

擦的影响最小，内部变形均匀，侧面保持圆柱形。

2）坯料高径比 $\dfrac{H_0}{D_0} < 1.5 \sim 1.0$ 时，坯料由开始的双鼓形逐渐向单鼓形过渡。

3）坯料高径比 $\dfrac{H_0}{D_0} < 1.0 \sim 0.5$ 时，坯料只产生单鼓形，形成三个变形区。

4）坯料高径比 $\dfrac{H_0}{D_0} < 0.5$ 时，由于坯料相对高度较小，三个变形区的变形条件相差不大，坯料上、下变形区（Ⅰ区）相接触，当继续变形时，该区也产生一定的变形。因此，在这种情况下的变形，鼓肚相对较小。

5）坯料高径比 $\dfrac{H_0}{D_0} \geqslant 2.5 \sim 3$ 时，由于坯料高度尺寸远大于横向尺寸，镦粗时易产生失稳，导致纵向弯曲。弯曲锻件若不及时校正而继续镦粗时，就会产生折叠。

镦粗鼓形的变化规律较复杂，端面摩擦和温度的影响是主要因素，但变形速率、材料特性和操作规范的影响也不能忽视，如锤上与水压机锻造时鼓形就不一样，所以在不同的条件下，试验得到的情况不完全一致。

（3）减少平砧镦粗缺陷的工艺措施　如前所述，镦粗时易产生鼓形、侧表面裂纹和内部组织不均匀等缺陷，这都是由于坯料变形的不均匀性引起的。为保证坯料内部组织均匀和防止侧表面纵向裂纹的产生，应减少坯料变形不均匀的现象，为此可以采取如下措施：

1）预热工模具，使用润滑剂。预热工模具可以减小模具与坯料之间的温度差，有助于减小金属坯料的变形阻力，镦粗时工具一般应预热到 $200 \sim 300\text{℃}$；使用润滑剂可减小金属坯料与模具之间的摩擦力，减小鼓形缺陷的产生。

2）侧凹坯料镦粗。镦粗前将坯料预压成凹形，采用侧面压凹的坯料镦粗，在侧凹面上产生径向压应力分量，可以减小鼓形，使坯料变形均匀，阻止侧表面纵向开裂，如图 2-11 所示。获得侧凹坯料的方法有铆镦和端面辗压，如图 2-12 所示。

3）软金属垫镦粗。将坯料置于温度不低于坯料温度的两个软金属垫之间进行镦粗，如

图 2-13 所示。由于软金属垫易于变形流动，变形金属不直接受工具的作用，软金属垫的变形抗力较低，易先发生变形并拉着金属向外做径向流动，使端部金属在变形过程中不易形成难变形区，从而使坯料变形较均匀。

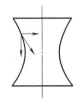

图 2-11　侧面内凹镦粗

4）叠料镦粗。叠料镦粗主要用于扁平的法兰类锻件。可将两件坯料叠起来镦粗，直到出现鼓形后，再把坯料翻转 180° 对叠，继续镦粗至所需尺寸，如图 2-14 所示。叠料镦粗不仅能使金属变形较为均匀，而且能显著降低其变形抗力。

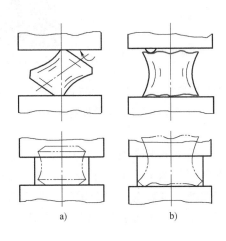

图 2-12　铆镦与端面辗压

a）铆镦　b）端面辗压

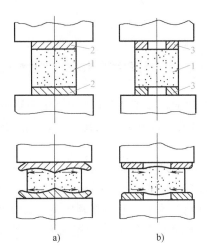

图 2-13　软金属垫镦粗

1—坯料　2—板状软垫　3—环状软垫

5）套环内镦粗。在坯料外圈加一个碳素钢套圈，如图 2-15 所示。以套圈的径向压应力来减小坯料由于变形不均匀而引起的表面附加拉应力，镦粗后将外套去掉。这种方法主要用于镦粗低塑性的高合金钢等。

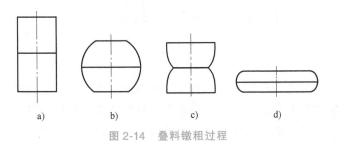

图 2-14　叠料镦粗过程

a）叠料　b）第一次镦粗　c）翻转叠料　d）第二次镦粗

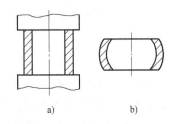

图 2-15　套环内镦粗

a）加碳素钢套圈镦粗前　b）加碳素钢套圈镦粗后

2. 垫环镦粗

坯料在单个垫环上或两个垫环间进行镦粗称为垫环镦粗，如图 2-16 所示。这种镦粗方法可用于锻造带有单边或双边凸肩的盘类锻件。由于锻件凸肩和高度比较小，采用的坯料直径要大于环孔直径，因此垫环镦粗变形实质属于镦挤变形。

垫环镦粗的关键是能否锻出所要求的凸肩高度。镦粗过程中既有挤压又有镦粗，这必然存在一个金属变形（流动）的分界面，这个面被称为分流面。在镦粗过程中，分流面的位

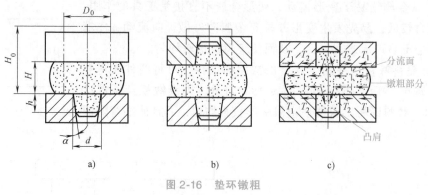

垫环镦粗

图 2-16 垫环镦粗

a）单垫环镦粗 b）双垫环镦粗 c）双垫环镦粗分流示意图

置是变化的，如图 2-16c 所示。分流面的位置与下列因素有关：坯料高度与直径之比（H_0/D_0）、环孔与坯料直径之比（d/D_0）、变形程度（ε_H）、环孔斜度（α）及摩擦条件等。

3. 局部镦粗

坯料只是在局部长度上（端部或中间）进行镦粗，称为局部撤粗，如图 2-17 所示。这种镦粗方法局部镦粗时的金属变形（流动）特征与平砧镦粗相似，但受不变形部分的影响，即 "刚端" 影响。这种镦粗方法可以锻造凸台直径较大和高度较高的盘类锻件，如图 2-17a 所示，或端部有较大法兰的轴杆类锻件，如图 2-17b 所示，还可镦粗双凸台类锻件，如图 2-17c 所示。

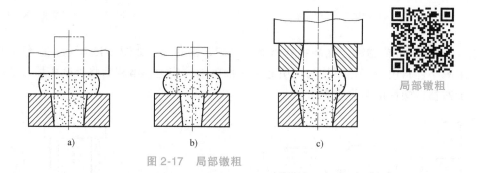

局部镦粗

图 2-17 局部镦粗

局部镦粗成形时的坯料尺寸，应按杆部直径选取。为了避免镦粗时产生纵向弯曲，坯料变形部分高径比应小于 2.5～3，而且要求端面平整。对于头部较大而杆部较细的锻件，只能采用大于杆部直径的坯料。锻造时先拔杆部，然后镦粗头部；或者先局部镦粗头部，然后再拔长杆部。

（二）拔长

使坯料的横截面减小而长度增加的锻造工序称为拔长。拔长工序也是自由锻中最常见的基本工序，特别是大型锻件的锻造。拔长工序有如下作用：

1）由横截面积较大的坯料得到横截面积较小而轴向伸长的轴类锻件。

2）反复拔长与镦粗可以提高锻造比，使合金钢中碳化物破碎而均匀分布，从而提高锻件品质。

根据坯料的截面形状不同，拔长有矩形截面坯料拔长、圆截面坯料拔长和空心件拔长。

1. 矩形截面坯料和圆截面坯料拔长

（1）拔长变形参数　拔长变形过程属于局部加载、局部受力、局部变形的情况，通过坯料逐步送进和旋转，由局部变形的连续积累再达到整体变形的效果。设拔长前坯料变形区的长、宽、高分别为 l_0、b_0、h_0（l_0 称为送进量，l_0/h_0 称为相对送进量），拔长后坯料变形区的长、宽、高分别为 l、b、h，则 $\Delta h = h_0 - h$ 称为压下量，$\Delta b = b - b_0$ 称为展宽量，$\Delta l = l - l_0$ 称为拔长量，如图 2-18 所示。拔长的变形程度是以坯料拔长前后的横截面积之比——锻造比 K_L 表示，即

$$K_L = \frac{F_0}{F}$$

式中　F_0——拔长前的坯料截面积（mm^2）；

　　　F——拔长后的坯料截面积（mm^2）。

（2）拔长变形工序分析　由于拔长是通过逐次送进和反复转动坯料而进行的压缩变形，所以它是锻造生产中耗费工时最多的一种锻造工序。因此，在保证锻件品质的前提下，应尽可能提高拔长效率。

1）拔长效率。坯料在拔长变形过程中，金属流动始终受最小阻力定律支配。因此，在平砧间拔长矩形截面坯料时，由于拔长部分受到两端不变形金属的约束，其轴向变形与横向变形与送进量 l_0 有关，如图 2-18 所示。当 $l_0 = b_0$ 时，$\Delta l \approx \Delta b$；当 $l_0 > b_0$ 时，$\Delta l < \Delta b$；当 $l_0 < b_0$ 时，$\Delta l > \Delta b$。由此可见，采用小送进量拔长可使轴向变形量增大而横向变形量减小，有利于提高拔长效率。但送进量不能太小，否则会增加压下次数，反而降低拔长效率，还会造成表面缺陷，所以通常取送进量 $l_0 = (0.4 \sim 0.8)B$，B 为砧宽，相对送进量 $l_0/h_0 = 0.5 \sim 0.8$。

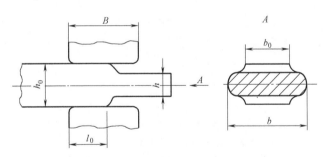

图 2-18　矩形截面拔长尺寸关系

压下量 Δh 增大时，压缩次数可以减少，故可以提高生产率，但在生产实际中，对于塑性较差的金属，应适当控制变形程度；对于塑性较好的金属，变形程度也应选择适当，应控制在每次压缩后的宽度与高度之比小于 2.5，否则翻转 90°再压缩时坯料可能因弯曲而折叠。

2）拔长品质。拔长时的锻透程度和锻件成形品质均与拔长时变形分布和应力状态有关，并取决于送进量、压下量、砧子形状、拔长操作等工艺因素。

① 送进量和压下量的影响：矩形截面坯料在平砧上的拔长变形情况与镦粗相似，所不同的是，拔长有"刚端"影响，表面应力分布和中心应力分布与拔长时的各变形参数有关，如当送进量小时，拔长变形区产生双鼓形，这时变形集中在上、下表面层，中心不但锻不透，而且出现轴向拉压力，如图 2-19a 所示。当送进量大时，拔长变形区产生单鼓形，这时

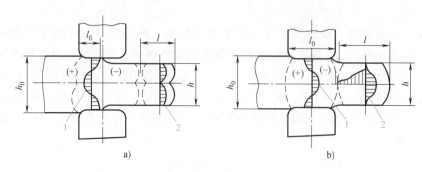

图 2-19 拔长送进量对变形和应力分布的影响

a) $l_0/h_0 < 0.5$ b) $l_0/h_0 > 1$

1—轴向应力   2—轴向变形

心部变形很大，能锻透，但在鼓形的侧表面和棱角处受拉应力，如图 2-19b 所示。从图 2-19 可以看出，增大压下量，不但可以提高拔长效率，还可增大心部变形，有利于锻合坯料的内部缺陷。但变形量的大小应根据材料的塑性好坏而定，以避免产生缺陷。

② 砧子形状的影响：拔长常用的砧子形状有三种，如图 2-20 所示，即上下 V 型砧、上平下 V 砧和上下平砧。用型砧拔长是为了解决圆形截面坯料在平砧间拔长时轴向伸长小、横向展宽大而采用的一种拔长方法。坯料在型砧内受砧面的侧向压力，减小了坯料金属的横向流动，迫使其沿轴向流动，从而提高了拔长效率。一般在型砧内拔长比平砧间拔长效率可提高 20% ~ 40%。

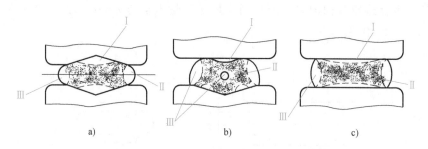

图 2-20 拔长砧子形状及其对变形区分布的影响

a) 上下 V 型砧   b) 上平下 V 砧   c) 上下平砧

Ⅰ—难变形区   Ⅱ—大变形区   Ⅲ—小变形区

使用上下平砧拔长矩形截面坯料时，只要相对送进量合适，就能够使坯料的中心锻透。但使用上下平砧拔长圆形截面的坯料时，由于圆形截面与砧子的接触面很窄，金属横向流动大，轴向流动小，因此拔长效率低。同时，由于变形区集中在上下表层，在心部产生拉应力，因此容易引起裂纹，如图 2-21 所示。图 2-22 是平砧拔长圆形截面时的截面变化过程。将大圆截面拔长为小圆截面，可以提高拔长效率，减小中心开裂的危险。

③ 拔长操作的影响：拔长时坯料的送进和翻转有三种操作方法，如图 2-23 所示。图 2-23a 是螺旋式翻转送进法，适合于锻造台阶轴，图 2-23b 是往复翻转送进法，常用于手工操作拔长，图 2-23c 是单面压缩法，即沿整个坯料长度方向压缩一面，再翻转 90°压缩另一面，常用于大锻件锻造。

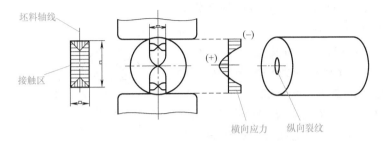

图 2-21　平砧拔长圆形截面时的变形区和横向应力分布

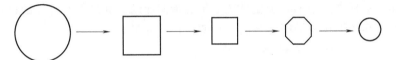

图 2-22　平砧拔长圆形截面时的截面变化过程

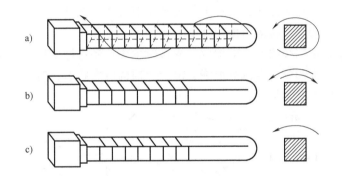

图 2-23　拔长操作方法

a）螺旋式翻转送进法　b）往复翻转送进法　c）单面压缩法

2. 空心件拔长

减小空心坯料外径（壁厚）而增加长度的锻造工序称空心件拔长。因在芯轴上操作，也称芯轴拔长，如图 2-24 所示。空心件拔长用于锻造各种长筒形锻件。

空心件拔长与矩形截面坯料拔长一样，同样存在拔长效率和品质的问题。被上、下砧压

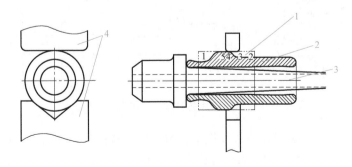

图 2-24　空心件拔长

1—坯料　2—锻件　3—芯轴　4—砧子

缩的那一部分金属是变形区，其左右两侧金属为外端，如图 2-25 所示。在平砧上拔长空心坯料时，变形区分为 A 区和 B 区。A 区是直接受力区，B 区是间接受力区。B 区的受力和变形主要是由 A 区的变形引起的，当 A 区金属沿轴向流动时，借助外端的作用力拉着 B 区金属一起伸长，而 A 区金属沿切向流动时，则会受到外端的限制。因此，芯轴拔长时，外端起着重要的作用。外端对 A 区金属切向流动的限制越强烈，越有利于变形

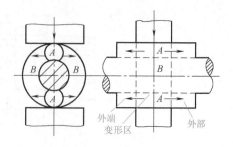

图 2-25　空心件拔长时受力和变形流动情况

金属的轴向伸长；反之，则不利于变形区金属的轴向流动。如果没有外端的存在，则在平砧上拔长的环形件容易被压成椭圆形截面，并变成扩孔变形。

3. 坯料拔长时易产生的缺陷种类与防止措施

（1）表面横向裂纹与角部裂纹　在平砧上拔长低弹塑性材料时，在坯料外部常常引起表面横向裂纹和角部裂纹，如图 2-26 所示。其开裂部位主要是受拉应力作用，而造成这种拉应力的原因是压缩量过大和送进量过大。而角部裂纹除了变形原因外，还因角部散热快，产生温度附加应力，增加了拉应力的附加值。

根据表面裂纹和角部裂纹产生的原因，操作时主要控制送进量和一次压下的变形量；对于角部，还应及时进行倒角，以减少温降，改变角部的应力状态，避免产生裂纹。

（2）表面折叠　表面折叠分为横向折叠与纵向折叠。折叠属于表面缺陷，一般经打磨后可以去除，但较深的折叠会使锻件报废。

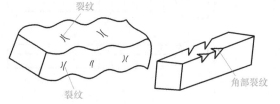

自由锻拔长缺陷与应对措施

图 2-26　表面横向裂纹与角部裂纹

表面横向折叠的产生，主要是送进量过小与压下量过大所引起的，其形成过程如图 2-27 所示。当送进量 $l_0 < \Delta h/2$ 时易产生这种折叠。避免产生这种折叠的措施是增大送进量 l_0，使每次送进量与单边压缩量之比大于 1.5，即 $l_0/(\Delta h/2) > 1.5$。

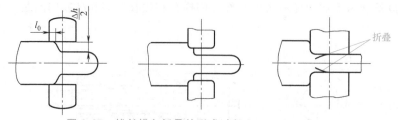

图 2-27　拔长横向折叠的形成过程（$l_0 < \Delta h/2$ 时）

表面纵向单面折叠是由于在拔长过程中，前一次坯料被压缩得太扁，即 $b/h > 2.5$，当坯料翻转 $90°$ 再次压缩时，坯料发生失稳弯曲而形成的，如图 2-28 所示。避免产生这种折叠的措施是减小压缩量，使每次压缩后的坯料宽高比小于 2.5。

（3）内部纵向裂纹　内部纵向裂纹又称为中心开裂。这种裂纹除了隐藏在锻件内部外，

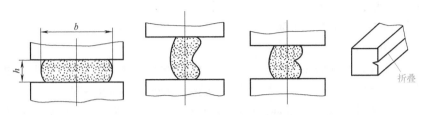

图 2-28　纵向折叠形成过程

还有可能沿轴线方向发展到锻件的端部。有时，端部产生的裂纹也会随着拔长的深入而向锻件内部发展，如图 2-29a 所示。这种裂纹的产生，主要是在平砧上拔长圆截面坯料时，拔长送进量太大，压下量相对较小，金属沿轴向流动小，而横向流动大，而且中心部分没有锻透所引起，如图 2-29c 所示。方截面坯料在倒角时，其坯料受力状况与在平砧上拔长圆截面相似，但变形量过大则会因为拉应力过大而引起中心开裂，如图 2-29b 所示。

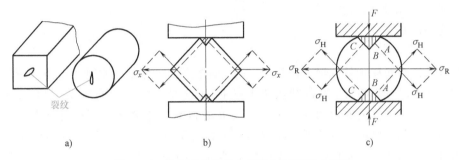

图 2-29　拔长时内部纵向裂纹与坯料受力情况

a）锻件内部裂纹　b）方截面坯料倒角　c）圆截面坯料压扁

为了避免内部纵向裂纹的产生，要选择合理的压下量和送进量，使坯料中心变形充分，确保金属沿轴向流动大于横向流动。另外，还可采用 V 型砧拔长，以减小横向流动的金属在锻件中心造成大的拉应力。对于方截面坯料，在倒角时应采用轻击，减小一次变形量，尤其对于塑性较差的材料，可采用型砧倒角的方法。

（4）内部横向裂纹　锻件内部横向裂纹如图 2-30 所示，主要是由于相对压下量太小（$l_0/h_0 < 0.5$）、拔长变形区出现双鼓形，而中心部位受到轴向拉应力的作用，从而产生中心横向裂纹。避免产生内部横向裂纹的措施是适当

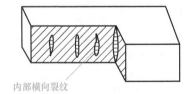

图 2-30　拔长锻件的内部横向裂纹

增大相对送进量，控制一次压下量，改变变形区的变形特征，避免出现双鼓形，使坯料变形区内应力分布合理。对于塑性较差的合金钢等材料，更应注意这一点。

（三）自由锻其他主要工序

自由锻件常常带有大小不一的不通孔或通孔，有些锻件的轴线弯曲。对于有孔的锻件，需要冲孔和扩孔等工序。冲孔和扩孔有多种形式，各有特点。对于轴线弯曲的锻件，则需要弯曲工序。

1. 冲孔

采用冲子将坯料冲出通孔或不通孔的锻造工序称为冲孔。冲孔工序常用于：

1）锻件带有孔径大于30mm的不通孔或通孔。

2）需要扩孔的锻件预先冲出通孔。

3）需要拔长的空心件预先冲出通孔。

一般冲孔分为开式冲孔和闭式冲孔两大类。在生产实际中，使用最多的是开式冲孔。开式冲孔常用的方法有实心冲子冲孔、空心冲子冲孔和在垫环上冲孔三种。

（1）实心冲子冲孔　实心冲子冲孔的一般过程如图2-31所示。先将坯料预镦，得到平整端面和合理形状，后先用实心冲子轻冲，目测或用卡钳测量防止冲偏，撒入煤粉，再将坯料冲至坯料高度的4/5左右，取出冲头，将坯料翻转180°，用冲头在坯料的另一端面把孔冲穿，得到芯料。这种冲孔方式也叫双面冲孔。

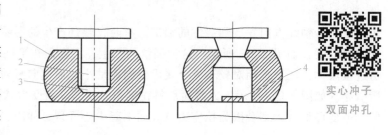

实心冲子
双面冲孔

图2-31　实心冲子冲孔

1—坯料　2—冲垫　3—冲子　4—芯料

由此可见，双面冲孔第一阶段是开式冲挤。坯料局部加载，整体变形。坯料高度减小，直径增大。变形区分为冲头下面的圆柱区 A 和冲头以外的圆环区 B 两部分，如图2-32所示。冲孔过程中，圆柱区 A 的变形相当于在圆环区 B 的包围下的镦粗，受到较大的三向压应力的作用，冲头下部金属被挤向四周；而圆环区 B 的金属在圆柱区 A 的金属的挤压下，径向扩大，同时上端面产生轴向拉缩，下端面略有突起。随着冲头下压，圆柱区 A 的金属不断向圆环区 B 转移，圆环区 B 的外径也相应扩大，在外侧受切向拉应力作用。

冲孔坯料的形状与坯料直径 D_0 与孔径 d 之比有关，如图2-33所示。

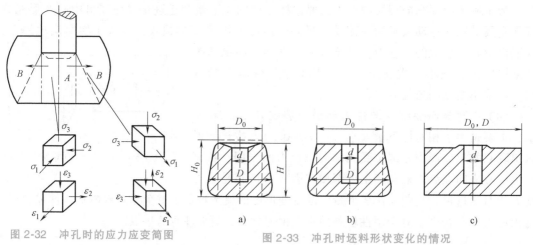

图2-32　冲孔时的应力应变简图

图2-33　冲孔时坯料形状变化的情况

当 $D_0/d \leqslant 2$ 时，外径明显增大，上端面拉缩严重。

当 $D_0/d = 2 \sim 5$ 时，外径有所增大，端面几乎无拉缩。

当 $D_0/d > 5$ 时，因环壁较厚，扩径困难，圆环区内层金属挤向端面形成凸台。

双面冲孔第二阶段变形实质上是剪切冲孔连皮，可能出现冲偏、夹刺、梢孔等缺陷。

双面冲孔工具简单，芯料损失小，但坯料走样变形，容易冲偏，适用于中小型锻件初次冲孔。

冲孔后坯料外径可按下式估算：

$$D = 1.13\sqrt{\frac{1.5}{H}\left[V+f(H-h)\right]-0.5F_0}$$

式中 V——坯料体积（mm^3）；

f——冲子横截面面积（mm^3）；

F_0——坯料横截面面积（mm^3）；

H——冲孔后坯料高度（mm）；

h——孔底余料高度（mm）。

实心冲子冲孔时，在 $D_0/d \geq 2.5 \sim 3$，$H_0 \leq D_0$ 时，坯料原始高度可按以下原则考虑：

当 $D_0/d <5$ 时，取 $H_0 = (1.1 \sim 1.2)H$。

当 $D_0/d >5$ 时，取 $H_0 = H$。

实心冲子冲孔的优点是操作简单，芯料损失少，芯料高度 $h \approx (0.15 \sim 0.2)H$。这种方法广泛用于孔径小于 $400 \sim 500\mathrm{mm}$ 的锻件。

（2）空心冲子冲孔 空心冲子的冲孔过程，如图 2-34 所示。冲孔时坯料形状变化较小，但芯料损失较大，当锻造大锻件时，能将钢锭中心品质差的部分冲掉。因此，钢锭冲孔时，应把钢锭冒口端向下。这种方法主要用于孔径大于 $400\mathrm{mm}$ 的大锻件。

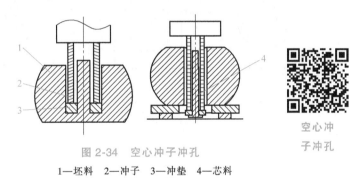

图 2-34 空心冲子冲孔

1—坯料 2—冲子 3—冲垫 4—芯料

空心冲子冲孔

（3）在垫环上冲孔 在垫环上冲孔时，坯料形状变化很小，但芯料损失较大，如图 2-35 所示。这种方法只适应于高径比 $H/D<0.125$ 的薄饼类锻件。

2. 扩孔

减小空心坯料壁厚而使其外径和内径均增大的锻造工序称为扩孔。扩孔工序用于锻造各种圆环锻件和带孔锻件。

在自由锻中，常用的扩孔方法有冲子扩孔和芯轴扩孔（马架扩孔）两种。另外，还有在专门扩孔机上辗压扩孔、液压扩孔和爆炸扩孔等。以下仅介绍冲子扩孔和芯轴扩孔。

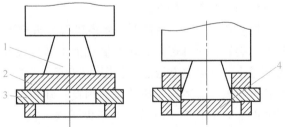

图 2-35 在垫环上冲孔

1—冲子 2—坯料 3—垫环 4—芯料

（1）冲子扩孔 冲子扩孔是采用直径比空心坯料内孔略大并带有锥度的冲子，穿过坯料内孔而使其内、外径扩大，如图 2-36 所示。

扩孔时由于坯料是沿径向胀孔，坯料切向受拉应力，容易胀裂，故每次扩孔量不宜过大，一般取 $25 \sim 30\mathrm{mm}$。而轴向受到很小的压应力，与开式冲孔时 B 区金属受力情况相似。

冲子扩孔一般用于 $D_0/d > 1.7$ 和 $H > 0.125D_0$ 时壁厚不太薄的锻件。

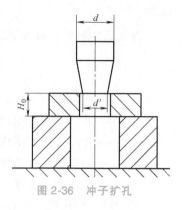

图 2-36　冲子扩孔

（2）芯轴扩孔　芯轴扩孔是将空心坯料穿过芯轴并放在支架上，坯料每转过一个角度压下一次，逐步将坯料的壁厚压薄、内外径扩大，如图 2-37a 所示。因为支架的形状与马架相似，所以也叫马架扩孔。

芯轴扩孔的变形实质相当于坯料沿圆周方向拔长。从图 2-37b 看，坯料变形区为一窄长扇形，宽度方向阻力大于切向阻力，变形区的金属主要沿切向流动。芯轴扩孔应力状态较好，锻件不易产生裂纹，适合于扩孔量大的薄壁环形锻件。为了获得内壁光滑的锻件，芯轴直径应随着扩孔量的增加而增大，一般可更换三次芯轴。

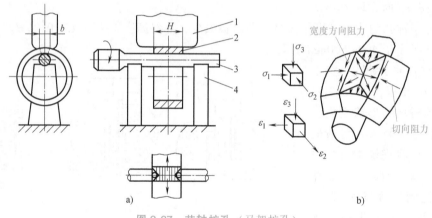

图 2-37　芯轴扩孔（马架扩孔）

1—扩孔砧子　2—坯料　3—芯轴　4—支架

3. 弯曲

将坯料弯曲成规定外形的锻造工序称为弯曲。弯曲工序可用于锻造各种弯曲类锻件，如起重吊钩、弯曲轴杆等。

坯料在弯曲时，弯曲变形区内侧的金属受压缩，可能产生折叠，外侧的金属受拉缩，容易引起裂纹，而且弯曲处坯料横截面形状要发生畸变，横截面面积减小，长度略有增加，如图 2-38 所示。弯曲半径越小，弯曲角度越大，上述现象越严重。因此，坯料弯曲时，坯料待弯横截面处应比锻件相应横截面增大 10%～15%。弯曲坯料直径较大时，可先拔长不弯曲部分；坯料直径较小时，可通过集聚金属使待弯部分截面增大。

当锻件有多处弯曲时，弯曲的次序一般是先弯端部及弯曲部分与直线部分的交界处，然后再弯其余的圆弧部分。

4. 错移

将坯料的一部分相对另一部分相互平行或接近平行错移开的锻造工序称为错移。错移工序用于锻造曲轴锻件。

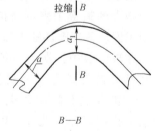

图 2-38　弯曲时坯料形状变化情况

错移的方法有两种：

1）在一个平面内错移，如图 2-39a 所示。

2）在两个平面内错移，如图 2-39b 所示。

错移前坯料压肩的深度 h 和宽度 b 的尺寸可按下式决定：

$$h = 0.5 \times (H_0 - 1.5d)$$

$$b = 0.9V/(H_0B_0)$$

式中　H_0——坯料高度（mm）；

　　　B_0——坯料宽度（mm）；

　　　d——锻件轴颈直径（mm）；

　　　V——锻件轴颈体积（mm^3）。

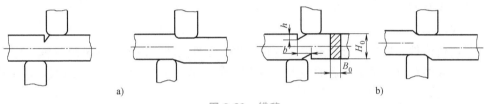

图 2-39　错移

a）在一个平面内错移　b）在两个平面内错移

五、自由锻工艺规程的编制

自由锻工艺规程是指导、组织锻造生产，确保锻件品质的技术文件，具体包括以下内容：

1）根据零件图绘制锻件图。

2）确定坯料的质量和尺寸。

3）确定变形过程及选用工具。

4）确定设备吨位。

5）选择锻造温度范围，制定坯料加热和锻件冷却规范。

6）制订锻件热处理规范。

7）提出锻件的技术条件和检验要求。

8）填写工艺过程规程卡片。

编制自由锻工艺过程规程，必须密切结合生产条件、设备能力和技术水平等实际情况，力求在经济合理、技术先进的条件下生产出合格的锻件。

（一）自由锻件图的设计与绘制

锻件图是编制锻造过程、设计工具、指导生产和验收锻件的主要依据。它是在零件图的基础上考虑加工余量、锻件公差、锻造余块、检验试样及操作用夹头等因素绘制而成的。锻件的尺寸和公差余量如图 2-40 所示。

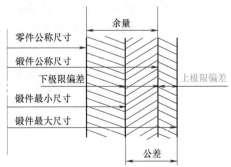

图 2-40　锻件的各种尺寸和公差余量

1. 加工余量

一般锻件的尺寸精度和表面粗糙度达不到零件

图的要求，锻件表面应留有供机械加工用的金属层，这层金属称为机械加工余量（简称余量）。余量大小的确定与零件的形状尺寸、加工精度、表面要求、锻造加热品质、设备工具精度和操作技术水平等有关。对于非加工面则无须加放余量。零件公称尺寸加上余量，即为锻件公称尺寸。

2. 锻件公差

锻造生产中，由于各种因素的影响，如终锻温度的差异，锻压设备、工具的精度和工人操作技术水平的差异，锻件实际尺寸不可能达到公称尺寸，允许有一定的偏差，此偏差称为锻造公差。锻件尺寸大于其公称尺寸的部分称为上极限偏差，小于其公称尺寸的部分称为下极限偏差。锻件上各部位不论是否机械加工，都应注明锻造公差。通常锻造公差为余量的 1/4 ~1/3。

锻件的余量和公差具体数值可查阅有关手册，或按工厂标准确定，在特殊情况下也可与机加工技术人员商定。

3. 锻造余块

为了简化锻件外形以符合锻造工艺过程需要，零件上较小的孔、狭窄的凹槽、直径差较小而长度不大的台阶等难于锻造的地方，通常填满金属，这部分附加的金属叫作锻造余块，如图 2-41 所示。

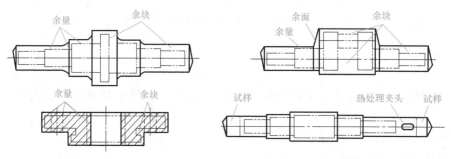

图 2-41　锻件的各种余块

4. 检验试样及操作用夹头

对于某些有特殊要求的锻件，需在锻件的适当位置添加试样余块，以供锻后检验锻件内部组织及测试力学性能。另外，为了便于锻后热处理的吊挂、夹持和机械加工的夹持定位，常在锻件的适当位置增加部分工艺余块和操作用夹头，如图 2-41 所示。

5. 绘制锻件图

在余量、公差和各种余块确定后，便可绘制锻件图。锻件图中，锻件形状用粗实线描绘。为了便于了解零件的形状和检验锻后的实际余量，在锻件图内，用假想线（双点画线）画出零件形状。锻件尺寸和公差标注在尺寸线上面，零件的公称尺寸要加上括号，标注在相应尺寸线下面。如锻件带有检验试样、热处理夹头时，在锻件图上应注明其尺寸和位置。在图形上无法表示的某些要求，以技术条件的方式加以说明。

（二）坯料质量和尺寸的确定

自由锻用原材料有两种：一种是钢材、钢坯，多用于中小型锻件；另一种是钢锭，主要用于大中型锻件。

1. 坯料质量的计算

坯料质量 $m_{坯}$ 为锻件质量与锻造时各种金属损耗质量之和，即

$$m_坯 = m_锻 + m_损$$

$$m_损 = m_烧 + m_切 + m_芯$$

自由锻坯料
质量和尺
寸的确定

式中　$m_锻$——锻件质量，锻件质量按锻件的公称尺寸计算出其体积，再乘以密度；

　　　$m_损$——各种金属损耗质量，包括：钢料加热烧损质量 $m_烧$、冲孔芯料损失质量 $m_芯$、端部切头损失质量 $m_切$。用钢锭锻造时，还应考虑冒口质量和锭底质量。

钢料加热火耗率 δ，即 $\delta = m_烧 / m_坯$，一般以坯料质量的百分比表示。其数值与所选用的加热设备类型有关，可参见表 2-3 或有关资料。

表 2-3　不同加热炉中加热钢的一次火耗率

加热炉类型	$\delta(\%)$	加热炉类型	$\delta(\%)$
室式油炉	3~2.5	电阻炉	1.5~1.0
连续式油炉	3~2.5	高频加热炉	1.0~0.5
室式煤气炉	2.5~2.0	电接触加热炉	1.0~0.5
连续式煤气炉	2.5~1.5	室式煤炉	1.0~2.5

冲孔芯料损失质量 $m_芯$（kg），取决于冲孔方式、冲孔直径 d（mm）和坯料高度 H_0（mm）。在数值上可按以下公式估算：

实心冲子冲孔　　　　$m_芯 = (1.18 \sim 1.57) d^2 H_0$

空心冲子冲孔　　　　$m_芯 = 6.16 d^2 H_0$

垫环冲孔　　　　　　$m_芯 = (4.32 \sim 4.71) d^2 H_0$

端部切头损失 $m_切$（kg）为坯料拔长后端部不平整而应切除的料头质量，与切除部位的直径 D（d_m）或截面宽度 B（d_m）和高度 H（d_m）有关，可按下式计算：

圆形截面　　　　　　$m_切 = (1.65 \sim 1.8) D^3$

矩形截面　　　　　　$m_切 = (2.2 \sim 2.36) B^2 H$

在采用钢锭锻造时，为保证锻件品质，必须切除钢锭的冒口和锭底。

2. 坯料尺寸的确定

坯料尺寸与锻件成形工序有关，采用的锻造工序不同，计算坯料尺寸的方法也不同。当头道工序采用镦粗方法制造时，为避免产生弯曲，坯料的高径比应小于 2.5。但坯料过短会使坯料的剪切下料操作困难。为便于剪切下料，高径比应大于 1.25，即

$$1.25 \leqslant \frac{H_0}{D_0} \leqslant 2.5$$

根据上述条件，将 $H_0 = (1.25 \sim 2.5) D_0$ 代入到 $V_坯 = \frac{\pi}{4} D_0^2 H_0$，便可得到坯料直径 D_0（或边长 a_0）的计算式：

$$D_0 = (0.8 \sim 1.0) \sqrt[3]{V_坯}$$

$$a_0 = (0.75 \sim 0.9) \sqrt[3]{V_坯}$$

当头道工序为拔长时，原坯料直径应按锻件最大截面积 $F_锻$，并考虑锻造比 K_L 和修整量等要求来确定。从满足锻造比要求的角度出发，原坯料截面积 $F_坯$ 为

$$F_{坯} = K_L F_{锻}$$

由此便可算出原坯料直径 D_0，即

$$D_0 = 1.13\sqrt{K_L F_{锻}}$$

初步算出坯料直径 D_0（或边长 a_0）后，应按材料的规格标准，选择标准直径或标准边长，再根据选定的直径（或边长）计算坯料高度（即下料长度）：

圆坯料

$$H_0 = \frac{V_{坯}}{\frac{\pi}{4}D_0^2}$$

方坯料

$$H_0 = \frac{V_{坯}}{a_0^2}$$

3. 钢锭规格的选择

当选用钢锭为原材料时，钢锭规格的选择有以下两种方法。

1）根据钢锭的各种损耗求出钢锭的利用率 η：

$$\eta = \left[1 - (\delta_{冒口} + \delta_{锭底} + \delta_{烧损})\right] \times 100\%$$

式中　$\delta_{冒口}$、$\delta_{锭底}$——保证锻件质量必须切去的冒口和锭底所占钢锭质量的百分比：

碳素钢钢锭　$\delta_{冒口} = 18\% \sim 25\%$，$\delta_{锭底} = 5\% \sim 7\%$；

合金钢钢锭　$\delta_{冒口} = 25\% \sim 30\%$，$\delta_{锭底} = 7\% \sim 10\%$；

$\delta_{烧损}$——加热烧损率。

然后计算钢锭的计算质量 $m_{锭}$：

$$m_{锭} = \frac{m_{锻} + m_{损}}{\eta}$$

式中　$m_{锻}$——锻件质量；

$m_{损}$——除冒口、锭底及烧损外的损耗量。

根据 $m_{锭}$，参照有关钢锭规格表，选取相应规格的钢锭即可。

2）根据锻件类型，参照经验资料先定出概略的钢锭利用率 η，然后求得钢锭的计算质量 $m_{锭} = m_{锻}/\eta$，再从有关钢锭规格表中选取所需的钢锭规格。

（三）锻造比的确定

锻造比（常用 K_L 表示）是表达锻件的变形程度，也是衡量锻件品质的一个重要指标。它是指在锻造过程中，锻件镦粗或拔长前后的高度之比或截面积之比，即 $K_L = F_0/F$ 或 $K_L = H_0/H$（F_0、D_0、H_0 和 F、D、H 分别为锻件锻造前后的截面积、直径和高度）。

锻造比的大小能反映锻造对锻件组织和力学性能的影响。一般规律是，随着锻造比增大，由于内部孔隙的焊合，铸态树枝晶被打碎，锻件的纵向和横向力学性能均得到明显提高；当锻造比超过一定数值时，由于形成纤维组织，其横向力学性能（塑性、韧性）急剧下降，导致锻件出现各向异性。因此，在制订锻造工艺规程时，应合理地选择锻造比。

用钢材锻制锻件（莱氏体钢锻件除外），由于钢材经过了大变形的锻或轧，其组织与性能均已得到改善，一般不必考虑锻造比。用钢锭（包括有色金属铸锭）锻制大型锻件时，必须考虑锻造比。锻造比一般取 $2 \sim 4$。合金结构钢比碳素结构钢铸造缺陷严重，锻造比应大些，重要受力件的锻造比要大于一般锻件的锻造比，可取 $6 \sim 8$。

由于各锻造变形工序变形特点不同，因此各工序锻造比和变形过程总锻造比的计算方法也不尽相同，可参照表2-4计算。

表2-4　锻造过程锻造比和变形过程总锻造比的计算方法

序号	锻造工步	变形简图	总锻造比
1	钢锭拔长		$K_L = \dfrac{D_1^2}{D_2^2}$
2	坯料拔长		$K_L = \dfrac{D_1^2}{D_2^2}$　或　$K_L = \dfrac{l_2}{l_1}$
3	两次镦粗拔长		$K_L = K_{L1} + K_{L2} = \dfrac{D_1^2}{D_2^2} + \dfrac{D_3^2}{D_4^2}$ 或　$K_L = \dfrac{l_2}{l_1} + \dfrac{l_4}{l_3}$
4	芯轴拔长		$K_L = \dfrac{D_0^2 - d_0^2}{D_1^2 - d_1^2}$　或　$K_L = \dfrac{l_1}{l_0}$
5	镦粗		轮毂　$K_H = \dfrac{H_0}{H_1}$ 轮缘　$K_H = \dfrac{H_0}{H_2}$
6	芯轴扩孔		$K_L = \dfrac{F_0}{F_1} = \dfrac{D_0 - d_0}{D_1 - d_1}$ 或　$K_L = \dfrac{t_0}{t_1}$

注：1. 钢锭倒棱锻造比不计算在总锻造比内。
　　2. 连续拔长或连续镦粗时，总锻造比等于分锻造比之乘积，即 $K_L = K_{L1} K_{L2}$。
　　3. 当两次镦粗拔长和两次镦粗间有拔长时，总锻造比可按两次分锻造比之和计算，即 $K_L = K_{L1} + K_{L2}$，并且要求分锻造比 K_{L1}、$K_{L2} \geqslant 2$。

（四）自由锻造设备吨位计算与选择

自由锻的常用设备为锻锤和水压机，这类设备虽无过载损坏问题，但若设备吨位选得过小，则锻件内部锻不透，而且生产率低；反之，若设备吨位选得过大，则不仅浪费动力，而且由于大设备的工作速度低，同样也影响生产率和锻件成本。因此，正确选择锻造设备吨位是编制锻造工艺规程的重要环节之一。

自由锻造所需设备吨位，主要与变形面积、锻件材质、变形温度等因素有关。自由锻造时，变形面积由锻件大小和变形工序性质决定。镦粗时锻件与工具的接触面积相对于其他变形工序要大得多，而很多锻造过程均与镦粗有关，因此，常以镦粗力的大小为依据来选择自由锻设备。

确定设备吨位的传统方法有理论计算法和经验类比法。理论计算法是根据塑性成形理论建立的公式来计算设备吨位，经验类比法是根据生产实践统计整理出的经验公式或图表来选择设备吨位。较为常用的方法是，根据自由锻锻件的形状尺寸，查找有关手册确定。

现在做锻造过程设计时，常采用计算机数值模拟的方法准确而快速地计算出变形力及其他参数。下面以经验类比法为例说明设备吨位 G 的确定方法。

镦粗时：

$$G=(0.002\sim0.003)kF$$

式中　k——与钢材抗拉强度 R_m 有关的系数，按表 2-5 查取；

　　　　F——坯料横截面面积（mm^2）。

拔长时：

$$G=2.5F$$

式中　F——坯料横截面面积（cm^2）。

表 2-5　系数 k

R_m/MPa	k
400	3~5
600	5~8
800	8~13

任务实施

一、齿轮成形工艺分析

齿轮零件图如图 2-1 所示。零件材料为 45 钢，生产批量小。材料抗拉强度≥600MPa，屈服强度≥355MPa，伸长率≥16%，断面收缩率≥40%。齿轮零件结构简单，属圆盘类件，符合自由锻成形特点。齿轮零件齿形无法锻出，则可将自由锻成形后的齿轮坯，经后续机加工成形。齿轮零件内孔尺寸为 φ145mm，可经冲孔加扩孔完成，孔径尺寸有一定精度要求，可经后续机加工来保证，其他尺寸要求一般，尺寸公差按普通级公差设置。

二、齿轮坯自由锻工艺规程设计

1. 设计、绘制锻件图

自由锻方法无法锻出零件的齿形和圆周上的狭窄凹槽，此处应加上余块，简化锻件外形。

根据 GB/T 21470—2008《锤上钢质自由锻件机械加工余量与公差　盘、柱、环、筒类》查得：锻件水平方向的双边余量和公差为 $a=(12\pm5)mm$，锻件高度方向双边余量和公差为 $b=(10\pm4)mm$，内孔双边余量和公差为（14±6）mm。绘制齿轮的锻件图，如图 2-40 所示。

2. 确定变形工序及工序尺寸

由锻件图 2-42 可知：$D = 301\,\text{mm}$，凸肩部分 $D_{肩} = 213\,\text{mm}$，$d = 131\,\text{mm}$，$H = 62\,\text{mm}$，凸肩部分高度 $H_{肩} = 34\,\text{mm}$，得到 $D/d = 1.63$，$H/d = 0.47$。变形工序为镦粗—垫环镦粗—冲孔—扩孔—修整，工艺过程如图 2-43 所示。根据锻件形状特点，各工序坯料尺寸确定如下。

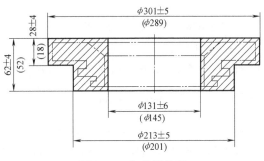

图 2-42　齿轮锻件图

（1）镦粗　主要为去除氧化皮并使上下端面平整。由于锻件带有单面凸肩，因此需采用垫环镦粗，如图 2-43c 所示，需确定垫环尺寸。

（2）垫环镦粗　垫环孔腔体积 $V_{垫}$ 应比锻件凸肩体积 $V_{肩}$ 大 10%～15%（厚壁取小值，薄壁取大值），本例取 12%，经计算 $V_{肩} = 753253\,\text{mm}^3$，因此

$$V_{垫} = 1.12 V_{肩} = 1.12 \times 753253\,\text{mm}^3 = 843643\,\text{mm}^3$$

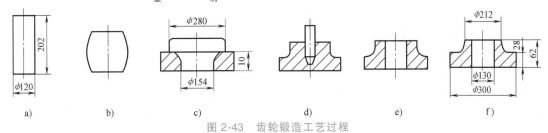

图 2-43　齿轮锻造工艺过程

a）下料　b）镦粗　c）垫环镦粗　d）冲孔　e）扩孔　f）修整

考虑到冲孔时会产生拉缩，垫环高度 $H_{垫}$ 应比锻件凸肩高度 $H_{肩}$ 增大 15%～35%（厚壁取小值，薄壁取大值），本例取 20%。

$$H_{垫} = 1.2 H_{肩} = 1.2 \times 34\,\text{mm} = 40.8\,\text{mm}，取 40\,\text{mm}$$

垫环内径 $d_{垫}$ 可根据体积不变条件求得，即

$$d_{垫} = 1.13 \sqrt{\frac{V_{垫}}{H_{垫}}} = 1.13 \sqrt{\frac{843643}{40}}\,\text{mm} \approx 164\,\text{mm}$$

垫环内壁应有斜度（7°），上端孔径定为 163mm，下端孔径为 154mm。

为了去除氧化皮，在垫环镦粗之前应进行平砧镦粗。平砧镦粗后坯料的直径应略小于垫环内径，经垫环镦粗后，上端法兰部分直径应小于锻件最大直径。

（3）冲孔　冲孔应使冲孔芯料损失小，同时考虑扩孔次数不能太多，冲孔直径 $d_{冲}$ 应小于 $D/3$，即 $d_{冲} \leqslant \dfrac{D}{3} = \dfrac{213}{3}\,\text{mm} = 71\,\text{mm}$，实际选用 $d_{冲} = 60\,\text{mm}$。

（4）扩孔　总扩孔量为锻件孔径减去冲孔直径，即 131mm－60mm＝71mm。一般每次扩孔量为 25～30mm，分配各次扩孔量。现分三次扩孔，各次扩孔量为 21mm、25mm、25mm。

（5）修整　按锻件图进行最后修整。

3. 计算坯料尺寸

坯料体积 V_0 包括锻件体积 $V_{锻}$ 和冲孔芯料体积 $V_{芯}$，并加上烧损体积，即

$$V_0 = (V_{锻} + V_{芯})(1+\delta)$$

锻件体积按锻件图公称尺寸计算：$V_{锻} = 2368283 \text{mm}^3$。

冲孔芯料体积：冲孔芯料厚度与坯料高度有关。因为冲孔坯料高度 $H_{孔} = 1.05 H_{锻} = 1.05 \times 62 \text{mm} = 65 \text{mm}$，$H_{芯} = (0.2 \sim 0.3) H_{孔}$，系数取 0.2，则 $H_{芯} = 0.2 \times 65 \text{mm} = 13 \text{mm}$。于是 $V_{芯} = \dfrac{\pi}{4} d_{冲}^2 H_{芯} = \dfrac{\pi}{4} \times 60^2 \times 13 \text{mm}^3 = 36757 \text{mm}^3$。

烧损率 δ 取 3.5%，代入 V_0 的计算公式，得 $V_0 = 2489216 \text{mm}^3$。

由于第一道工序是镦粗，坯料直径按以下公式计算：

$$D_0 = (0.8 \sim 1.0) \sqrt[3]{V_0} = 108 \sim 135.8 \text{mm}, 取 \ D_0 = 120 \text{mm}$$

$$H_0 = \frac{V_0}{\dfrac{\pi}{4} D_0^2} = 220 \text{mm}$$

4. 选择设备吨位

根据锻件形状尺寸查有关手册，确定选用 0.5t 自由锻锤。

5. 确定锻造温度范围

45 钢的始锻温度为 1200℃，终锻温度为 800℃。

6. 填写工艺规程卡片，见表 2-6

表 2-6　齿轮坯自由锻工艺规程卡片

锻件名称		齿轮坯	工艺类别	自由锻
材料		45 钢	设备	0.5t 自由锻锤
加热火次		1	锻造温度范围	1200~800℃

锻件图

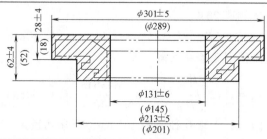

序号	工序名称	工序简图	使用工具	操作要点
1	镦粗		火钳	镦粗后的高度为 90mm
2	局部镦粗		火钳和镦粗漏盘	控制镦粗后的高度为 62mm

（续）

序号	工序名称	工序简图	使用工具	操作要点
3	冲孔	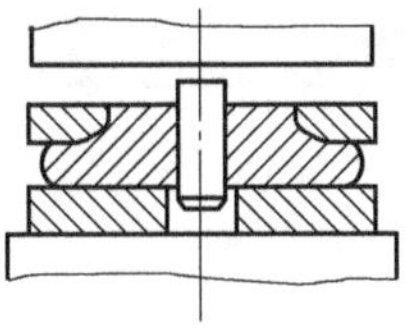	火钳、镦粗漏盘、冲子和冲孔漏盘	1)注意冲子对中 2)采用双面冲孔,左图为工件翻转后将孔冲透的情况
4	一次扩孔	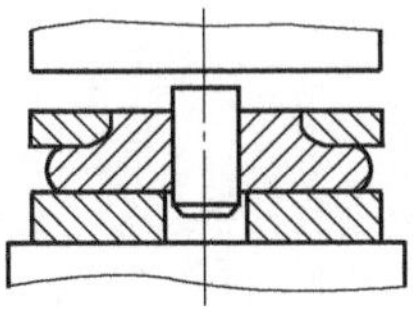	火钳、镦粗漏盘、冲子和扩孔漏盘	注意冲子对中
5	二次扩孔	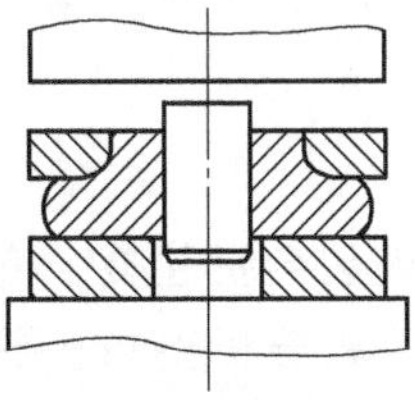	火钳、镦粗漏盘、冲子和扩孔漏盘	注意冲子对中
6	三次扩孔	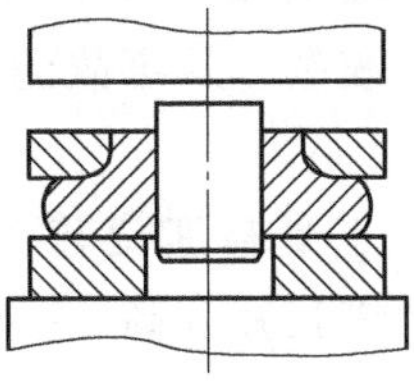	火钳、镦粗漏盘、冲子和扩孔漏盘	注意冲子对中
7	修整外圆	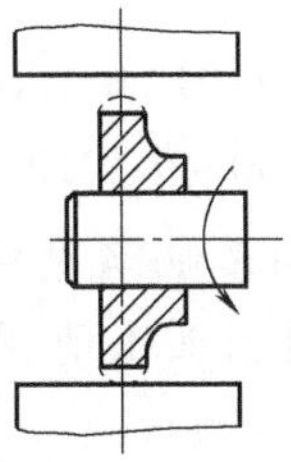	火钳和冲子	边轻打边旋转锻件,使外圆消除弧形并达到直径为(301±5)mm
8	修整平面	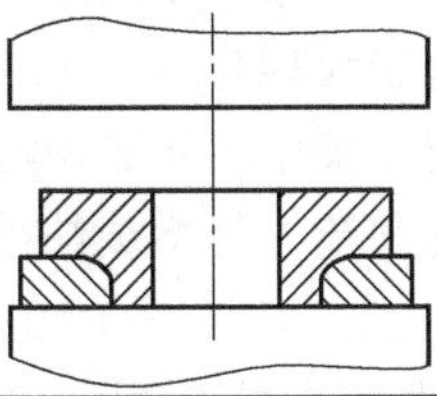	火钳和镦粗漏盘	轻打(如砧面不平,还要边打边转动锻件),使锻件厚度达到(62±4)mm
9	检验			

三、齿轮坯锻件后处理工序

齿轮坯经扩孔工序之后,要按锻件图对其进行修整,包括齿轮坯上、下端面的校平,以满足锻件图尺寸和形状的最后要求。因为此锻件属于中小型中碳钢锻件,所以采用堆放空冷；因为该齿轮坯锻件是中碳钢小型锻件，所以空冷后需进行正火处理，以便为后续机加工做好组织准备。

任务二 汽轮发电机转子的锻造工艺设计

任务目标

1) 了解大型锻件自由锻生产特点。
2) 掌握锻造对钢锭组织和性能的影响。
3) 能对大型自由锻件的成形选择合理的变形过程。

任务分析

1. 任务介绍

大型转子锻件是电站设备的关键零件，由于转子的破裂会引起整个汽轮发电机爆炸的严重事故，因此现代电站对转子锻件品质要求越来越高。检查分析得知，锻件试样的力学性能指标虽然合格，但由于锻件内部存在缺陷，在长期运转的复杂载荷条件下，会因内部缺陷附近的应力集中，引起疲劳裂纹产生、扩展，最终导致转子破裂。从事故的教训中，人们更加重视大型锻件内部的质量，以及加工过程中的检测技术。

(1) 600MW 汽轮机转子的技术要求 转子在工作时承受高速旋转 (3000r/min) 所产生的巨大离心力，同时还承受扭转和弯曲应力，因此，要求其强度高、韧性好、组织性能均匀、残余应力小，此外，对有害气体含量也有限制。

本任务中汽轮机转子材料为 30Cr2Ni4MoV，气体含量 $\varphi(H) \leq 2.00 \times 10^{-4}$，$\varphi(O) \leq 40 \times 10^{-4}$，$\varphi(N) \leq 70 \times 10^{-4}$。力学性能：$R_{eL} = 760MPa$，$R_m = 860 \sim 970MPa$，$A = 16\%$，$Z = 45\%$，$a_K = 42J/cm^2$，FATT13℃ (脆性转变温度)；超声波检测当量缺陷直径小于 $\phi 1.6mm$，内孔潜望镜和磁粉检验，夹杂物不大于 ASTM No.3，此外，对粗加工精度、残余应力、硬度均匀性等均有严格的要求。

(2) 转子用钢锭内部品质要求 随着汽轮发电机单机容量的不断增大，转子锻件也相应朝着大型化发展，为了保证锻件品质，钢锭的尺寸也趋于大型化。

从电站事故的分析中可知，转子断裂的原因除了应力集中、转子中心区横向塑性低和脆性转变温度较高外，主要是转子中存在着大量的夹杂物和疏松等冶金缺陷，甚至有些还存在白点。

因此，钢锭在冶炼时应严格控制硫、磷和其他有害元素的含量。硫、磷含量 (质量分数) 应控制在 0.01%~0.015%以下，钢中氢气含量应低于 $2cm^3/100g$。浇注也应采用真空或其他先进方法，以降低有害气体的含量，减少钢锭产生疏松缺陷。

2. 任务基本流程

本任务的主要内容是根据汽轮发电机转子的技术质量要求，依据大型锻件自由锻成形工艺特点及方法，对其选择合理的锻造方法，最后制订出大型转子的锻造工艺规程。

⊡⟩ 理论知识

一、大型自由锻件锻造特点

大型锻件一般指在大吨位锻压设备上锻造的外形尺寸与单件质量均较大的重型锻件，这类锻件主要用自由锻来加工完成，多数用于重型机械制造业中。通常把在 10000kN 以上锻造水压机或 5t 以上自由锻锤上锻造的锻件，称为大型锻件。比如大型汽轮机的主轴、叶轮；电力工业中大型发电机转子、护环；冶金工业中轧钢机的轧辊；石化工业中反应器筒体；船舶工业中的艉轴、舵杆；重型机械制造业中的各种大轴和高压工作缸；国防工业中的炮管、大型轴承圈、大型环齿轮；锻造机械中的水压机立柱、大型模块等。

大型锻件主要生产特点如下：

（1）品质要求严格　大型锻件多数是机器中的关键件和重要件，工作条件特殊，承受载荷大，所以要求其品质必须可靠，性能必须优良，才能确保运行安全。随着现代工业机械设备向着高性能、高参数、大型化方面发展，对锻件的制造技术和品质水平要求日益提高。但是，目前原材料冶金品质的控制，锻造、热处理技术的优化与控制，品质分析与测试技术的进展等基础工艺水平，还不能与之相适应。因此，如何提高大型锻件的品质问题，就成为大型锻件生产中的主要矛盾。

（2）过程复杂　大型锻件的生产过程包括冶炼、浇注、加热、锻造、粗加工、热处理等。工艺环节多，设备庞大，周期长，连续性强，生产过程复杂，技术要求高。

（3）生产费用高　大型锻件的原材料、能源、劳动力及工具消耗大，生产周期长，占用大型设备多，因而生产成本高。所以，提高材料利用率，降低消耗，减少废品率，在技术和经济上具有重要的意义。

二、大型钢锭加热特点

大型钢锭的横截面尺寸大，加热时铸锭内外温度差比中小型锻坯大得多，温度应力也很大，尤其当加热速度过快时，温度差会更大。倘若钢料化学成分复杂，热扩散率小，塑性差，又处在低温加热阶段，这时温度应力及组织应力叠加之后，超过钢料的抗拉强度，就会产生加热裂纹。

对于某些重要锻件用的高合金钢，加热时要保证进行高温扩散，以减少偏析和不均匀结构对锻件品质的不良影响。

为保证大型锻件的品质，要制定严格的加热规范，加热时严格控制好加热速度，保证加热充分且均匀，以防止锻压时出现不均匀变形，而导致组织性能不均匀和产生附加内应力，从而降低锻件承载能力的情况发生。

三、锻造对组织和性能的影响

大型锻件的锻造，不仅是得到一定形状和尺寸，更重要的是通过锻造改善钢锭的铸态组织，提高锻件的力学性能。

（一）锻造对钢锭组织和缺陷的改善

1. 消除铸态组织粗大的树枝晶并获得均匀细化等轴晶

钢锭在热锻变形时，其变形程度（锻造比）达到一定数值时，铸态组织的粗晶、树枝状结构和晶界物质被破碎，经过变形时的动态再结晶和变形后的静态再结晶，形成新的等轴细晶组织，如图 2-44 所示。

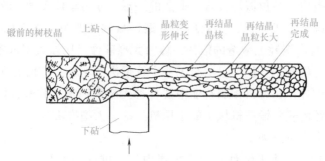

图 2-44　钢锭锻造变形组织转变示意图

但是，锻件的最终晶粒度大小与变形时的温度和变形程度有关。如果终锻时温度很高，则晶粒会长大；如果变形量处在临界变形温度附近，则锻件晶粒异常粗大。对于某些不能通过热处理改变晶粒尺寸和强化的钢，如奥氏体钢，则要通过严格控制变形温度，保证足够的变形量，通过锻造来获得均匀细小的晶粒。

2. 降低偏析程度，改善碳化物和夹杂物分布

钢锭中的碳化物、非金属夹杂物和过剩相的数量大小及其分布不同，会使其物理性质和力学性能与基体材料有很大差异。如果偏析分布于晶界或呈团、片状连续分布于基体，则对锻件使用性能有很大影响。此外，钢锭中的宏观偏析和过度偏析等，都会引起锻件力学性能的下降。

锻造时，钢锭加热到高温并延长保温时间时，由于原子间的扩散作用显著，枝晶偏析和晶间偏析都可得到不同程度的降低，通过锻造变形击碎枝晶和其后的再结晶作用，微观偏析可基本消除。在宏观偏析区域内或晶界处聚集的较大夹杂物，如碳化物、氧化物、硫化物等，在变形中被破碎，再加上高温扩散和相互溶解的作用，使之较均匀地分散在金属基体内，因而改善了钢锭组织，提高了锻件的使用性能。这对含有大量碳化物的钢种，如高速钢、高铬钢和高碳钢等，有着重要意义。因此，当锻造这类钢锭时，必须反复进行大锻造比的变形，如十字镦拔、反复镦粗与拔长等，以改善碳化物及其他夹杂物的分布。

GB/T 14979—1994《钢的共晶碳化物不均匀度评定法》中，将碳化物的不均匀性分为 10 级，铸态为第 10 级（不均匀分布最大级）。实践证明，经锻造变形后可得到 5 级以下的碳化物组织分布。

3. 形成合理的纤维组织

随锻造变形的增大，钢锭中晶粒沿金属塑性流动的主变形方向被拉长，晶界物质的形状随之也发生了改变。其中塑性夹杂物，如硫化物则被拉成条状，而脆性夹杂物，如氧化物及部分硅酸盐，将被破碎，并沿主变形方向呈链状分布。晶界上的过剩相和杂质被拉长后也呈定向分布。这种不均匀分布，即使经过再结晶，也不会消失，于是在锻件中留下明显的变形条纹，经过腐蚀清晰可见。这种方向性的热变形组织结构，称为"纤维组织"或"流线"，

如图 2-45 所示。

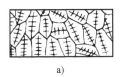 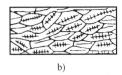 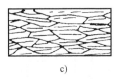 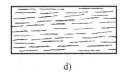

a)　　　　　　　b)　　　　　　　c)　　　　　　　d)

图 2-45　钢锭锻造形成纤维组织示意图

锻件中出现纤维组织的内因是钢中晶界上存在各类夹杂物，外因是锻造沿某方向变形流动的结果。例如当锻件只进行拔长，在锻造比达到 3 时，便出现了纤维组织；若先镦粗而后拔长，则拔长锻造比达到 4~5 时，才能形成纤维组织。这是因为金属塑性流动方向的改变，影响了定向纤维的形成，且变形程度越大，纤维方向越明显。

由于沿纤维方向的力学性能要高于垂直于纤维方向的力学性能，因此需要根据锻件的受力和破坏情况，正确控制流线的分布。例如，对于受力比较单一的零件，如立柱、曲轴、扭力轴等，应使流线分布与零件几何外形相符合，并使流线方向与最大拉应力方向一致。

对于容易疲劳磨损的零件，如轴承套圈、热锻模、搓丝板等，如纤维在零件工作表面外露形成微观缺陷，当受到交变载荷作用时，很容易在缺陷处造成应力集中，成为疲劳磨损源，使零件过早失效，因此，这类锻件的流线应与工作表面平行。

对于受力比较复杂的零件，如汽轮机和电机主轴、锤头等，因对各个方向的力学性能都有要求，故不希望锻件具有明显的流线方向。

4. 锻合内部孔隙类缺陷

钢锭越大，内部缺陷越多，内部的孔隙越多，所以锻合压实孔隙就是大型锻件成形要考虑的一个很重要的内容。钢锭内部的孔隙类缺陷有疏松、缩孔、微裂纹和微孔隙等。如果这类缺陷不被锻合压实，则锻件致密性低，力学性能差，容易发生断裂性灾难事故。实践证明，通过锻造完全可将这类缺陷逐步缩小到完全焊合，如图 2-46 所示。

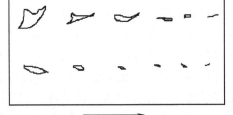

压下量

图 2-46　热锻压过程对孔隙类缺陷消除示意图

锻合钢锭内部孔隙类缺陷的基本条件是：孔隙表面未被氧化，锻造时有良好的应力状态（处于较大的三向压应力状态），锻造温度足够高，有足够大的变形。

一般将孔隙类缺陷分为微观缺陷和宏观缺陷。微观缺陷由于尺寸很小，在足够的三向压应力下即可锻合。宏观缺陷尺寸较大，其锻合过程可分为两个阶段，首先使缺陷区金属产生塑性变形，使孔隙变形两壁相互靠合，称为空洞闭合阶段，然后在三向压应力的作用下，加上高温条件，使孔隙两壁焊合为一体，即锻合阶段。

实践证明，当镦粗高径比 $H/D \geqslant 1$ 的坯料时，轴向缺陷趋于扩大，不能焊合；当坯料镦粗到 $H/D < 1$ 时，轴向缺陷开始收缩并从心部先焊合，随着变形程度继续增大，焊合区逐渐向两端扩大。当镦粗比足够大时，沿轴线的孔隙全部焊合，如图 2-47 所示。因此，在镦粗时，为了保证坯料心部孔隙得到焊合，变形必须达到一定的镦粗比。对于高径比 $H/D = 2$ 左

右的普通钢锭，镦粗比 K_H 不得小于 $2 \sim 2.5$；而对高径比 $H/D < 1$ 的钢锭，K_H 应达到 $1.4 \sim 1.5$。

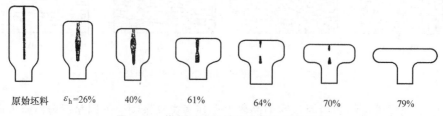

原始坯料　　$\varepsilon_h = 26\%$　　40%　　61%　　64%　　70%　　79%

图 2-47　镦粗时宏观缺陷的锻合过程示意

（二）锻造对大型锻件力学性能的影响

通过锻造变形，可使钢锭中的微观和宏观缺陷得到锻合压实，晶粒破碎再结晶，组织结构的致密性和均匀性都有所提高。例如，在平砧上拔长钢锭时，当锻造比增加到 3，纵向和横向的塑性和强度指标均有明显的提高；继续增大锻造比，不仅指标增长缓慢，而且由于形成了显微组织，横向塑性、韧性指标将明显低于纵向，出现了各向异性。图 2-48 所示为碳素钢钢锭拔长时锻造比与力学性能的关系。由图可知，锻造比为 2 以前，各项指标增长都比较快；当锻造比达到 4 以后，强度指标增长缓慢，而横向塑性、韧性指标开始下降，各向异性增大。

由上述可知，为使锻件获得较高的力学性能，锻造坯料变形程度应达到一定的锻造比，一般大型锻件的锻比为 $2 \sim 6$。

此外，锻造还能提高锻件的抗疲劳性能。钢锭通过锻造，由于可以提高组织致密性和均匀性，微观缺陷和宏观缺陷均得到改善和消除，这无疑有利于减少应力集中源，从而可使锻件的抗疲劳性能提高。这可以从广泛用于航空大型锻件的合金结构钢 40CrNiMoA 钢锭的锻造试验结果看到（见表 2-7）。随着锻造变形程度增大，锻件疲劳极限得到提高，当锻造比达到一定数值时，疲劳极限保持同一水平，不再提高。因此，在锻造时控制大型锻件的锻造比，也是提高钢的疲劳极限的重要途径之一。

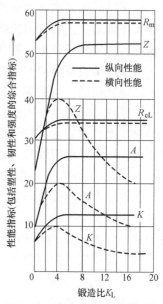

图 2-48　碳素钢钢锭拔长时锻造比与力学性能的关系

表 2-7　锻造比对 40CrNiMoA 钢锻件疲劳极限的影响

锻造比 K_L	0	2	3	4	6	8	12	20	40
疲劳极限 $\sigma_{-1}/MPa(N > 10^7)$	370	460	480	490	$500 \sim 510$	$530 \sim 540$	$530 \sim 540$	$530 \sim 540$	$530 \sim 540$

注：试样是沿纵向切取的。

四、提高大型锻件品质的技术措施

钢锭尺寸越大，内部缺陷越严重，通过锻造消除或减小缺陷就越困难。因此，为了达到破碎钢锭的铸态组织、锻合钢锭内部的疏松、孔穴等缺陷的目的，必须具备以下的基本条件；有足够大的变形程度或局部锻造比；缺陷周围为静水压（三向压应力）状态；高的锻造温度和一定的保压时间；疏松、孔穴的表面未被氧化。当然，为了提高锻件的综合力学性能，同时还需要采用其他适当的锻造方法。

拔长和镦粗是两个最基本也是最重要的变形工步。在改进钢锭变形的新方法中，始终以这两种变形工步为基础，改变变形钢锭的受力状态。下面介绍几种目前常用的大型锻件自由锻造方法。

（一）FM 锻造法

普通平砧拔长是大型锻件成形的基本工序，也是应用最多的工序之一。普通拔长时使用的上下砧宽相等，每次压缩时的应力、应变场和金属流动情况，主要取决于拔长工艺参数砧宽比和压下率。

当砧宽比 $L_0/H_0 = 0.5$，压下率 $\varepsilon_h = 20\%$ 时，锻坯心部应变强度较小，而且有拉应力出现，这种变形特点称为曼内斯曼（Mannesmann）效应。在这种情况下，锻坯中心的空隙不可能锻合压实，相反会导致中心裂纹。

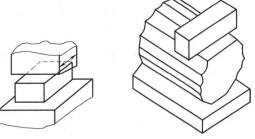

图 2-49　FM 锻造法原理

为了消除曼内斯曼效应，常采用免除曼内斯曼效应（Free from Mannesmann，FM）锻造法。它与普通平砧拔长的不同点在于下砧为宽砧，上砧为窄砧，如图 2-49 所示。坯料在不对称的平砧间变形，各部位应力应变状态发生改变，在坯料变形区内，形成拉应力的部位移至坯料下部，而中心部位受压应力作用。这种方法对锻合钢锭内部空洞类缺陷很有效果。FM 锻造法的最佳工艺参数：砧宽比为 0.6，压下率为 14%～15%。

（二）宽平砧强压法

宽平砧强压法也称为宽平砧高温强压法，即 WHF 锻造法。它是一种在宽平砧上利用高温大变形条件，使钢锭中的缺陷锻合的锻造方法。宽平砧强压法最佳过程参数：砧宽比为 0.6～0.8，压下率为 20%～25%。但在采用这一工艺时，应注意两压下部分的变形区应有 10% 左右砧宽的搭接量，在翻转施压时，也要注意错砧，以保证钢坯均匀压实。

WHF 锻造法已在国内生产的 600MW 整体低压转子的锻造生产中应用，它与下面所介绍的中心压实法相结合，联合锻压成形，保证了锻件的高品质，取得了很好的技术和经济效果。

（三）中心压实法

中心压实法也称表面降温锻造法或 JTS 锻造法。其特点是：将钢锭倒棱后，锻成边长为 B 的方截面坯，然后加热到 1220～1250℃（始锻温度）保温后，从炉中取出，表面采用空冷、吹风或喷雾冷却到 720～750℃（终锻温度），钢锭表层形成一层"硬壳"，这时钢锭心部的温度仍保持 1050～1100℃，内外温差为 300～380℃，用窄平砧沿钢锭纵向加压，借助表层低温硬壳的包紧作用，达到显著压实心部的目的。

如图 2-50 所示，中心压实法变形方式有三种：上小砧下平砧单面局部纵压，上下小砧双面局部纵压，上下平砧拔长。三种变形方式的效果为：单面局部纵压优于平砧拔长，而平砧拔长优于双面局部纵压。对于前两种变形方式，小砧只压坯料截面中部，砧宽 $B = 0.7b_0$，

砧长 $L = (3 \sim 4)B$，单面压下量为 7%~8%，双面压时为 13% 左右。

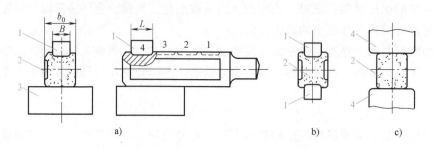

图 2-50　中心压实法锻造变形示意图

a）上小砧下平砧单面局部纵压　b）上下小砧双面局部纵压　c）上下平砧拔长
1—小砧　2—锻坯　3—平台　4—平砧　b_0—坯料宽度　B—小砧宽度　L—小砧长度

中心压实法先沿坯料整个长度锻压一遍后，将坯料锻方，再加热到始锻温度，重复表面冷却过程，在坯料另一面再继续锻压一遍，如此重复。

实践表明，用这种方法，采用小锻造比可明显压实坯料中心的孔隙类缺陷，而且可以采用较小吨位的水压机。目前，国内生产的大型转子、轴辊类锻件已广泛采用这一方法。

任务实施

一、转子钢的冶炼与浇注

钢液先在电炉、平炉内初炼，要求低磷、高温，倒入钢包精炼炉，经还原渣精炼，氩气搅动，真空脱氧、脱氢，净化钢液品质，再用 24 棱短粗型锭模浇注得到铸锭。凝固前加发热剂与稻壳，保证充分收缩。凝固后热运至加热炉升温。

二、转子锻件的生产流程

为了能使转子达到技术标准中的各项规定，在转子生产过程的每一环节，都应有严格的技术规范和检测措施，用以确保转子锻件的品质。

转子锻件的生产流程如下：冶炼—铸锭—加热—锻造—第一次热处理（锻后冷却及锻件热处理）—锻件外观检查—切取低倍试片—超声波检测—锻件初加工—超声波检测—加工热处理吊卡头—第二次热处理（调质）—切取性能测试试样、钻中心孔—检查内孔品质—超声波检测—外观尺寸检查—合格件交付。

三、转子的锻造过程

锻造转子的方法大致有如下几种。

1. 直接拔长法

这种方法用于短粗型钢锭，由于钢锭有足够大的截面尺寸，即钢锭直径与锻件直径平方比大于 4~4.5，通过宽平砧强压锻造法，并控制相对送进量在 0.5~0.8 范围内，有足够大的压下量来锻合内部缺陷，从而保证锻件品质。

2. 镦粗-拔长复合法

这种方法用于轴身直径较大转子锻件时，采用普通钢锭或短粗钢锭直接拔长，锻造比达不到要求，这时可采用先镦粗再拔长的工艺方法。有时可以反复多次镦粗和拔长，这主要是看镦粗后总锻造比是否能达到 4 以上。

镦粗时，镦粗比 $K_H \geqslant 2.25$。镦粗后，仍采用上下宽平砧或上下宽 V 型砧，在高温下大压下量拔长。这种工艺可提高锻件切向性能，但需要大吨位的水压机，并增加了变形工步，同时会使钢锭中心偏析区扩大，如图 2-51 所示。

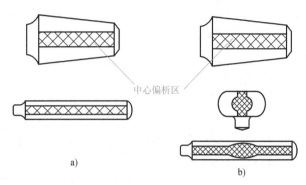

图 2-51　不同锻造工艺对钢锭中心偏析区分布的影响

3. 中心压实法

这种方法用于锻造大型转子。由于锻件尺寸很大，即使选用短粗型钢锭直接拔长也难以达到锻造比要求，而采用镦粗-拔长工艺时，又受到设备限制，这时采用中心压实法，锻造比只要大于 2.4 就可以达到锻透的目的，锻造火次也可减少 2~3 次。

在本任务中，采用宽平砧强压法与中心压实法联合锻压成形的方案，保证了锻件的高品质要求与相关力学性能要求。具体锻造工艺规程见表 2-8。

表 2-8　大型转子锻造工艺规程卡片

零件名称	600MW 汽轮机低压转子	钢号	30Cr2Ni4MoV	
零件单重	116550kg	锻件级别	特	
钢锭质量	230t	设备	120MN 水压机	
钢锭利用率	0.506	锻造比	镦粗 4.4	拔长 7.3
每钢锭制锻件	1	每锻件制零件	1	

锻件图

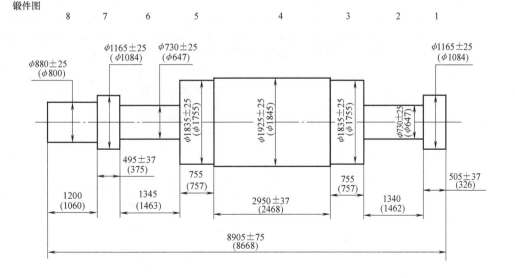

（续）

技术要求：

按照转子技术条件生产验收。

钢锭必须真空脱气，采用单锥度冒口，钢锭趁热送至水压机车间。

钢锭第一热处理按专用过程要求进行。

各工序必须严格执行过程要求，精心操作。

生产路线：加热—锻造—热处理—发机加工车间。

印记内容：生产编号、图号、熔炼炉号。

编制		校对		批准	

火次	温度	操作说明及变形过程简图
1	1260~750℃	拔冒口端到图示尺寸，压 φ1280mm×1200mm 钳口
2	1260~750℃	用 B = 1700mm 宽平砧压方至 2160mm，按宽平砧强压法操作要领操作，倒八方至 2310mm，略滚圆。φ2310mm，刹水口，严格控制 4320mm 尺寸，重压 φ1280mm×1200mm 钳口
3	1260~750℃	立料，镦粗，先用平板镦至 3900mm，再换球面板镦至图示尺寸，压方至 2160mm，其余要求同第二火次，倒八方至 2310mm，严格控制锭身及钳口长度，略滚圆 φ2310mm

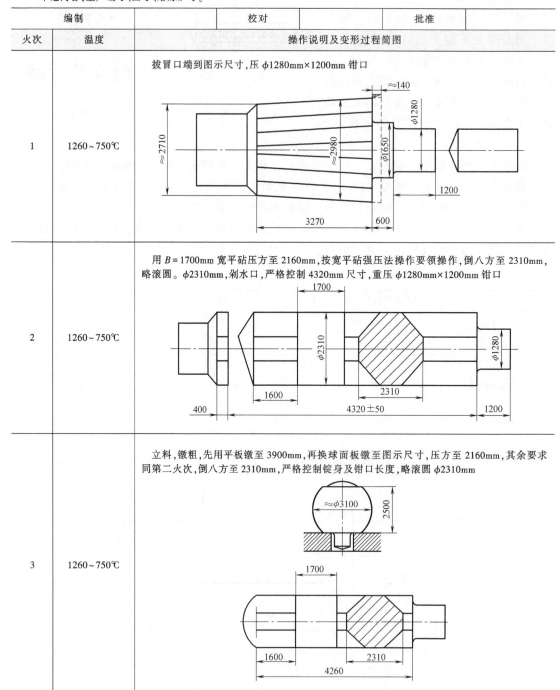

（续）

火次	温度	操作说明及变形过程简图
4	1260~750℃	立料,镦粗,压方至2160mm,倒八方2310mm(操作要求同第三火次) 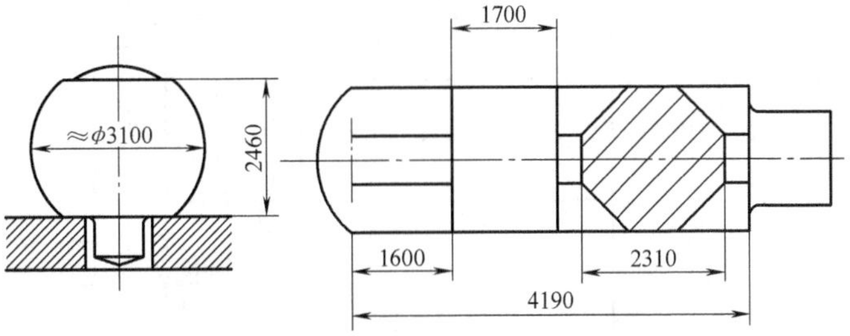 ≈φ3100 2460 1700 1600 2310 4190
5	1260~750℃	立料,镦粗,要求同第三火次,压方至2400mm,中心压实,每面有效压下量190mm,锤与锤之间搭接100mm 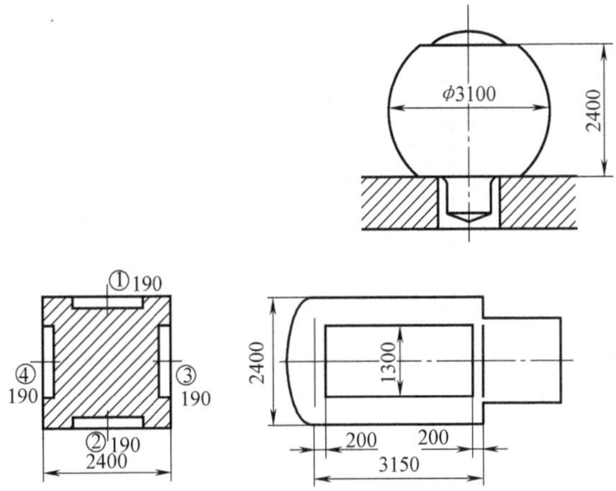 φ3100 2400 ①190 ④190 ③190 ②190 2400 2400 1300 200 200 3150
6	1220~750℃	倒八方2125mm(注意防止产生折伤),滚圆φ2125mm(若温度远没有达到750℃,接着进行下一火次) 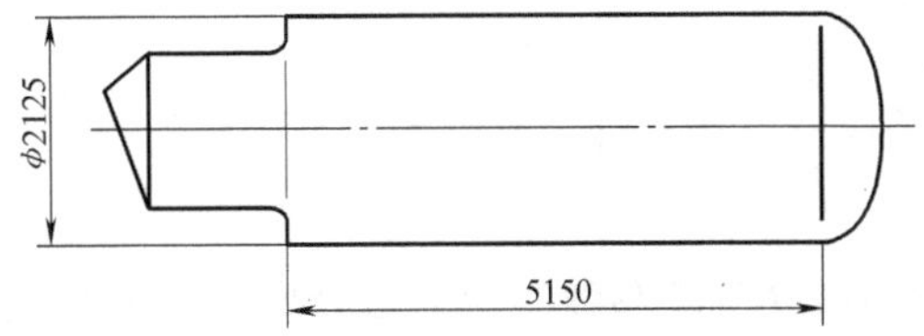 φ2125 5150
7	1220~750℃	滚圆至φ1965mm,分料,滚两头至图示尺寸,如图示分料 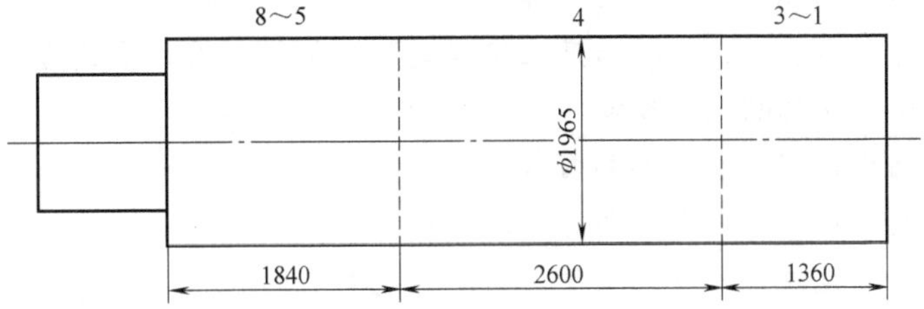 8~5 4 3~1 φ1965 1840 2600 1360

（续）

火次	温度	操作说明及变形过程简图
7	1220~750℃	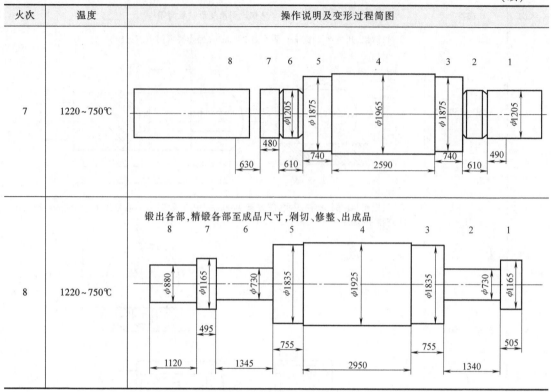
8	1220~750℃	锻出各部,精锻各部至成品尺寸,剁切、修整、出成品

四、转子锻后热处理

由于30Cr2Ni4MoV钢淬透性好、高温奥氏体稳定，但有粗晶与组织遗传倾向，因此，除严格控制最后一火次加热温度和压下量外，还采用了多次重结晶处理，即在930℃、900℃、870℃三次高温正火。过冷至180~250℃，有利于晶粒细化与扩氢。

全面检查验收。

▷▷ 课后思考

1. 自由锻工序分为哪几种？分别包含哪些工步？
2. "锻造比"有什么实用意义？镦粗、拔长时分别如何表达锻造比？
3. 镦粗变形过程是如何发生的？
4. 减小镦粗鼓形的措施有哪些？
5. 平砧拔长时，坯料易产生哪些缺陷？是什么原因造成的？
6. 如何提高拔长效率？
7. 自由锻规程包括哪些内容？
8. 自由锻件图和零件图有何区别？
9. 什么是流线？它对锻件的品质性能有何影响？
10. 如何提高大型锻件内部品质？

【新技术·新工艺·新设备】

大型核电锥形环锻件自由锻造方法

目前，全球核电已进入了一个高速发展时期，为了改善能源结构，各工业发达国家和发展中国家都在积极致力于核电的发展，因此，核电锻件的市场前景非常广阔。但是由于核电项目中对锻件的品质要求高，并且锻件质量较大，采用现有的锻造方法无法实现核电设备锥形筒体的制造。

大型核电锥形环是核电设备中的重要零件，它是一种两端直径不同而壁厚相同的锥形筒体。这种零件由于尺寸很大，并且对强度和材料都有特殊的要求，因此加工起来极为困难。某企业技术人员通过不断探究和试验，找到了一种大型核电锥形环锻件自由锻造的新方法。

1. 锻造方案探究

核电锥形环锻件（图 2-52）是该企业目前生产的最大锥形锻件，该锻件为异形环锻件，锥度为 20°，锻件大端外径为 $\phi3250mm$，小端外径为 $\phi2140mm$，高度为 1580mm。

该锻件锻造生产过程中参数难以控制，面临马架扩孔时锻造锥度难保证、锥环锻件的同轴度难保证、生产过程中测量费时等困难。为保证锻件品质，最终制定如下锻造工艺方案：拔长→镦粗→拔长→镦粗、冲孔→反复扩孔、镦平、扩孔→精整成形。

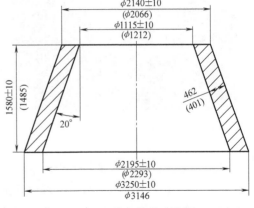

图 2-52 核电锥形环锻件

2. 锻造工艺过程

锥形环零件质量为 34t，其锻件质量为 41.8t，采用 62t 钢锭为原材料，材料利用率为 67.4%，材质为 35CrMo。采用天然气炉进行加热，炉窑温度设定为 700℃，钢锭于 500℃时送进炉窑进行保温 4h，后升温至 850℃，保温 4h，出炉，热割水口和冒口 1h，回炉保温，850℃保温 3h 后升温至 1200℃，保温 17h 后出炉锻造，保证高温保温时间充分。考虑该企业现有设备，锻造设备选取 8000t 自由锻造油压机，经过计算，锻造能力满足要求。

锻件始锻温度 1200℃，终锻温度 850℃。在锻造过程中，当温度接近终锻温度时，停止锻造，进行二次加热，将锻坯高温入炉，在 1200℃炉温下保温 4h 出炉继续锻造。

针对锥形环锻件锻造成形过程中可以预见的锥度难保证的困难，特此预先制坯成台阶坯，如图 2-53 所示。

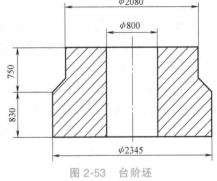

图 2-53 台阶坯

1) 扩孔。在扩孔过程中，通过抬高马杠的方式进行大端的扩孔，这样可以避免垫高马架来调整扩孔锥度，但这增加了操作难度。在扩孔过程中要勤转轻压，及时调整锻件扭转情况。扩孔工步如图 2-54 所示。

2）平端面。作业时增加了预扩后的平端面工步。由于在扩孔过程中大端部位走料较大，其壁厚变薄较快，需在预扩后进行一次平镦工序。采用上平砧进行大端的平端面工作。平端面工步如图 2-55 所示。

经过一系列的操作，最终得到的锻件成品如图 2-56 所示。

图 2-54　扩孔工步

图 2-55　平端面工步

图 2-56　核电锥形环锻件成品

该核电锥形环锻件在扩孔过程中采用小压下量、均匀压下量、多转动的锻造方式，保证均匀扩孔，避免了小端内外圆与大端内外圆不同心现象。在锻件进行预扩孔后，对两端面进行平镦，解决了锥形环锻件的端面凹心问题。通过技术人员和操作人员反复测量控制，最终成功锻造出该锻件。该核电锥形环锻件生产的完成，不仅使该企业在锻造技术方面上了一个新台阶，同时也为该企业在生产核电锥形筒体锻件方面打下了基础。

【工匠精神·榜样的力量】

青涩年华化为多彩绽放，精益求精铸就青春信仰。大国重器的加工平台上，他用极致书写精密人生。胸有凌云志，浓浓报国情，他就是——中国工程物理研究院机械制造工艺研究所高级技师陈行行（图 2-57）。

陈行行从事保卫祖国的核事业，是操作着价格昂贵、性能精良的数控加工设备的新一代技能人员。他精通多轴联动加工技术、高速高精度加工技术和参数化自动编程技术，尤其擅长薄壁类、弱刚性类零件的加工工艺与技术，是一专多能的技术技能复合型人才。他潜心钻研，改进和优化了国家重大专项分子泵项目核心零部件动叶轮叶片的高速铣削工艺。

所获荣誉：全国五一劳动奖章、全国技术能手、四川工匠。

图 2-57　中国工程物理研究院机械制造工艺研究所高级技师陈行行

模锻过程与模具设计

任务一 变速叉锤上模锻过程与模具设计

任务目标

1）掌握锤上模锻特点。
2）掌握锤上模锻件图设计要点。
3）掌握锤上模锻工步、坯料尺寸及设备吨位的确定。
4）掌握锤上模锻锻模结构特点及设计方法。

任务分析

1. 任务介绍

本任务主要是针对轴类零件进行锤上模锻过程与模具设计，以变速叉为例。变速叉属于复杂长轴类锻件，其特点是叉形，截面落差大，外形较复杂，锻造成形与模具加工难度较大。图 3-1 所示为变速叉零件，材料为 45 钢，要求用模锻方法完成毛坯制造。

2. 任务基本流程

通过学习锤上模锻过程内容及锻模设计方法，以变速叉零件为研究对象，依次进行模锻件图设计，锻锤吨位选择，计算毛坯图绘制，模锻变形工步选择，坯料尺寸确定，锤上用锻模设计，锤上模锻工艺流程制订。

理论知识

一、锤上模锻及其工艺特点

锤上模锻是在自由锻、胎模锻基础上最早发展起来的一种模锻生产方法，适合成批或大

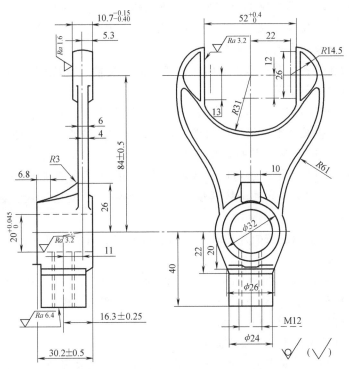

图 3-1　变速叉零件

批量锻件锻制。它是将锤锻模的上、下模块分别固紧在锤头与砧座上，将加热好的金属坯料放入下模的模膛中，借助上模向下的冲击作用，迫使金属在锻模模膛中塑性流动和充填，从而获得与模膛形状一致的锻件。锤上模锻的装备是模锻锤和锤锻模，模锻锤包括蒸汽-空气模锻锤、无砧座锤、高速锤和螺旋锤。蒸汽-空气模锻锤是普遍应用的模锻锤，其结构如图 3-2 所示。常用的锤锻模由上、下两个模块组成，如图 3-3 所示。两模块借助燕尾、楔铁

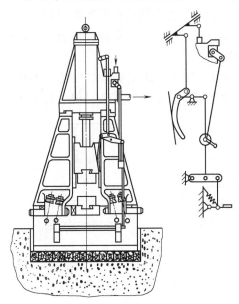

图 3-2　模锻锤结构与操纵系统

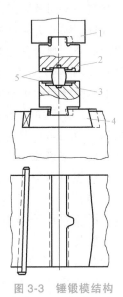

图 3-3　锤锻模结构

1—锤头　2—上模　3—下模　4—模座　5—分模面

和键块分别紧固在锤头和下模座的燕尾槽中。燕尾的作用主要是使模块固定在锤头（或砧座）上，使燕尾底面与锤头（或砧座）底面紧密贴合。楔铁的作用是使模块在左右方向定位。键块的作用是使模块在前后方向定位。

尽管各种模锻新设备、新技术不断出现，然而锤上模锻在模锻生产中仍居重要地位，这是由于锤上模锻具有如下工艺特点：

1）操作灵活，适应性广，可以生产各类形状复杂的锻件，如盘形件、轴类件等；可单模膛模锻，也可以多模膛模锻；可单件模锻，还可以多件模锻或一料多件连续模锻。

2）锤头的行程、打击速度和打击能量均可调节，能实现轻、重、缓、急不同的打击，因而可以实现镦粗、拔长、滚挤、弯曲、成形、预锻和终锻等各类工步。

3）锤上模锻是靠锤头多次冲击坯料使之变形，因锤头运动速度快，金属流动有惯性，所以充填模膛能力强。

4）模锻件的纤维组织是按锻件轮廓分布的，机械加工后仍基本保持完整，从而提高了锻制零件的使用寿命。

5）单位时间内的打击次数多，1~10t 模锻锤为 40~100 次/min，故生产率高。

6）模锻件机械加工余量小，材料利用率高，锻件生产成本较低。

但锤上模锻也存在一些不利的因素：

1）模锻锤投资较大，生产准备周期长。

2）锤上模锻震动大，噪声大，对厂房、设备、工人的劳动条件都有不利影响；而且锻锤底座质量大，搬运安装不便。近年来，16t 以上的模锻锤逐步由其他锻压设备替代。

3）模锻锤的导向较差，工作时的冲击、行程不固定，无顶出装置等因素使锤上模锻件精度不高。

4）由于模锻锤打击速度快，因此对变形速率敏感的低塑性材料不宜在锤上进行模锻。

二、锤上模锻方式与变形特征

锤上模锻有多种不同的方式。如按模膛数目分，则可分为单模膛模锻和多模膛模锻；如按成形锻件数目分，则分为单件模锻和多件模；如按模锻时有无飞边形成，以及金属在锻模模膛内变形的特征分，则可分为开式模锻与闭式模锻。

单模膛模锻（图 3-4）所使用的模具仅有一个模膛，该模膛决定锻件的尺寸和形状，称为终锻模膛。单模膛模锻适用于形状简单的锻件。如果锻件虽然外形复杂，但坯料可在其他设备上制坯，也可采用单模膛锻造。多模膛模锻（图 3-5）是把多个模锻工步所需要的模膛都布置在一个模块上，这样坯料可以在一次加热后连续进行塑性变形。其不足之处是模锻锤和锻模要承受偏心载荷，锻模的结构复杂。

锤上模锻时可采用单件模锻。若锻件外形尺寸不大，锻造时产生的错移力小，则也可考虑采用多件模锻。

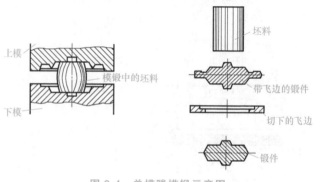

图 3-4　单模膛模锻示意图

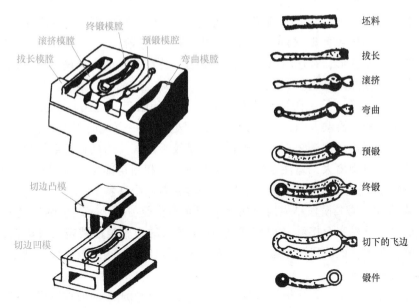

图 3-5　多模膛模锻示意图

（一）开式模锻

开式模锻过程中，上模和下模间的距离不断变化，到变形结束时，上、下模完全接触，即打靠（注：如果是热模锻压力机上模锻，锻模则不能打靠）。其主要特征是：从坯料开始接触模具到上、下模打靠，坯料最大外廓的四周始终是敞开的，打靠后飞边槽的仓部也并未完全充满，在锻造的过程中，多余的金属沿垂直于作用力方向流动，形成横向飞边，又称水平飞边，如图 3-6 所示。飞边既能帮助锻件充满模膛，也可放松坯料体积的要求。飞边属于技术废料，一般在后续工序中切除。

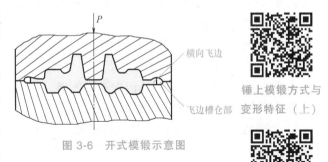

图 3-6　开式模锻示意图

锤上模锻方式与变形特征（上）

开式模锻成形过程中的金属流动

1. 开式模锻成形过程分析

开式模锻的成形过程大体可分为三个阶段，如图 3-7 所示。

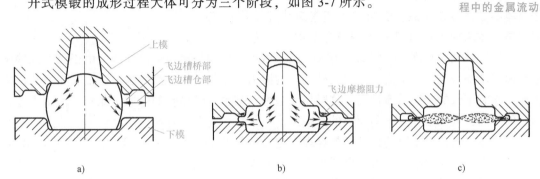

图 3-7　开式模锻成形过程的金属流动

a）镦粗阶段　b）充满模膛阶段　c）打靠阶段

（1）镦粗阶段　在这一阶段，随着上模的下压，坯料在模膛中直径逐渐增大，高度逐渐减小，直到坯料和模膛侧壁接触，则第一阶段结束。此阶段压下量较大，变形力缓慢增加。整个坯料都产生变形，在坯料内部存在分流面，分流面外的金属向模膛四周流动，分流面内的金属向上模膛深处流动。

（2）充满模膛阶段　第一阶段结束后，由于模壁的阻碍，金属自由流动受到限制。继续压缩时，金属有两个流动方向，一个流向模膛深处，另一个流向飞边槽，形成少许飞边。此时模膛最深处和圆角部位尚未充满。随着上模继续下压，飞边槽桥部金属逐渐变薄，金属流入飞边槽的阻力急剧增大，迫使金属流向模膛最深处和圆角部位，直到完全充满模膛。此阶段，压下量较小，变形力快速增大。变形区仍然遍布整个坯料。

（3）打靠阶段　第二阶段结束时金属已完全充满模膛，但上、下模面间还有少许距离，仍须继续下压使上下模完全接触（即打靠），此时多余的金属全部被挤入飞边槽，以保证锻件高度尺寸符合要求。此阶段压下量很小，变形力急剧上升，达到最大值，变形区缩小为模锻件分模面附近的区域。

由以上分析可知，整个开式模锻过程，第二阶段是锻件成形的关键阶段，第三阶段是模锻变形力最大阶段。第三阶段应尽可能小，因为如果第三阶段小的话，就可以减少第三阶段流出的飞边金属，减小模锻所需的载荷，从而减少锻压设备的功能消耗，延长模具寿命，提高劳动生产率。

2. 开式模锻时影响金属成形的主要因素

从开式模锻金属变形过程的分析可以看出，金属的流动情况主要受以下因素影响：

1）模膛的形状和尺寸。

2）飞边槽尺寸，尤其是桥部的尺寸。

3）设备的工作速度和运动特征。

在模锻过程中起重要作用的因素是飞边槽。常见的飞边槽形式如图3-8所示，它包括飞边槽桥部和仓部。飞边槽的主要作用有：

1）阻止金属外流，迫使金属充满模膛，保证锻件尺寸准确。

2）容纳多余金属。

3）缓冲锤击。

模锻坯料尺寸的确定原则是宁大勿小，坯料小则锻件充填不足，造成废品；适当增大坯料则能保证锻件充填完整，多余的金属可流入飞边槽仓部中。飞边槽的桥

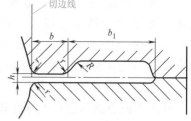

图3-8　飞边槽形式

部是个狭窄区域，高度小，摩擦阻力大，模锻时主要作用是阻止金属外流。由于已形成的飞边金属冷却快，进一步增大了金属向外流动的阻力，迫使金属充满模膛。在金属完全充满模膛后，尚有多余的金属需要排出，这时靠飞边槽仓部来容纳多余的金属。此外，由于飞边金属层的阻隔，可以缓冲上、下模块的直接撞击，从而提高锻模寿命。

设计飞边槽，最主要的任务就是合理确定飞边槽桥部的高度和宽度。桥部高度 h 越小，宽度 b 越大，则阻力越大。为了保证金属充满模膛，希望飞边槽桥部阻力大一些，但是若阻力过大，则会使模锻成形所需的变形功和变形力超出设备的供给，从而造成模锻因打击能量不足而使上、下模不能打靠，对热模锻压力机来说则可能发生超载"闷车"。所以，应根据

模膛充满的难易程度确定所需阻力的大小。
当模膛较易充满时，飞边槽桥部宽度与高
度的比值 b/h 取小些；反之取大些。例如，
对镦粗成形的锻件（图 3-9a），因金属容
易充满模膛，故 b/h 应取小值；而对压入
成形的锻件（图 3-9b），金属充满模膛较
困难，故 b/h 应取大值。图 3-10 所示为复
杂圆饼类锻件飞边槽桥部尺寸与锻件质量
的关系。有时为了增加飞边阻力，还可在
飞边槽桥部设置阻力沟，如图 3-11 所示。

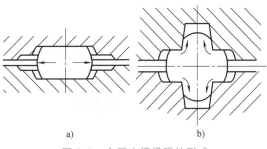

图 3-9　金属充填模膛的形式

a）镦粗成形　b）压入成形

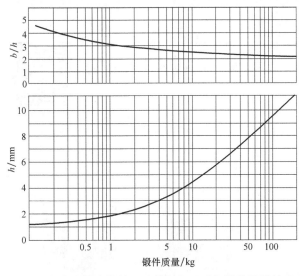

图 3-10　复杂圆饼类锻件飞边槽桥部尺寸与锻件质量的关系

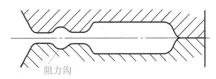

图 3-11　带阻力沟的飞边槽

其次，飞边槽桥部的阻力还与飞边部分坯料金属的温度有关。如果变形过程中此处的温度降低太快，则阻力会急剧增加。在设计飞边槽时，也应当考虑这一重要因素。如在螺旋压力机上模锻时，由于设备每分钟的行程次数少，锻件与锻模接触时间较长，因此螺旋压力机上的锻模飞边槽 b/h 值应该比相当吨位的锤上模锻的锻模小。在具体设计飞边槽时，仅考虑 b/h 值还不够，还应该考虑 b 与 h 值的具体大小。如果 b 和 h 值太小，则飞边槽桥部容易很快磨损或者发生塑性变形。

除了桥部尺寸，飞边槽仓部也应有适当的容积，其大小应按上、下模打靠后，尚未完全被多余金属充满的原则来设计，这样才能保证成批生产的锻件尺寸准确一致。

（二）闭式模锻

闭式模锻即无飞边模锻，它和开式模锻有明显的区别，如图 3-12 所示。一般在锻造过程中，上模和下模的间隙不变，坯料在四周封闭的模膛中成形，不产生横向飞边，少量的多余材料将形成纵向毛刺，该毛刺会在后续工序中除去。

闭式模锻的主要优点是：锻件的几何形状、尺寸精度和表面品质最大限

锤上模锻方
式与变形
特征（下）

度地接近产品，无飞边产生。与开式模锻相比，闭式模锻可以大大提高金属材料的利用率。

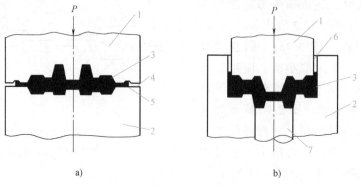

图 3-12　开式模锻和闭式模锻示意图

a) 开式模锻　b) 闭式模锻

1—上模　2—下模　3—锻件　4—分模面　5—飞边和飞边槽　6—间隙　7—顶料杆

另外，由于金属处于三向压应力状态下成形，因此可以对塑性较低的材料进行塑性加工。

1. 闭式模锻的变形过程分析

闭式模锻过程可分为三个阶段（图 3-13）。

（1）基本变形阶段　此阶段上模的压下量为 ΔH_1，由上模与坯料接触，坯料开始变形到坯料与模膛侧壁接触为止，此阶段变形力增加相对较慢。

根据锻件和坯料的不同情况，金属在此阶段的变形流动分别为镦粗成形、压入成形、镦粗兼压入成形等几种方式，可以是整体变形，也可以是局部变形。

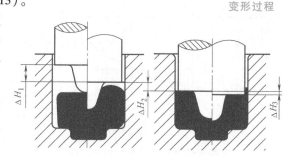

图 3-13　闭式模锻变形过程简图

（2）充填模膛阶段　此阶段上模的压下量为 ΔH_2，由第一阶段结束到金属充满模膛为止，此阶段的变形力比第一阶段可增大 2~3 倍，但压下量 ΔH_2 却很小。

无论在第一阶段以什么方式成形，坯料在第二阶段的变形情况都是类似的。此阶段开始时，坯料端部的锥形区和坯料中心区都处于三向等压（或接近等压）应力状态，不易发生塑性变形。坯料的变形区仅位于未充满处附近的两个刚性区（图 3-14 中坯料的涂黑部位）之间，图中 C 为未充满处角隙的宽度，并且随着变形过程的进行不断缩小。

（3）形成纵向毛刺阶段。此阶段上模的压下量为 ΔH_3。第二阶段末，坯料基本上已经成为不变形的刚性体，只有在极大的模锻力作用下才能使端部的金属产生很小的变形，形成纵向毛刺。毛刺越薄、越高，模锻力 F 越大，模膛侧壁所受的压应力也越大。有研究表明，过大的侧向压应力会导致模膛迅速损坏。

图 3-14 还表示了这一阶段作用于上模和下模模膛侧壁正应力 σ_Z 和 σ_R 的分布情况。

未充满处角隙的宽度越小，模膛侧壁所受的压力 F_Q 越大。坯料高径比 H/D、充满程度 C/D 对模膛侧壁所受的压力 F_Q 和模锻力 F 的比值 F_Q/F 的影响如图 3-15 所示。

由上述分析可看出：

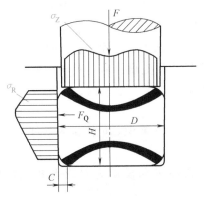

图 3-14　充填模膛阶段变形特点示意图

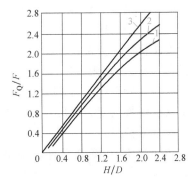

图 3-15　坯料高径比、充满程度对 F_Q/F 的影响
1—$C/D=0.05$　2—$C/D=0.01$　3—$C/D=0.005$

1）闭式模锻过程宜在第二阶段末结束，允许在角隙处有少许充不满。

2）模壁的受力情况与锻件的高径比 H/D 的大小有关。H/D 越小，模壁的受力情况越好。

3）坯料形状和尺寸是否合适，在模膛中定位是否正确，对金属分布的均匀性有重要影响。坯料形状不合适或定位不正确，将会使锻件一边产生毛刺，而另一边未充满。在生产中，整体变形的坯料一般以外形定位，局部变形的坯料则以不变形部分定位。为防止坯料在模锻过程中产生纵向弯曲引起"偏心"变形，对局部镦粗成形的坯料，应使变形部分的 $H_0/D_0 \leqslant 1.4$；对冲孔成形的坯料 $H_0/D_0 \leqslant 0.9 \sim 1.1$。

因此，采用闭式模锻过程的必要条件是：

1）坯料体积准确。

2）坯料形状合理并且能够在模膛内准确定位。

3）设备的打击能量或打击力可以控制。

4）设备上有顶出装置。

由此可见，闭式模锻在模锻锤和热模锻压力机上的应用受到一定的限制，而螺旋压力机、液压机和平锻机则较适合进行闭式模锻。

2. 闭式模锻时影响金属成形的主要因素

从以上对闭式模锻成形过程的分析可以看出：闭式模锻进入第三阶段形成纵向毛刺的条件是模膛内有多余金属，同时模锻设备能提供足够的打击能量或打击力。虽然通常希望在闭式模锻过程中不出现第三阶段，但是坯料体积和模膛体积之间的偏差、打击能量和模锻力等因素都会对金属成形产生很大影响。

（1）坯料体积和模膛体积间的偏差对锻件尺寸的影响　闭式模锻时，忽略纵向毛刺的材料消耗，如果坯料体积和模膛体积之间有偏差 ΔV，将使锻件高度尺寸发生 ΔH 的变化，即

$$\Delta H = \frac{4\Delta V}{\pi D^2} \tag{3-1}$$

式中　D——锻件最大外径。

由式（3-1）可以看出，对于一定形状的锻件，坯料体积和模膛体积之间的偏差 ΔV 对高度尺寸偏差的影响。ΔV 值受两方面因素的影响：一是实际坯料体积的变化，主要是坯料

直径和下料长度的误差、烧损量的变化、实际锻造温度的变化等；二是模膛体积的变化，主要是模膛磨损、设备和模具因工作载荷变化引起的弹性变形量的变化、锻模温度的变化等。

在实际生产中，这些因素对 ΔV 值的影响大多是按照经验或统计数据估算的。

对于液压机和锤类设备，ΔH 仅仅表现为锻件高度尺寸的变化；但是对于行程一定的曲柄压力机类设备，ΔH 则表现为模膛充不满或是产生毛刺。当毛刺过高时，将造成设备超载（热模锻压力机"闷车"，平锻机夹紧滑块保险机构松脱）。

为了保证锻件高度方向尺寸公差满足要求，有时也可以在考虑其他因素的条件下，确定坯料允许的重量公差。

（2）打击能量和模锻力对成形品质的影响　打击能量和模锻力对成形品质的影响见表 3-1。

表 3-1　打击能量和模锻力对成形品质的影响

载荷性质	载荷情况	坯料体积情况	成形情况	
			无限程装置	有限程装置
冲击性载荷	打击能量过大	大	产生毛刺	产生毛刺
		合适		成形良好
		小		充不满
	打击能量合适	大	成形良好，但锻件偏高	
		合适	成形良好，锻件高度符合要求	
		小	成形良好，但锻件偏低	充不满
	打击能量过小	大	充不满	
		合适		
		小		
可控制的静载荷（如液压机）	模锻力过大	大	产生毛刺	产生毛刺
		合适		成形良好
		小		充不满
	模锻力合适	大	成形良好，但锻件偏高	
		合适	成形良好，锻件高度符合要求	
		小	成形良好，但锻件偏低	充不满
	模锻力过小	大	充不满	
		合适		
		小		
不可控制的静载荷（如热模锻压力机、平锻机）	模锻力过大	大	产生毛刺	
	模锻力合适	合适	成形良好，锻件高度符合要求	
	模锻力过小	小	充不满	

三、锤上模锻件的类型

（一）圆饼类锻件

圆饼类锻件一般指在分模面上锻件的投影为圆形或长、宽尺寸相差不大的锻件。模锻时，坯料轴线方向与打击方向相同，金属沿高度、宽度和长度方向同时发生塑性变形。为了去除氧化皮、保证锻件成形品质，这类锻件常利用镦粗台或压扁台制坯。圆饼类锻件根据形状复杂程度又分为简单形状、较复杂形状和复杂形状三组（图3-16）。

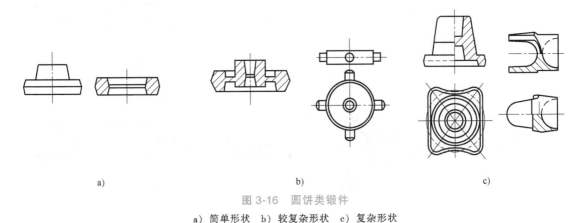

图 3-16　圆饼类锻件

a）简单形状　b）较复杂形状　c）复杂形状

（二）长轴类锻件

长轴类锻件的轴线较长，即锻件的长度尺寸远大于宽度尺寸和高度尺寸。模锻时，坯料的轴线方向与打击方向垂直。在成形过程中，由于金属沿长度方向的变形阻力远大于其他两个方向，因此主要沿高度和宽度方向变形，而沿长度方向的变形很小。所以，如果当锻件沿长度方向截面变化较大时，必须考虑有效的制坯工步，如卡压、拔长、滚挤、弯曲等工步，以保证模膛完全充满。

长轴类锻件虽然多种多样，但按其外形、主轴线、分模线的特征，一般可分为四组。

（1）直长轴锻件　直长轴锻件的主轴线和分模线均为直线，一般采用拔长制坯或滚挤制坯。

（2）弯曲轴锻件　弯曲轴锻件指锻件的主轴线为曲线或锻件的分模线为曲线。在工艺过程措施上，除了可能要拔长制坯或拔长加滚挤制坯外，还要有弯曲制坯或成形制坯。

（3）枝芽类锻件　枝芽类锻件指锻件上带有突出部分，如同枝芽状。因此，为了便于锻出枝芽，除了需要拔长制坯或拔长加滚挤制坯外，还要进行成形制坯或预锻。

（4）叉类锻件　叉类锻件指锻件头部呈叉状，杆部或长或短。针对这两种情况采用的过程措施也不同。若叉类锻件的杆部较短，则除拔长制坯或拔长加滚挤制坯外，还要进行弯曲制坯；若叉类锻件的杆部较长，则需采用带劈料台的预锻模膛预锻，而不需弯曲制坯。

长轴类锻件的分组简图及工艺过程特征列于表3-2。

表 3-2　长轴类锻件的分组简图及工艺过程特征

组别	简图	工艺过程特征
直长轴锻件		一般采用拔长制坯或滚挤制坯

(续)

组别	简图	工艺过程特征
弯曲轴锻件		采用拔长制坯或拔长加滚挤制坯,还要加弯曲制坯或成形制坯
枝芽类锻件		采用拔长制坯或拔长加滚挤制坯,再加成形制坯或增加预锻工步
叉类锻件		采用拔长制坯或拔长加滚挤制坯,对短杆锻件再加弯曲制坯;对长杆锻件再加带劈料台的预锻工步

四、锤上模锻件图设计

模锻生产过程、模锻工艺规程制订、锻模设计与制造、锻件检验等都离不开锻件图。锻件图分为冷锻件图和热锻件图两种。冷锻件图用于最终锻件检验和热锻件图设计,一般将冷锻件图简称为锻件图,它是根据零件图设计的;热锻件图用于锻模设计和加工制造,它根据锻件图设计。设计锻件图时一般应考虑解决下列问题。

(一) 分模面位置的选择

分模面是指打开模具取出锻件的可分合的接触表面。确定分模面位置最基本的原则是保证锻件形状尽可能与零件形状相同,以及锻件容易从锻模模膛中取出。确定分模面时,应考虑以镦粗成形为主,使模锻件容易成形。此外还应考虑有较高的材料利用率。

分模面的位置与模锻方法直接相关,而且它决定着锻件金属纤维(流线)方向。金属纤维方向对锻件性能有较大影响。合理的锻件设计应使最大载荷方向与金属纤维方向一致。若锻件的主要工作受力是多向的,则应设法造成与其相应的多向金属纤维。为此,必须将锻件材料的各向异性与零件外形联系起来选择恰当的分模面,以保证锻件内部的金属纤维方向与主要工作受力一致。

在满足上述原则的基础上,为了保证生产过程可靠和锻件品质稳定,锻件分模位置一般都选择在具有最大轮廓线的地方。此外,还应考虑下列要求。

1)尽可能采用直线分模,如图3-17所示。这样可以使锻模结构简单,便于加工制造,而且可以防止上、下模错移。

2)尽可能将分模位置选在锻件侧面中部,如图3-18所示。这样易于在生产过程中发现上、下模错移。

3)对头部尺寸较大的长轴类锻件可以折线分模,使上、下模膛深度大致相等,尖角处易于充满,如

模锻件分模面的选择方法

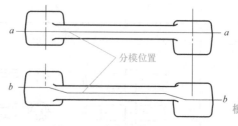

分模位置

图3-17 直线分模防错移

模锻件图的设计内容和绘制方法

图 3-19 所示。

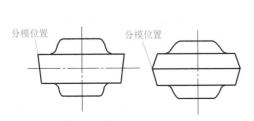

图 3-18　分模位置居中便于发现错模

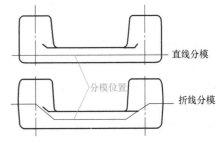

图 3-19　上、下模膛深度大致相等易充满

4）当圆饼类锻件 $H \leqslant (2.5 \sim 3)D$ 时，应采用径向分模，不宜采用轴向分模（图 3-20）。这是因为圆形模膛易于切削加工，能够提高模具加工速度。此外，也使切边模的刃口形状简单、制造方便，还便于锻件内孔加工，提高材料利用率。

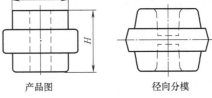

图 3-20　圆饼类锻件分模位置

5）锻件形状较复杂部分应该尽量安排在上模，因为锤上模锻在冲击力的作用下，上模的充填性较好。

6）对金属流线方向有要求的锻件，为避免纤维组织被切断，应尽可能沿锻件截面外形分模，如肋顶分模（图 3-21）。同时还应考虑锻件工作时的受力情况，应使纤维组织与剪应力方向相垂直。

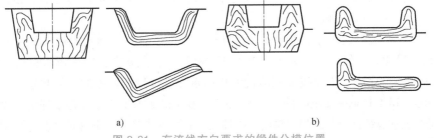

图 3-21　有流线方向要求的锻件分模位置

a）合理　b）不合理

(二) 加工余量和公差的确定

1. 加工余量和尺寸公差

普通模锻方法生产的锻件很难满足机械零件的使用要求，必须通过机械加工后才能使用，主要原因如下。

1）在锻造过程中由于欠压、锻模磨损、上下模错移、坯料氧化和脱碳、合金元素蒸发或其他污染现象、冷却收缩等原因，锻件尺寸很难准确，形状也可能发生翘曲歪扭、表面质量达不到要求。

2）一些带有小孔和凹槽结构的锻件，即使采用可分凹模模锻，难免仍会有不便模锻成形的部位。对于这些部位，需要加上敷料，将锻件简化成可以锻出的形状。

3）对于一些要求 100% 取样试验的重要承力件，或者为了后续检验和机械加工定位，零件的某些部位也需要加上多余的金属。

因此，在设计锻件图时，通常要在零件的表面上多加一层金属，待以后通过机械加工方法切掉，以保证零件的尺寸要求。这种添加在零件外层的多余金属叫作加工余量，简称余量。

普通模锻件的加工余量大小要恰当。余量过大，既浪费材料又增加机加工工时；余量不足，容易增加锻件的废品率。推广精密模锻的目的就是在不影响零件加工品质的前提下，模锻生产小余量的精化坯料。

除了给锻件确定适当大小的加工余量外，还要规定适当的尺寸公差，以保证锻件的加工精度。

锻件加工精度指模锻成形后锻件的实际尺寸、形状位置、表面粗糙度三种几何参数与锻件图上要求的理想几何参数的符合程度。通常用锻件实际尺寸与公称尺寸的偏差来表示锻件的精度。锻件图上的公称尺寸所允许的偏差范围称为尺寸公差，简称公差。

锻件的主要公差项目有：尺寸公差（包括长度、宽度、厚度、中心距、角度、模锻斜度、圆弧半径和圆角半径等），几何公差（包括直线度、平面度、深孔轴的同轴度、错移量、剪切端变形量和杆部变形量等），表面技术要素公差（包括表面粗糙度、毛刺尺寸、残留飞边、顶杆压痕深度及其他表面缺陷等）。但人们最关心的是锻件的尺寸公差。

锻件尺寸公差具有非对称性，即上极限偏差大于下极限偏差。这是由于高度方向影响尺寸发生偏差的主要原因是锻不足，次要原因是模膛底部磨损及分模面压陷引起尺寸变化。模膛磨损和上、下模错移还会增加锻件的水平方向尺寸。此外，下极限偏差规定了锻件尺寸的最小界限，它不宜过大，而上极限偏差的大小不会导致锻件报废；上极限偏差大对稳定加工过程，提高锻模使用寿命有好处，所以有所放宽。锻件的最大允许尺寸是锻件公称尺寸加上上极限偏差，锻件的最小允许尺寸是锻件公称尺寸减去下极限偏差。为了控制锻件实际尺寸的偏差范围，人们规定了适当的锻件尺寸公差，这对于控制模具使用寿命和锻件检验都很必要。

2. 余量和公差大小的确定

目前各企业所采用的锻件加工余量和尺寸公差标准不统一。确定锻件机械加工余量和公差的方法也不尽相同，但一般都离不开查表法和经验法，主要有按锻件形状和尺寸确定锻件余量和公差的"尺寸法"以及按锻锤吨位大小确定锻件余量和公差的"吨位法"。

国家标准 GB/T 12362—2016 对钢质模锻件的公差及机械加工余量进行了规定。模锻件的加工余量，可根据估算锻件质量、加工精度及锻件复杂系数查表确定。锻件尺寸公差可根据锻件的尺寸、质量、精度等级、形状以及锻件材质等因素查表确定。但各项公差值不应互相叠加。

影响锻件余量和公差的因素及其确定方法如下。

（1）锻件的形状　锻件形状的复杂程度由形状复杂系数 S 表示。S 是锻件质量或体积（m_f，V_f）与其外廓包容体的质量或体积（m_N，V_N）的比值，即

$$S = \frac{m_f}{m_N} = \frac{V_f}{V_N}$$

余量公差标准中，将锻件形状复杂系数分四级，见表 3-3。

表 3-3　锻件形状复杂程度等级

代号	组别	形状复杂系数值	形状复杂程度
S_1	I	0.63~1.0	简单

（续）

代号	组别	形状复杂系数值	形状复杂程度
S_2	Ⅱ	0.32~0.63	一般
S_3	Ⅲ	0.16~0.32	较复杂
S_4	Ⅳ	≤0.16	复杂

（2）锻件材质 锻件材质由锻件材质系数按锻压的难易程度划分等级，材质系数不同，公差不同。航空模锻件的材质系数分为四类：

M_0——铝、镁合金；

M_1——低碳低合金钢（w_C<0.65%，且 Mn，Cr，Ni，Mo，V，W 总质量分数在 5% 以下）；

M_2——高碳高合金钢（w_C≥0.65%，或 Mn，Cr，Ni，Mo，V，W 总质量分数在 5% 以上）；

M_3——不锈钢、高温耐热合金和钛合金。

（3）锻件的公称尺寸和质量 根据锻件图的公称尺寸计算锻件的质量，再按质量和尺寸查表确定锻件余量和公差，在锻件图未设计前，可根据锻件大小初定余量进行计算。

（4）模锻件的精度 模锻件的精度与所使用的锻压设备类型、分模形式和模具状况有关。如锻锤、热模锻压力机、平锻机、螺旋压力机等每一种锻压设备的导向精度不同，运动特性不同，模锻过程也有差异。

如平直分模及对称弯曲分模较不对称弯曲分模产生的错移程度低，余量和公差自然不同。此外，模具材质、强度不同，磨损程度不同，余量和公差也有所差别。

模锻件的公差一般可根据模锻件的技术要求，本厂设备、技术水平、批量大小及经济合理性等因素分为以下三级。

1）普通级，指用一般模锻方法能达到的精度公差。

2）精密级，指用精锻方法能达到的精度公差。精密级锻件公差可根据需要自行确定。

3）半精密级，指处于普通级公差和精密级公差之间的公差。

可以采用以锻件形状和尺寸大小为依据的"尺寸法"查有关手册，确定锻件加工余量、高度尺寸公差和水平尺寸公差。

在查表确定锻件加工余量和公差时，应注意如下几个问题。

1）一般表中的余量适用于表面粗糙度值 Ra = 3.2~12.5μm。当表面粗糙度值 Ra≥25μm 时，应将该处余量减少 0.25~0.5mm；当表面粗糙度值 Ra≤1.6μm 时，应将该处余量增加 0.2~0.5mm。

2）对于台阶轴类模锻件，当其端部的台阶直径与中间的台阶直径差别较大时，可将端部台阶直径的单边余量增大 0.5~1.0mm。

3）如果机械加工的基准面已经确定，可将基准面的余量适当减少。

还可采用以锻锤吨位大小为依据的"吨位法"确定锻件加工余量和尺寸公差，以锻件尺寸大小确定锻件自由公差。

（三）模锻斜度的选择

为了便于将成形后的锻件从模膛中取出，在锻件上与分模面相垂直的平面或曲面上必须加上一定斜度的余料，这个斜度就称为模锻斜度。锻件外壁的斜度称为外模锻斜度 α，锻件内壁的斜度称为内模锻斜度 β（图 3-22）。锻件成形后，随着温度的下降，外模锻斜度上的金属由于收缩而有助于锻件出模。

内模锻斜度上的金属由于收缩反而将模膛的凸起部分夹得更紧。所以，在同一锻件上，内模锻斜度比外模锻斜度大。

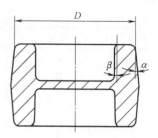

图 3-22　模锻斜度示意图

很明显，加上模锻斜度后会增加金属损耗和机加工工时，因此应尽量选用较小的模锻斜度，同时要注意充分利用锻件的固有斜度。表 3-4 是各种金属锻件的模锻斜度。

模锻斜度与模具的模膛内壁斜度相对应。模膛内壁斜度是用标准指形齿轮铣刀加工而成的，所以选择模锻斜度时应该尽量选用 3°、5°、7°、10°、12°等标准度数，以便与铣刀规格相一致。为了减少铣削加工的换刀次数，可选内、外模锻斜度为同一数值。

表 3-4　各种金属锻件的模锻斜度

锻件材料	外模锻斜度	内模锻斜度
铝、镁合金	3°、5°（精锻时为 1°、3°）	5°、7°（精锻时为 3°、5°）
钢、钛、耐热合金	5°、7°（精锻时为 3°、5°）	7°、10°、12°（精锻时为 5°、7°、9°）

模锻斜度的公差值为±30′和±1°。

（四）圆角半径的确定

为了使金属易于流动和充满模膛，提高锻件品质并延长模具寿命，锻件上凸起和凹下的部位均应带有适当的圆角，不允许出现锐角，如图 3-23 所示。

凸圆角的作用是避免锻模在热处理时和模锻过程中因应力集中导致开裂，也使金属易于充满相应的部位。凹圆角的作用是使金属易于流动，防止模锻件产生折叠，防止模膛过早磨损和被压塌。

生产上把模锻件的凸圆角半径称为外圆角半径 r，凹圆角半径称为内圆角半径 R（图 3-23）。适当加大圆角半径，对防止锻件转角处的流线被切断、提高模锻件品质和提高模具寿命有利。然而，增加外圆角半径 r 将会减少相应部位的机加工余量，增加内圆角半径 R 将会加大相应部位的机加工余量，增加材料损耗。对某些复杂锻件，内圆角半径 R 过大，也会使金属过早流失，造成局部充不满现象。

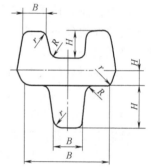

图 3-23　圆角半径的相关尺寸

圆角半径的大小与模锻件各部分高度以及高度与宽度的比值 H/B 有关，可按照表 3-5 给出的公式进行计算。

表 3-5　圆角半径计算表

H/B	r/mm	R/mm
≤2	$0.05H+0.5$	$2.5r+0.5$
>2~4	$0.06H+0.5$	$3.0r+0.5$
>4	$0.07H+0.5$	$3.5r+0.5$

为保证锻件外圆角处的最小机械加工余量，可按下式对外圆角半径 r 进行校核，即在由表 3-5 计算的值和下式的计算值中取大值：

$$r = 余量 + \alpha \tag{3-2}$$

式中　α——零件相应处的圆角半径或倒角值。

为了适应制造模具所用刀具的标准化，可按照下列序列值（单位：mm）设计圆角半径：1.0，1.5，2.0，2.5，3.0，4.0，5.0，6.0，8.0，10.0，12.0，15.0。当圆角半径大于15mm后，按以5mm为递增值生成序列选取。

应当指出，在同一锻件上选定的圆角半径规格应该尽量一致，不宜过多。

（五）模锻件图的绘制及技术条件

模锻件图（冷锻件图）是在零件图的基础上加上机械加工余量后绘制而成的图。绘图时，锻件外形用粗实线表示，零件外形用双点画线表示，以便了解各处的加工余量是否满足要求。锻件的公称尺寸与公差标注在尺寸线上方，尺寸线下方标注零件的公称尺寸，并加括号。对于有连皮的锻件，冷锻件图上不要绘出连皮形状和尺寸，这是因为供检验用的锻件上连皮已被切除。

有关锻件品质的其他检验要求，凡是在图上无法表示的，均在技术条件中加以说明。一般的技术条件内容如下。

1）锻件热处理过程及硬度要求，锻件测硬度的位置。

2）未注明的模锻斜度和圆角半径。

3）允许的表面缺陷深度（包括加工表面和非加工表面）。

4）允许的错移量和残余飞边的宽度。

5）表面清理方法。

6）需要取样进行金相组织检验和力学性能试验时，应注明在锻件上的取样位置。

7）其他特殊要求，如锻件同心度、弯曲度等。

五、模锻变形工步的选择

任何一种锻件在投入生产前，首先必须根据其形状尺寸、性能要求、生产批量和所具备的生产条件，确定模锻工艺方案，制订模锻生产的全部工艺规程。一般的模锻流程包括：下料、加热、模锻、切边冲连皮、热处理、精压与校正、表面清理及检验等工序。

模锻工序是模锻过程中最关键的组成部分，它决定采取什么工步来生产所需的锻件。锤上模锻工序包括以下三类工步。

（1）模锻工步 模锻工步包括预锻工步和终锻工步。终锻工步的作用是使经制坯的坯料得到冷锻件图所要求的形状和尺寸。预锻工步的作用是按照锻件图的要求和金属的流动规律，较细致地分配坯料的体积，得到介乎中间坯料和终锻件之间而接近终锻件的过渡形状。每类锻件都需要终锻工步，而预锻工步应根据具体情况决定是否采用。例如，模锻那些容易产生折叠和不易充满的锻件时，常采用预锻工步。

（2）制坯工步 制坯工步包括镦粗、拔长、滚挤、成形、弯曲等工步。制坯工步的作用是按照锻件图的要求，合理分配坯料体积，以求得到适应锻件横截面形状和尺寸的中间坯料。

（3）切断工步 切断工步的作用主要是当采用一料多件模锻时，切断已锻好的锻件，以便能继续锻造下一个锻件；或是用来切断钳口。

制订模锻工艺过程的主要任务是选择制坯工步。圆饼类和长轴类锻件的制坯工步有很大区别，因而其确定方法互不相同。

（一）圆饼类模锻件制坯工步选择

圆饼类模锻件一般使用镦粗制坯，形状复杂的宜用成形镦粗制坯。不过在特殊情况下，也有用拔长、滚挤或压扁制坯的，见表3-6。

表 3-6　圆饼类模锻件制坯工步示例

序号	模锻件简图	变形工步	说明
1		自由镦粗 终锻	一般齿轮锻件
2		自由镦粗 成形镦粗 终锻	轮毂较高的法兰锻件
3		拔长 终锻	轮毂特高的法兰锻件
4		自由镦粗 压扁 终锻	平面接近圆形的锻件

圆饼类模锻件的坯料采用镦粗制坯，目的是避免终锻时产生折叠，兼有除去氧化皮的作用。在确定坯料镦粗后的尺寸时，尚需明确以下几点。

1）轮毂较矮的锻件（图 3-24），为了防止轮毂和轮缘间产生折叠，镦粗后直径 $D_镦$ 应满足 $D_1 > D_镦 > D_2$。

2）轮毂较高的锻件（图 3-25），为了防止轮毂和轮缘间产生折叠，镦粗后直径 $D_镦$ 应满足 $\dfrac{D_1 + D_2}{2} > D_镦 > D_2$。

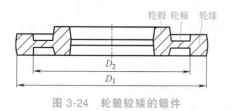

轮毂　轮幅　轮缘

图 3-24　轮毂较矮的锻件

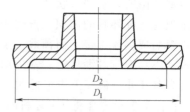

图 3-25　轮毂较高的锻件

3）轮毂高且有内孔和凸缘的锻件（图 3-26），为保证锻件充满并便于坯料在终锻模膛中放稳，宜采用成形镦粗。镦粗后的坯料尺寸应符合下列条件：

$$H'_1 > H_1, D'_1 \leq D_1, d' \leq d$$

（二）长轴类模锻件制坯工步选择

长轴类模锻件有直长轴件、弯曲轴件、带枝芽长轴件和带叉长轴件等。由于形状的需要，长轴类模锻件的模锻工序有拔长、滚挤、弯曲、卡压、成形等制坯工步，参见表 3-7。

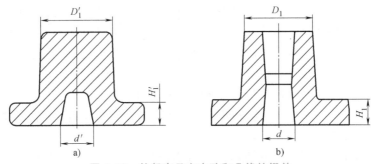

图 3-26 轮毂高且有内孔和凸缘的锻件

a) 坯料 b) 锻件

表 3-7 长轴类模锻件制坯工步示例

模锻件类型	模锻件简图	变形工步简图	制坯工步说明
直长轴件			拔长 滚挤
弯曲轴件			拔长 滚挤 弯曲
带枝芽长轴件			拔长 成形
带叉长轴件			拔长 滚挤

长轴类模锻件制坯工步可根据模锻件轴向横截面积变化的特点确定，要使坯料在终锻前金属体积分布与模锻件的要求一致。按金属流动效率，制坯工步的优先次序是：拔长工步、滚挤工步和卡压工步。为了得到弯曲轴模锻件或带枝芽、带叉长轴件，还要用到弯曲和成形工步。

拔长、滚挤和卡压三种制坯工步，可以计算毛坯为基础，参照经验图表资料，结合具体生产情况确定。对于有一定生产实践经验的技术人员，也可用经验类比法选定制坯工步。

一般计算步骤如下。

（1）绘制计算毛坯的截面图和直径图　以模锻件图为依据，沿模锻件轴线做若干个横截面，计算出每个横截面的面积，同时加上飞边处的金属面积，即

$$F_{计} = F_{锻} + 2\eta F_{飞} \tag{3-3}$$

式中　$F_{计}$——计算毛坯的截面积（mm^2）；

　　　$F_{锻}$——模锻件的截面积（mm^2）；

　　　η——飞边充满系数，形状简单的模锻件取 $0.3 \sim 0.5$，形状复杂的取 $0.5 \sim 0.8$；

　　　$F_{飞}$——飞边槽的截面积（mm^2）。

计算毛坯的截面图就是以模锻件轴线为横坐标，计算毛坯的截面积为纵坐标绘出的曲线。该曲线下的面积就是计算毛坯的体积。

根据计算毛坯的截面积可以得到计算毛坯直径，即

$$d_{计} = \sqrt{\frac{4}{\pi} F_{计}} \tag{3-4}$$

式中　$F_{计}$——计算毛坯的截面积（mm^2）。

计算毛坯的直径图是以模锻件轴线对称轴，计算毛坯的半径为纵坐标绘出的对称曲线。一张完整的计算毛坯图包括三个部分，即模锻件的主视图、截面图和直径图，如图 3-27 所示。

（2）计算平均直径　将计算毛坯的体积 $V_{计}$ 除以模锻件长度 $L_{锻}$ 或模锻件计算毛坯长度 $L_{计}$，可得到平均截面积 $F_{均}$ 和平均直径 $d_{均}$，即

$$F_{均} = \frac{V_{计}}{L_{计}}, d_{均} = \sqrt{\frac{4}{\pi} F_{均}} \tag{3-5}$$

式中　$V_{计}$——计算毛坯的体积（mm^3）；

　　　$L_{计}$——计算毛坯的长度（mm），

　　　$L_{计} = L_{锻}$。

（3）确定计算毛坯的头部及杆部　将平均截面积 $F_{均}$ 在截面图上用虚线绘出，平均直径 $d_{均}$ 在图上也用虚线绘出（图 3-27）。大于平均直径的部分称为头部，反之称为

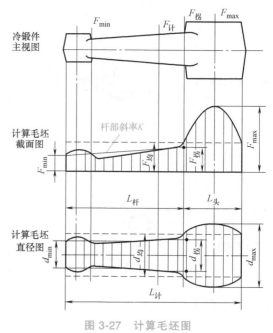

图 3-27　计算毛坯图

杆部。

如果选用的坯料直径恰与计算毛坯的平均直径相等，并且不制坯进行模锻，将导致头部金属不足而杆部金属多余。为了使模锻件顺利成形，应选择合适的坯料直径和制坯工步。

（4）计算过程繁重系数 制坯工步的基本任务是完成金属的轴向分配，该任务的难易可用下列三个金属变形过程繁重系数描述：

$$\alpha = \frac{d_{\max}}{d_{均}} \tag{3-6}$$

$$\beta = \frac{L_{计}}{d_{均}} \tag{3-7}$$

$$K = \frac{d_{拐} - d_{\min}}{L_{杆}} \tag{3-8}$$

式中 α——金属流入头部的繁重系数；

$d_{\max}$——计算毛坯的最大直径（mm）；

$d_{均}$——计算毛坯的平均直径（mm）；

β——金属沿轴向变形的繁重系数；

$d_{\min}$——计算毛坯的最小直径（mm）；

K——计算毛坯的杆部斜率；

$d_{拐}$——计算毛坯拐点处直径（mm），可由拐点处截面积换算得出。

α 值越大，表明金属往头部流动的金属越多；β 值越大，表明金属轴向流动的距离越长；K 值越大，表明杆部锥度大，杆部的金属越过剩。此外，锻件质量 m 越大，表明金属的变形量越大，制坯更困难。

（5）查图确定制坯工步 根据生产经验绘制的工步方案选择图如图3-28所示。可将上述系数 α、β、K 和 m 分别代入图中，查找出制坯工步的初步方案。图中"开滚"指开式滚挤制坯，"闭滚"指闭式滚挤制坯。

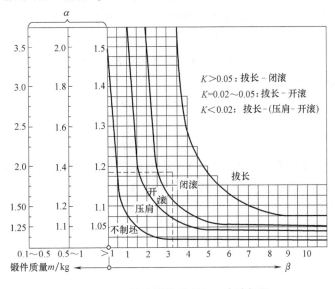

图3-28 长轴类模锻件制坯工步选择图

必须指出：制坯工步的选择并非易事，需要在工作中不断完善并注意积累经验。

六、坯料尺寸的确定

根据模锻件形状、飞边尺寸、加热方法等，计算锻造坯料的体积，然后选择坯料规格，计算下料长度。

锻造坯料的体积计算中应当包括锻件本体、飞边、连皮、夹钳料头和坯料加热氧化引起的烧损等。

（一）圆饼类模锻件

这类模锻件一般用镦粗制坯，所以坯料尺寸以镦粗变形为依据进行计算。

坯料体积为

$$V_坯 = (1+k)V_锻 \qquad (3-9)$$

坯料直径为

$$d_坯 = 1.13\sqrt[3]{\frac{V_坯}{M}} \qquad (3-10)$$

式中　k——宽裕系数，它综合了模锻件复杂程度、飞边体积和火耗量的影响。对圆形模锻件，$k = 0.12 \sim 0.25$，对非圆形模锻件，$k = 0.2 \sim 0.35$；

　　　$V_锻$——模锻件本体体积；

　　　M——坯料高度与直径的比值，一般取 $1.8 \sim 2.2$。

坯料下料长度为

$$L_坯 = \frac{4V_坯}{\pi d'^2_坯} \qquad (3-11)$$

式中　$d'_坯$——所选规格坯料的直径。

（二）长轴类模锻件

这类模锻件的坯料尺寸计算以计算毛坯截面图上的平均截面积为依据，并考虑不同制坯工步的需要，算出各种模锻方法所需的坯料截面积。具体计算方法如下。

（1）不用制坯工步时

$$F_坯 = (1.02 \sim 1.05)F_均 \qquad (3-12)$$

（2）用卡压或成形制坯时

$$F_坯 = (1.05 \sim 1.3)F_均 \qquad (3-13)$$

（3）用滚挤制坯时

$$F_坯 = (1.05 \sim 1.2)F_均 \qquad (3-14)$$

以上各式中，$F_坯$ 是坯料截面积；$F_均$ 是计算毛坯图上的平均截面积。模锻件只有一头一杆时，应选大的系数；模锻件为两头一杆时，则应选小的系数。

（4）用拔长制坯时

$$F_坯 = F_拔 = \frac{V_头}{L_头} \qquad (3-15)$$

式中　$V_头$——包括氧化皮在内的模锻件头部体积（mm^3）；

　　　$L_头$——模锻件头部长度（mm）。

（5）用拔长和滚挤制坯时

$$F_坯 = F_拔 - K(F_拔 - F_滚) \tag{3-16}$$

应当指出，制坯操作时先拔长后滚挤，拔长过程中金属沿轴向流动会使坯料长度增加；滚挤时头部能获得一定程度的聚料作用，所以在确定坯料的截面积时，要考虑滚挤作用，适当减少坯料的截面积，其减少部分为 $K(F_拔 - F_滚)$，K 为金属坯料直径图杆部的斜率。在用式（3-14）计算 $F_滚$ 时，应取系数为 1.2。

对上述各种情况，求出坯料截面积后，按照材料规格选取标准直径或边长，然后确定坯料下料长度 $L_坯$

$$L_坯 = \frac{V_坯}{F'_坯} + l_钳 \tag{3-17}$$

式中　$V_坯$——坯料体积（mm^3），$V_坯 = (V_锻 + V_飞)(1+\delta)$，$\delta$ 为火耗率，可查表选取；

　　　$F'_坯$——所选规格坯料的截面积（mm^2）；

　　　$l_钳$——锻钳夹头长度（mm）。

七、模锻设备的选择和模锻力的计算

模锻过程必须在一定的设备上进行，模锻变形力和变形功是选择模锻设备的依据。

模锻锤是定能量的锻压设备，其公称吨位由落下部分的总质量定义。模锻锤吨位与终锻成形时所需的最大打击能量一致，可由金属塑性变形理论算出。但模锻件的形状一般都比较复杂，理论计算结果与实际情况误差很大。生产实践中，模锻锤的吨位可按下列经验公式确定。

双作用锤：　　　　　$m = (3.5 \sim 6.3)KA \tag{3-18}$

单作用锤：　　　　　$m_1 = (1.5 \sim 1.8)m \tag{3-19}$

无砧座锤：　　　　　$E = (20 \sim 25)m \tag{3-20}$

式中　m、m_1——模锻锤落下部分质量（kg）；

　　　K——材料系数，由表3-8查得；

　　　A——锻件和飞边（仓部按 50% 计算）在水平面上的投影面积（cm^2）；

　　　E——无砧座锤的能量（J）。

表 3-8　材料系数 K

材料	碳素钢 （$w_C < 0.25\%$）	碳素钢 （$w_C \geqslant 0.25\%$）	低合金钢 （$w_C < 0.25\%$）	低合金钢 （$w_C \geqslant 0.25\%$）	高合金钢 （$w_C < 0.25\%$）	合金工具钢
K	0.9	1.0	1.0	1.15	1.25	1.55

各公式中的小系数用于形状简单的模锻件，大系用于形状复杂的模锻件，一般形状的模锻件可取中间值。

应该注意，模锻锤是以落下部分总质量提供的能量完成成形的，如果模锻件成形所需的力较大，在一次打击中产生的变形量就较小。为了达到规定的变形量，可以采用多打几锤的办法。然而模锻锤的打击能量不易精确控制，如果模锻锤的能量过小，锻件会在连续打击中温度降低，致使金属材料的塑性变差，出现开裂。如果模锻锤的能量过大，则多余的能量要由模具和锤杆吸收，常产生较大的纵向毛刺和造成锻件不易脱模，降低模具和锤杆的使用寿命。

八、锤锻模模膛设计

(一) 终锻模膛设计

任何锻件的模锻过程都必须有终锻，都要用终锻模膛。终锻模膛是锻模上所有模膛中最主要的模膛，用来完成锻件的最终成形，模锻件最终的几何形状和尺寸均靠终锻模膛保证。

终锻模膛通常由模膛本体、飞边槽和钳口三部分组成，通过终锻模膛可以获得带飞边的锻件。终锻模膛本体是按热锻件图加工制造和检验的，所以设计终锻模膛，须先设计热锻件图。

1. 热锻件图的制定和绘制

热锻件的尺寸是将冷锻件的所有尺寸计入收缩率而得到的。

$$L = l(1+\delta) \tag{3-21}$$

式中 L——热锻件的尺寸（mm）；

l——冷锻件的尺寸（mm）；

δ——终锻温度下金属的收缩率。

钢锻件的收缩率一般取 1.2%~1.5%；钛合金锻件取 0.5%~0.7%；铝合金锻件取 0.8%~1.0%；铜合金锻件取 1.0%~1.3%；镁合金锻件取 0.8%左右。

加放收缩率时，对无坐标中心的圆角半径不加放收缩率；对于细长的杆类锻件、薄的锻件、冷却快或打击次数较多而终锻温度较低的锻件，收缩率取小值；带大头的长杆类锻件，可根据具体情况将较大的头部和较细杆部取不同的收缩率。

由于终锻温度难以准确控制，不同锻件的准确收缩率往往需要在长期实践中综合分析总结。

为了保证锻出合格的锻件，一般情况下，热锻件图形状与锻件图形状完全相同。但在某些情况下，需将热锻件图尺寸作适当的改变以适应锻造过程要求。

1）终锻模膛易磨损处，应在锻件相应部位预留磨损量，以保证锻件合格率，延长锻模寿命。如图 3-29 所示的齿轮锻件，其模膛中的轮辐部位容易磨损，使锻件的轮辐厚度增加。因此，应将热锻件图上的尺寸 A 比锻件图上的相应尺寸减小 0.5~0.8mm。

2）锻件形状复杂且较高的部位应尽量放在上模。在特殊情况下要将复杂且较高的部位放在下模时，易使锻件在该处表面"缺肉"。这是由于下模局部较深处易积聚氧化皮。如图 3-30 所示的曲轴，可在其热锻件图相应部位加深约 2mm。

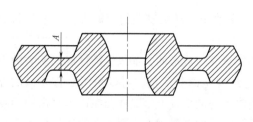

图 3-29 齿轮锻件

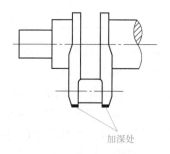

加深处

图 3-30 曲轴锻件局部加厚

3）当设备的吨位偏小，上、下模有可能不打靠时，应使热锻件图高度尺寸比锻件图上相应高度减小（接近下极限偏差或更小一些），以抵消模锻不足的影响。相反，当设备吨位偏大或锻模承击面偏小时，可能会产生承击面塌陷，应适当增加热锻件图高度尺寸，其值应接近上极限偏差，以保证在承击面下陷时仍可锻出合格锻件。

4）锻件的某些部位在切边或冲孔时易产生变形而影响加工余量时，应在热锻件图的相应部位增加一定的弥补量，以提高锻件的合格率，如图 3-31 所示。

5）有些如图 3-32 所示的形状特别的锻件，不能保证坯料在下模膛内或切边模内准确定位，在锤击过程中，可能会因为转动而导致锻件报废，因此在热锻件图上需增加定位余块，以保证多次锻击过程中的定位以及切飞边时的定位。

此外，热锻件图在尺寸标注时，高度方向尺寸应以分模面为基准，以便于锻模机械加工和准备检验样板；在热锻件图中不需注明锻件公差和技术条件，也不绘制零件的轮廓线；如有需锻出的孔，则需绘出冲孔连皮。

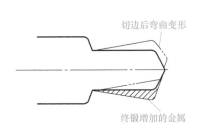

图 3-31　切边或冲孔易变形锻件

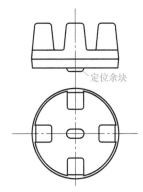

图 3-32　需增设定位余块的锻件

2. 冲孔连皮及其设计

具有通孔的零件，在模锻时不能直接锻出通孔，所锻成的不通孔内留一层具有一定厚度的金属层，称为冲孔连皮。可利用切边压力机切除冲孔连皮。模锻时锻出不通孔是为了使锻件更接近零件形状，减少金属消耗、缩短机加工工时。

连皮的厚度 s 要适当，过薄易发生锻不足，而且容易导致模膛凸起部分打塌；过厚虽然可以避免或减轻上、下锻模刚性接触损坏，但切除连皮困难，而且浪费金属。一般情况下，当锻件内孔直径小于 30mm 时，孔可不锻出。当锻件内孔直径大于 30mm 时，可考虑冲孔，需合理设计冲孔连皮的形状和尺寸。

各种连皮的形式及其使用条件如下。

（1）平底连皮　这是常用的连皮形式，其厚度 s（mm）可根据图 3-33 确定，也可按照下述经验公式计算：

$$s = 0.45\sqrt{d - 0.25h - 5} + 0.6\sqrt{h} \tag{3-22}$$

式中　d——锻件内孔直径（mm）；

　　　　h——锻件内孔深度（mm）。

因模锻成形过程中金属流动激烈，连皮上的圆角半径 R_1 应比内圆角半径 R 大，可按下式确定：

$$R_1 = R + 0.1h + 2mm$$

（2）斜底连皮　当锻件内孔较大（$d > 2.5d_1$ 或 $d > 60mm$），采用平底连皮锻造时，锻件内孔处的多余金属不易向四周排出，容易在连皮周边产生折叠，冲头部分也容易过早磨损或压塌，此时应采用斜底连皮，如图3-34所示。由于增加了连皮周边的厚度，因此既有助于排出多余金属，又可避免折叠的形成。

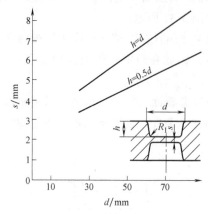

图3-33　平底连皮的选择线图

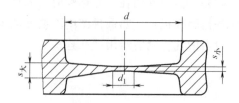

图3-34　斜底连皮

斜底连皮的有关尺寸如下：

$$s_大 = 1.35s$$
$$s_小 = 0.65s$$
$$d_1 = (0.25 \sim 0.35)d \tag{3-23}$$

式中　s——中心部位厚度，与采用平底连皮时的厚度相同，按图3-33确定；

d_1——中心部位直径。它的正确设计能保证冲头边缘有一定的斜度，使坯料在模腔中放置准确及便于模锻时金属流动。

这种连皮的主要缺点是在冲切连皮时容易引起锻件形状走样。

（3）带仓连皮　如果锻件要经过预锻成形和终锻成形，在预锻模腔中可采用斜底连皮，在终锻模腔中可采用带仓连皮（图3-35）。

带仓连皮的厚度 s 和宽度 b 可按飞边槽桥部高度 h 和桥部宽度 b 确定。仓部体积应能够容纳预锻厚斜底连皮上多余的金属。

带仓连皮的优点是，周边较薄，可避免冲切时的形状走样。

（4）压凹　如果锻件内孔直径较小，例如连杆小头的内孔，不易锻出连皮，可改为压凹形式，如图3-36所示。其目的不在于节省金属，而是通过压凹变形达到小头部分饱满成形。

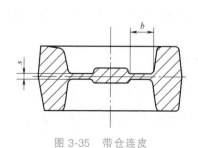

图3-35　带仓连皮

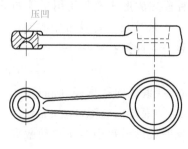

图3-36　压凹

3. 飞边槽及其设计

锤上模锻为开式模锻，一般终锻模膛周边必须有飞边槽，其主要作用是增加金属流出模膛的阻力，迫使金属充满模膛。飞边槽还可容纳多余金属。锻造时飞边还能起缓冲作用，减弱上模对下模的打击，使模具不易压塌和开裂。此外，飞边处厚度较薄，便于切除。

（1）飞边槽的结构形式　飞边槽一般由桥部与仓部组成，其结构形式如图 3-37 所示。

形式Ⅰ：标准型，一般都采用此种形式。其优点是桥部在上模，模锻时受热时间短，温升较低，桥部不易压塌和磨损。

形式Ⅱ：倒置型，当锻件的上模部分形状较复杂，为简化切边冲头形状，切边需翻转时，采用此形式。当上模无模膛，整个模膛完全位于下模时，采用此形式的飞边槽简化了锻模的制造。

形式Ⅲ：双仓型，此种结构的飞边槽特点是仓部较大，能容纳较多的多余金属，适用于大型和形状复杂的锻件。

形式Ⅳ：不对称型，此种结构的飞边槽加宽了下模桥部，提高了下模寿命。此外，仓部较大，可容纳较多的多余金属。用于大型、复杂锻件。

形式Ⅴ：带阻力沟型，更大地增加金属外流阻力，迫使金属充满

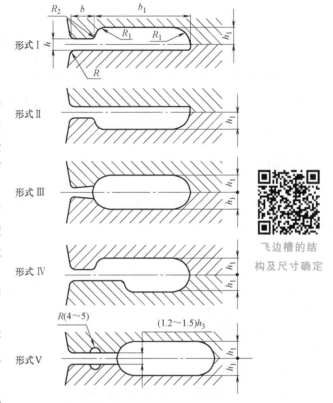

飞边槽的结构及尺寸确定

图 3-37　飞边槽的结构形式

深而复杂的模膛。多用于锻件形状复杂、难以充满的部位，如高肋、叉口与枝芽等处。

（2）飞边槽尺寸的确定　飞边槽的主要尺寸是桥部高度 h 及宽度 b。桥部高度 h 增大，阻力减小；桥部宽度 b 增加，阻力增加。在成形过程中如阻力过大，则会导致锻不足，锻模过早磨损或压坍；如阻力太小，则会产生大的飞边，模膛不易充满。

设计锤上飞边槽尺寸有如下两种方法。

1）吨位法。按设备吨位来选定飞边槽尺寸，见表 3-9。吨位法是从实际生产中总结出来的，应用简单方便，但因为未考虑锻件的形状复杂程度，所以准确性差。

2）计算法。根据锻件在分模面上的投影面积，利用经验公式计算求出桥部高度 h，然后根据 h 查表（详见《锻模设计手册》）确定其他有关尺寸。如：

$$h = 0.015\sqrt{F} \tag{3-24}$$

式中　F——锻件在分模面上的投影面积（mm^2）。

表 3-9　飞边槽尺寸与锻锤吨位的关系

锻锤吨位/kN	h/mm	h_1/mm	b/mm	b_1/mm	r/mm	备注
10	1~1.6	4	8	22~25	1.5	齿轮锁扣 $b_1=30mm$
20	1.8~2.2	4	10	25~30	2.5	齿轮锁扣 $b_1=40mm$
30	2.5~3.0	5	12	30~40	3	齿轮锁扣 $b_1=45mm$
50	3.0~4.0	6	12~14	40~50	3	齿轮锁扣 $b_1=55mm$
100	4.0~6.0	8	14~16	50~60	3	
160	6.0~9.0	10	16~18	60~80	4	

　　模锻锤吨位偏大时，要防止金属过快向飞边槽流动，应减小 h 值。模锻锤吨位偏小时，应减小飞边的变形阻力，以防止锻不足。在保证模膛充满的条件下，应适当增大 h 值。

　　锻件形状比较复杂时，要增加模膛阻力，应增加 b 值，或适当减少 h 值。

　　短轴类锻件锻模带有封闭形状的锁扣时，应适当加大仓部宽度 b_1，参见表 3-9 备注栏中的尺寸。

　　在夹板锤上进行模锻时，也可参考表 3-9 设计飞边槽，如 10kN 的夹板锤与 10 kN 的锻锤相比，h 要更小，大约为 0.6mm，其他尺寸相当。

4. 钳口及其尺寸

　　钳口是指在锻模的模膛前面加工的空腔，它一般由夹钳口与钳口颈两部分组成，如图 3-38 所示。钳口的主要作用是在模锻时放置棒料及钳夹头。在锻模制造时，钳口还可作为浇注金属盐熔液或铅熔液的浇口，得到的铸件用作检验模膛加工品质和合模状况。齿轮类锻件在模锻时无夹钳料头，钳口作为锻件起模之用。钳口颈用于加强夹钳料头与锻件之间的连接强度。

　　(1) 钳口的形式　钳口形式如图 3-39、图 3-40 及图 3-41 所示。其中图 3-39 是长轴类锻件常用形式，图 3-40 用于模锻齿轮等短轴类锻件，图 3-41 则是用于模锻质量大于 10kg 的锻件。如果有预锻模膛，且预锻与终锻两模膛的钳口间壁小于 15mm 时，为了便于模具加工，可将两相邻模膛的钳口开通成为公用钳口，如图 3-42 所示。

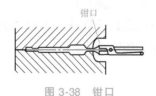

图 3-38　钳口

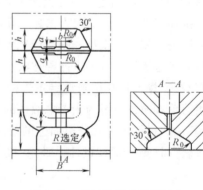

图 3-39　长轴类锻件常用钳口

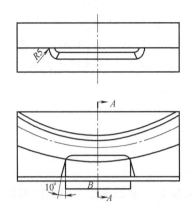
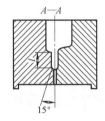

图 3-40 特殊钳口

（2）钳口尺寸的确定 钳口的尺寸（如图 3-39 所示），主要依据夹钳料头的直径及模膛壁厚等尺寸确定。应保证夹料钳子自由操作，在调头锻造时能放置下锻件的相邻端部（包括飞边）。详细情况可参阅《锻模设计手册》中的有关部分。

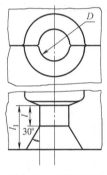

图 3-41 圆形钳口

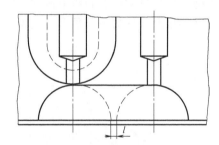

图 3-42 公用钳口

（二）预锻模膛设计

预锻模膛是用来对制坯后的坯料进一步变形，合理地分配坯料各部位的金属体积，使其接近锻件的外形，改善金属在终锻模膛内的流动条件，以保证终锻时成形饱满；避免折叠、裂纹或其他缺陷，减少终锻模膛的磨损，有利于提高模具寿命。预锻带来的不利影响是增大了锻模平面尺寸、使锻模中心不易与模膛中心重合，导致偏心大及增大错移量，降低锻件尺寸精度，使锻模和锤杆受力状态恶化，影响锻模和锤杆寿命。

预锻并不是在任何情况下都必需的。

1. 预锻模膛的设计要点

预锻模膛和终锻模膛的形状基本一样，也是根据热锻件图加工出来的，两者之间的主要区别是：

（1）预锻模膛的宽和高 预锻模膛与终锻模膛的差别不大，为了尽可能做到预锻后的坯料容易地放入终锻模膛并在终锻过程中以镦粗成形为主，预锻模膛的宽度比终锻模膛小 1~2mm。预锻模膛一般不设飞边槽，但在预锻时也可能有飞边产生，因此上、下模不能打靠，预锻后坯料实际高度将比模膛高度大一点。预锻模膛的横截面积应比终锻模膛略大些，高度比终锻模膛的高度大 2~5mm。也就是说，要求预锻模膛的容积比终锻模膛略大些。

（2）模锻斜度　为了锻模制造方便，预锻模膛的斜度一般应与终锻模膛相同。但根据锻件的具体情况，也可以采用斜度增大、宽度不变的方法解决成形困难问题。

（3）圆角半径　预锻模膛的圆角半径一般比终锻模膛大，这样可以减轻金属流动阻力，防止产生折叠。

凸圆角半径 R_1 可按下式计算：

$$R_1 = R + C \tag{3-25}$$

式中　R——终锻模膛相应位置上的圆角半径值；

C——与模膛深度有关的常数，为 2~5mm。

对于终锻模膛在水平面上急剧转弯和截面突变处，预锻模膛可采用大圆弧，以防止预锻和终锻产生折叠。

2. 典型预锻模膛的设计

（1）工字形截面锻件　工字形截面锻件模锻成形过程中主要缺陷是折叠。根据金属的变形流动特性，为防止折叠产生，应当：

1）使中间部分金属在终锻时的变形量小一些，亦即由中间部分排出的金属量少一些。

2）创造条件（例如增加飞边槽桥部的阻力或减小充填模膛的阻力）使终锻时由中间部位排出的金属尽可能向上和向下流动，继续充填模膛。

工字形截面锻件的不同预锻方法见表 3-10。

表 3-10　工字形截面锻件的不同预锻方法

工步	锻件 1	锻件 2	锻件 3
制坯	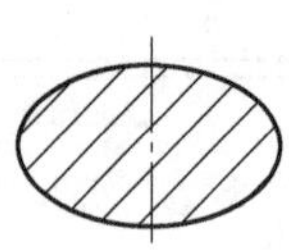	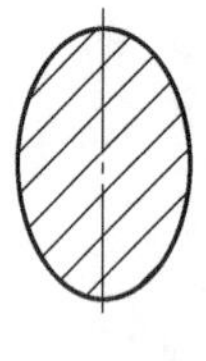	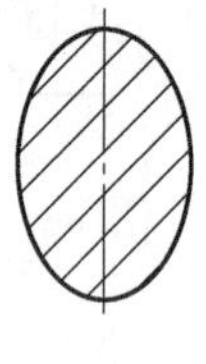
预锻		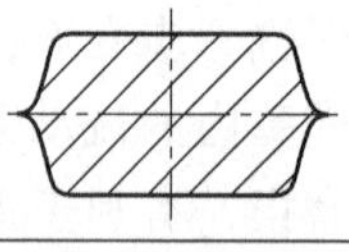	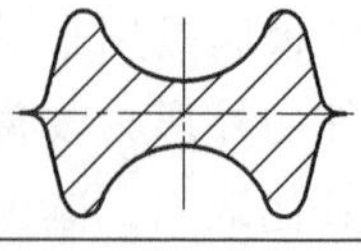
终锻	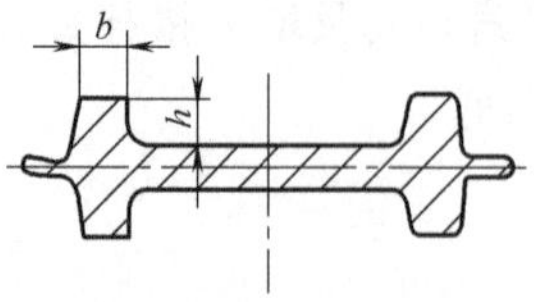 $\dfrac{h}{b} < 1$	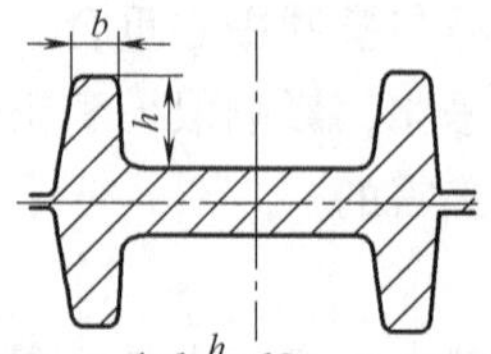 $1 \leqslant \dfrac{h}{b} \leqslant 2$	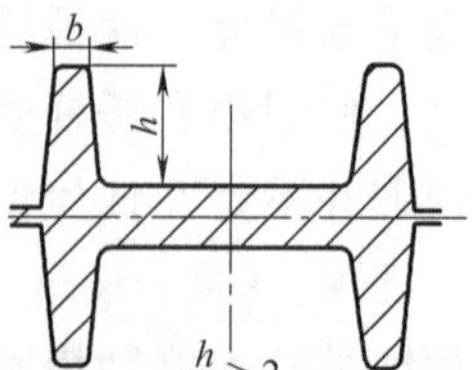 $\dfrac{h}{b} > 2$

为防止工字形截面锻件终锻时产生折叠，在生产实践中制坯时还可采取如下措施，即根据面积相等原则，使制坯模膛的横截面积接近于终锻模膛的横截面积（图 3-43），使制坯模膛的宽度 B_1 比终锻模膛的相应宽度 B 大 10~20mm，即

$$B_1 = B + 10 \sim 20 \text{mm}$$

由制坯模膛锻出中间坯料，使其绰绰有余地覆盖终锻模膛。终锻时，首先出现飞边，在飞边槽桥部形成较大的阻力，迫使中心部分的金属以挤入的形式充填肋部。因中心部分金属充填肋部后已基本无剩余，故最后仅极少量金属流向飞边槽，从而可避免折叠产生。

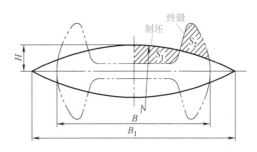

图 3-43 工字形截面锻件预锻模膛

对于带孔的锻件，为防止折叠产生，预锻时用斜底连皮，终锻时用带仓连皮。这样可保证模锻最后阶段内孔部分的多余金属保留在冲孔连皮内，不流向飞边造成折叠。

（2）叉形锻件 叉形锻件模锻时常常在内端角处产生充不满的情况（图 3-44）。其主要原因是：将坯料直接进行终锻时，金属的变形情况如图 3-45 所示。横向流动的金属与模壁接触后，部分金属转向内角处流动。这种变形流动路径决定了内角部位最难充满，同时此处被排出的金属除沿横向流入模膛之外，有很大一部分轴向流入飞边槽，造成内端角处金属量不足。为限制金属沿轴向大量流入飞边槽，在模具上可设计制动槽（图 3-46）。

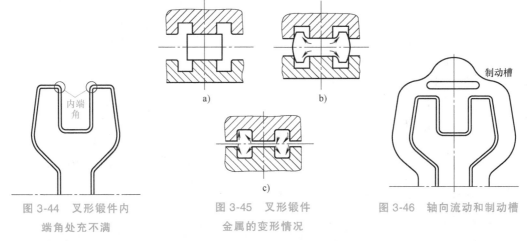

图 3-44 叉形锻件内端角处充不满

图 3-45 叉形锻件金属的变形情况

图 3-46 轴向流动和制动槽

为避免叉形锻件内端角处充不满，终锻前需先进行预锻，用带有劈料台的预锻模膛先将叉形部分劈开（图 3-47）。这样，终锻时就会改善金属流动情况，保证内端角部位充满。

各部分尺寸按下列各式确定：

$A \approx 0.25B$　但要满足 5mm$<A<$30mm。

$h = (0.4 \sim 0.7)H$　通常取 $h = 0.5H$；

$\alpha = 10° \sim 45°$，根据 h 选定；

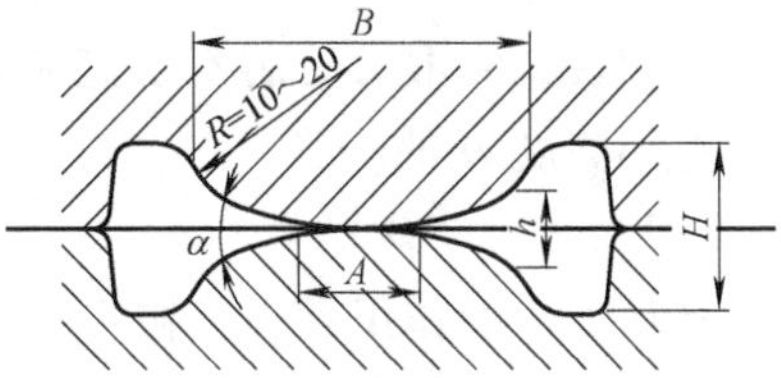

图 3-47 叉形部分劈料台图

当需劈开部分窄而深时，劈料台可设计成如图 3-48 所示的形状。

（3）带枝芽锻件 带枝芽锻件模锻时，常常在枝芽处充不满。其充不满的原因是由于枝芽处金属量不足。因此，预锻时应在该处聚集足够的金属量。为便于金属流入枝芽处，应简化预锻模膛枝芽形状，与枝芽连接处的圆角半径适当增大，必要时可在分模面上设阻力沟，加大预锻时流向飞边的阻力，如图 3-49 所示。

（4）带高肋锻件 带高肋锻件模锻时，在肋部由于摩擦阻力、模壁引起的垂直分力和此处金属冷却较快、变形抗力大等原因，常常充不满。在这种情况下设计预锻模膛时，可采取一些措施迫使金属向肋部流动。如在难充满的部分减少模膛的高度和增大模膛的斜度（图 3-50）。这样，预锻后的坯料终锻时，坯料和模壁间有了间隙，模壁对金属的

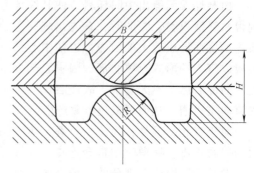

图 3-48 窄深叉形部分的劈料台

摩擦阻力和由模壁引起的向下垂直分力消失，金属容易向上流动充满模膛。但是，要注意可能由于增大了模膛斜度，预锻模膛本身不易被充满。为了使预锻模膛也能被充满，必需增大圆角半径。圆角半径不宜增加过大，因为圆角半径过大不利于预锻件在终锻时金属充满模膛，甚至终锻时可能在此处将预锻件金属啃下并压入锻件内形成折叠，一般取 $R_1 = 1.2R+3mm$。

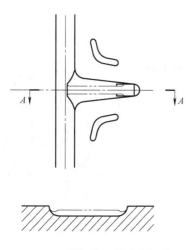

图 3-49 带枝芽锻件的预锻模膛

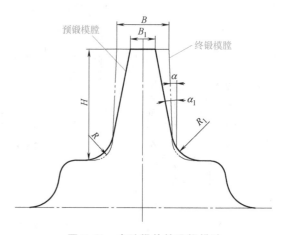

图 3-50 高肋锻件的预锻模膛

如果难充填的部分较大，B 较小，则预锻模膛的模锻斜度不宜过大，否则预锻后 B_1 很小，冷却快，终锻时反而不易充满模膛。也有把预锻模膛的模锻斜度设计成与终锻模膛一致，减小高度 H 的。

（三）制坯模膛设计

制坯工步的作用是为了初步改变原坯料的形状，合理地分配坯料，以适应锻件横截面积和形状的要求，使金属能较好地充满模膛。形状不同的锻件采用的制坯工步也不同。锤上模锻锻模所用的制坯模膛主要有拔长模膛、滚挤模膛、弯曲模膛、成形模膛等。

1. 拔长模膛设计

（1）拔长模膛的作用 拔长模膛可以减少坯料的截面积，增加坯料长度。当拔长是第一道变形工步时，拔长模膛兼有清除氧化皮的作用。为了便于金属纵向流动，在拔长过程中坯料要不断翻转和送进。

（2）拔长模膛的形式 通常按横截面形状将拔长模膛分为开式和闭式两种。开式模膛的拔长坎横截面形状为矩形，边缘开通，如图 3-51 所示。这种形式结构简单，制造方便，实际应用较多，但拔长效率较低。闭式模膛的拔长坎横截面形状为椭圆形，边缘封闭，如图 3-52 所示。这种形式拔长效果较好，但操作较困难，要求把坯料准确地放置在模膛中，否则坯料易弯曲，一般用于 $L_{杆}/d_{杆}>15$ 的细长锻件。

按拔长模膛在模块上的布置情况：拔长模膛又可分成直排式（图 3-53a）和斜排式（3-53b）两种。其中直排式杆部的最小高度和最大长度靠模具控制，斜排式杆部的高度及长度完全靠操作者控制。

当拔长部分较短，或拔长台阶轴时，可以采用较简易的拔长模膛，即拔长台（图 3-54），它是在锻模的分模面上留一平台，将边缘倒圆，用此平台进行拔长。

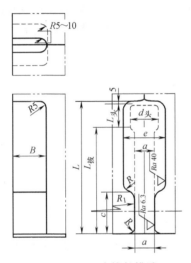

图 3-51 开式拔长模膛

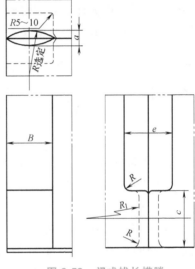

图 3-52 闭式拔长模膛

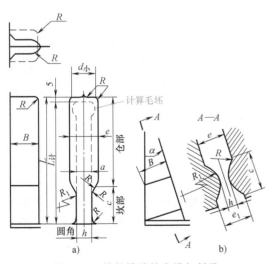

图 3-53 拔长模膛的直排与斜排

a）直排 b）斜排

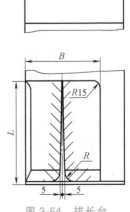

图 3-54 拔长台

（3）拔长模膛的尺寸计算　拔长模膛由坎部和仓部组成。坎部是主要工作部分，而仓部容纳拔长后的金属，所以在拔长模膛设计中，主要设计坎部尺寸，包括坎部的高度 h、坎部的长度 c 和坎部的宽度 B。设计依据是计算毛坯。

1）拔长模膛坎部的高度 h。拔长模膛坎部的高度 h 与坯料拔长部分的厚度 a 有关，即

$$h = 0.5(e-a) = 0.5 \times (3a-a) = a \tag{3-26}$$

式中　e——拔长模膛仓部的高度（mm），参见图 3-53，$e = 1.2d_{min}$，$e = 3a$。

坯料拔长部分的厚度 a 应该比计算毛坯的最小截面的边长小，这样每次的压下量可以较大，拔长效率较高。因此，在计算坯料拔长部分的厚度 a 时，可根据以下两个条件确定。

一个条件是：设拔长后坯料的截面为矩形，$b_{平均}$ 为平均宽度，并取

$$\frac{b_{平均}}{a} = 1.25 \sim 1.5$$

另一个条件是：根据计算毛坯的形状和尺寸。如果坯料杆部尺寸变化不大，拔长后不再进行滚挤，其坯料拔长部分的厚度 a 应保证能获得最小截面，而较大截面可以用上、下模不打靠来保证。因此取：

$$b_{计}\ a = F_{计min}$$

计算后可得

$$a = (0.8 \sim 0.9)\sqrt{F_{计min}} \tag{3-27}$$

或　　　　　　　　　　$$a = (0.7 \sim 0.85)d_{min} \tag{3-28}$$

式中　$b_{计}$——坯料拔长后的宽度（mm）；

　　　$F_{计min}$——计算毛坯的最小截面积（包含锻件相应处的截面积和飞边相应处的截面积）（mm^2）；

　　　d_{min}——计算毛坯的最小直径（mm）。

当 $L_{杆} > 500mm$ 时，上述计算坯料拔长部分厚度 a 的公式中，系数取小值，当 $L_{杆} < 200mm$ 时，系数取大值，当 $200mm < L_{杆} < 500mm$ 时系数取中间值。

拔长后需进行滚挤的，则应保证拔长后获得平均截面或直径。取：

$$d_{平均}\ a = F_{杆平均}$$

运算后得

$$a = (0.8 \sim 0.9)\sqrt{F_{杆平均}} \tag{3-29}$$

或　　　　　　　　　　$$a = (0.7 \sim 0.8)d_{平均} \tag{3-30}$$

式中　$F_{杆平均}$——计算毛坯杆部平均截面积（mm^2），$F_{杆平均} = V_{杆}/L_{杆}$；

　　　$d_{平均}$——计算毛坯杆部平均直径（mm）；

　　　$V_{杆}$——计算毛坯杆部体积（mm^3）；

　　　$L_{杆}$——计算毛坯杆部长度（mm）。

2）坎部的长度 c。坎部的长度 c 取决于原坯料的直径和被拔长部分的长度。坎部的长度太短将影响坯料表面品质。为了提高拔长效率，每次的送进量应小，坎部不宜太长。可按下式选取，即

$$c = Kd_0 \tag{3-31}$$

式中　d_0——被拔长的原坯料直径。

系数 K 与被拔长部分原始长度 l 有关，可按照表 3-11 选用。

表 3-11　系数 K

被拔长部分原始长度 l	$<1.2d_{坯}$	$(1.2\sim1.5)d_{坯}$	$(1.5\sim3)d_{坯}$	$(3\sim4)d_{坯}$	$>4d_{坯}$
K	$0.8\sim1$	1.2	1.4	1.5	2

3）坎部的宽度 B。应考虑上、下模一次打靠时金属不流到坎部外面；翻转 90°锤击时，不产生弯曲。按下式确定：

$$B=(1.3\sim2.0)d_0 \tag{3-32}$$

另外，坎部的纵截面形状应做成凸圆弧形，这样有助于金属的轴向流动，可以提高拔长效率。拔长模膛的其他尺寸可参阅有关锻模设计手册。

2. 滚挤模膛设计

（1）滚挤模膛的作用　滚挤模膛可以改变坯料形状，起到分配金属，使坯料某一部分截面积减小，某一部分截面积稍稍增大（聚料），获得接近计算毛坯形状和尺寸的作用。滚挤时金属的变形可以近似看作是镦粗与拔长的组合。在两端受到阻碍的情况下杆部拔长，而杆部金属流入头部使头部镦粗。它并非是自由拔长，也不是自由镦粗。由于杆部接触区较长，两端又都受到阻碍，沿轴向流动受到的阻力较大。在每次锤击后大量金属横向流动，仅有小部分流入头部。为了得到所要求的坯料尺寸，每次锤击后翻转 90°再行锤击，并反复进行，直到接近计算毛坯形状和尺寸为止。另外，滚挤还可以将坯料滚光和清除氧化皮。

（2）滚挤模膛的形式　滚挤模膛从结构上可以分为以下几种。

1）开式。模膛横截面为矩形，侧面开通，如图 3-55a 所示，此种滚挤模膛结构简单、制造方便，但聚料作用较小，适用于锻件各段截面变化较小的情况。

2）闭式。模膛横截面为椭圆形，侧面封闭，如图 3-55b 所示。由于侧壁的阻力作用，此种滚挤模膛，聚料效果好，坯料表面光滑，但模膛制造较复杂，适用于锻件各部分截面变化较大的情况。

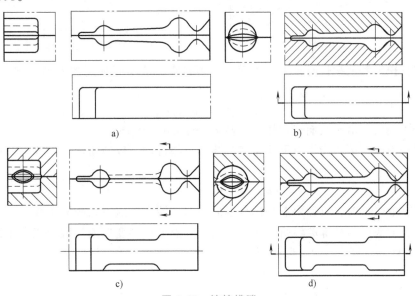

图 3-55　滚挤模膛

a）开式　b）闭式　c）混合式　d）不等宽式

3) 混合式。锻件的杆部采用闭式滚挤，而头部采用开式滚挤，如图 3-55c 所示，此种模膛通常用于锻件头部具有深孔或叉形的情况。

4) 不等宽式。模膛的头部较宽，杆部较窄，如图 3-55d 所示，当 $B_头/B_杆 > 1.5$ 时采用。因杆部宽度过大不利于排料，所以在杆部取较小宽度。

5) 不对称式。上、下模膛的深度不等，如图 3-56 所示，这种模膛具有滚挤模膛与成形模膛的特点，适用于 $h'/h < 1.5$ 的杆类锻件。

(3) 滚挤模膛的尺寸计算　滚挤模膛由钳口、模膛本体和前端的飞边槽三部分组成。钳口不仅是为了容纳夹钳，同时也可用来卡细坯料，减少料头损失。飞边槽用来容纳滚挤时产生的端部毛刺，防止产生折叠。滚挤模膛的尺寸计算依据也是计算毛坯。设计滚挤模膛应从以下几方面考虑。

1) 滚挤模膛的高度 h。在滚挤模膛杆部，模膛的高度应比计算毛坯相应部分的直径小。这样每次的压下量较大，由杆部排入头部的金属增多。虽然滚挤到最后的坯料截面不是圆形，但是只要截面积相等即可。

在计算闭式滚挤模膛杆部高度时，应注意如下几点。

① 滚挤后的坯料截面积 $F_滚$ 等于计算毛坯相应部分的截面积 $F_计$，即

$$F_滚 = F_计$$

$$\frac{1}{4}\pi B h_杆 = \frac{1}{4}\pi d_计^2$$

② 一般滚挤后坯料椭圆截面的长径与短径之比 $B/a = 3/2$（图 3-57），且滚挤模膛杆部高度与坯料滚挤后的截面的短径有关，即 $h_杆 = a$，因此由上式可求得杆部高度为

$$h_杆 = \sqrt{2d_计^2/3} \approx 0.8 d_计$$

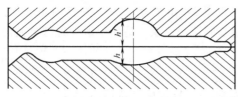

图 3-56　不对称式滚挤模膛

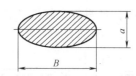

图 3-57　滚挤模膛高度

考虑到在模锻锤上滚挤时，上、下模一般不打靠，故实际采用的模膛高度比计算值小，一般取

$$h_杆 = (0.7 \sim 0.8)d_计 \tag{3-33}$$

对于开式滚挤，由于截面近似矩形，故 $h_杆 = (0.65 \sim 0.75)d_计$。

对于滚挤模膛头部，为了有助于金属的聚集，模膛的高度应略大于计算毛坯相应部分的直径。即

$$h_头 = (1.05 \sim 1.15)d_计 \tag{3-34}$$

当头部靠近钳口时，可能要有一部分金属由钳口流出，这时系数取 1.05。

滚挤模膛的头部与杆部的转折处称为拐点，拐点处坯料变形前后截面积变化很小，其模膛高度 $h_拐$ 与计算毛坯直径 $d_计$ 近似相等，即

$$h_拐 = (0.9 \sim 1.0)d_计 \tag{3-35}$$

综上所述，滚挤模膛的高度 h 可表示为

$$h = K d_计 \tag{3-36}$$

2）滚挤模膛的宽度。滚挤模膛的宽度过小，金属在滚挤过程中流进分模面会形成折叠；反之，会因侧壁阻力减小，降低滚挤效率，而且增大模块尺寸。一般假设第一次锤击锻模打靠，而且仅发生平面变形，金属无轴向流动，滚挤模膛的宽度应满足下式

$$\frac{\pi}{4}Bh \geqslant F_{坯}$$

即

$$B \geqslant 1.27F_{坯}/h$$

考虑实际情况，上、下模打不靠，且金属有轴向流动，因此取

$$B = 0.9 \times 1.27F_{坯}/h \approx 1.15F_{坯}/h$$

为防止第二次锤击不发生失稳，应使 $B/h_{min} \leqslant 2.8$，代入上式，可得

$$B \leqslant \sqrt{2.8 \times 1.15F_{坯}}$$

若所选坯料为圆形截面的棒料，则可得

$$B \leqslant 1.7d_{坯}$$

滚挤模膛头部尺寸应有利于聚料和防止卡住，所以宽度应比计算毛坯的最大直径略大，即

$$B \geqslant 1.1d_{max}$$

综上所述，滚挤模膛宽度的计算和校核条件为

$$1.7d_{坯} \geqslant B \geqslant 1.1d_{max} \tag{3-37}$$

为了有助于杆部金属流入头部，一般在纵截面的杆部设计2°~5°的斜度（如果计算毛坯图上原来就有，则可用原来的斜度）。在杆部与头部的过渡处，应做出适当圆角。滚挤模膛长度应根据热锻件长度 $L_{锻}$ 确定。因为轴类件的形状不同，所以设计亦不同。

（4）滚挤模膛的截面形状　闭式滚挤模膛的横截面形状有两种形式：圆弧形和菱形。圆弧形截面较普遍，其模膛宽度和高度确定后，得到三点，通过三点作圆弧即可构成截面形状。菱形截面是在圆弧形基础上简化而成的，用直线代替圆弧，能增强滚挤效果。

还有一种用于直轴类锻件的制坯模膛，叫作压肩模膛。压肩模膛实质上就是开式滚挤模膛的特殊使用状态，仅仅对坯料进行一次压扁，不做90°翻转后再锻，其形状与设计方法都与开式滚挤模膛一样。

3. 弯曲模膛设计

弯曲工步是将坯料在弯曲模膛内压弯，使其符合终锻模膛在分模面上的形状。在弯曲模膛中锻造时坯料不翻转，但弯好后放在模锻模膛中锻造时需要翻转90°。

弯曲所用的坯料可以是原坯料，也可以是经拔长、滚挤等制坯模膛变形过的坯料。

按变形情况不同，弯曲可分为自由弯曲（图3-58）和夹紧弯曲（图3-59）两种。自由

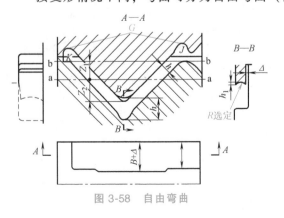

图3-58　自由弯曲

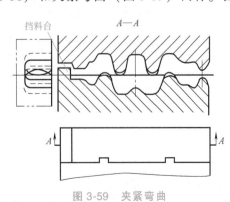

图3-59　夹紧弯曲

弯曲是坯料在拉伸不大的条件下弯曲成形，适用于具有圆浑形弯曲的锻件，一般只有一个弯曲部位。夹紧弯曲是坯料在模膛内除了弯曲成形外，还有明显的拉伸变形，适用于多个弯曲部位的、具有急突弯曲形状的锻件。

弯曲模膛的设计要点是：

1）弯曲模膛的形状是根据模锻模膛在分模面上的轮廓外形（分模线）来设计的。为了能将弯曲后的坯料自由地放进模锻模膛内，并以镦粗方式充填模膛，弯曲模膛的轮廓线应比模锻模膛相应位置在分模面上的外形尺寸减小 2~10mm。

2）弯曲模膛的宽度 B 按下式计算

$$B = \frac{F_坯}{h_{min}} + (10 \sim 20)\,mm \tag{3-38}$$

3）为了便于操作，在模膛的下模上应有两个支点，以支承压弯前的坯料。此两支点的高度应使坯料呈水平位置。坯料在模膛中不允许发生横向移动，为此，弯曲模膛的凸出部分（或仅上模的凸出部分）在宽度方向应做成凹状，如图 3-58 中的 B-B 部位。如果弯曲前的坯料未经制坯，应在模膛末端设置挡料台，以供坯料前后定位用；如坯料先经过滚挤制坯，可利用钳口的颈部定位。

4）坯料在模锻模膛中锻造时，在坯料剧烈弯曲处可能产生折叠，所以弯曲模膛的急突弯曲处，在允许的条件下应做成最大圆角。

5）弯曲模膛分模面应做成上、下模突出分模面部位的高度大致相等。

6）为了防止碰撞，弯曲模膛下模空间应留有间隙。

4. 成形模膛设计

成形工步与弯曲工步相似，也是使坯料变形，使其符合终锻模膛在分模面上的形状。与弯曲工步不同之处在于，它是通过局部转移金属获得所需要的形状，坯料的轴线不发生弯曲。

成形模膛按纵截面形状可分为对称式（图 3-60）和不对称式（图 3-61）两种，常用的是不对称式。成形模膛的设计原则和设计方法与弯曲模膛相同。

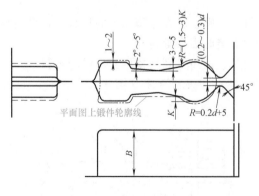

图 3-60　对称式成形模膛

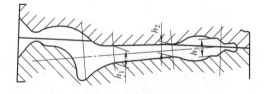

图 3-61　不对称式成形模膛

5. 镦粗台和压扁台设计

镦粗台适用于圆饼类件，用来镦粗坯料，使坯料高度尺寸减小，直径尺寸增大，使镦粗后的坯料在终锻模膛内能够覆盖指定的凸部与凹槽，防止锻件产生折叠与充不满，并起清除坯料上氧化皮、减少模膛磨损的作用，如图 3-62 所示。

压扁台适用于锻件平面图近似矩形的情况，压扁时坯料的轴线与分模面平行放置，如图 3-63 所示。压扁台用来压扁坯料，使坯料宽度增大，使压扁后的坯料能够覆盖住终锻模膛的指定凸部与凹槽，起到与镦粗台相同的作用。

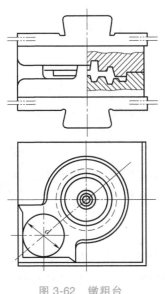

图 3-62 镦粗台

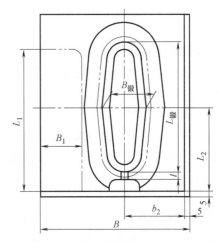

图 3-63 压扁台

根据锻件形状的要求，在镦粗或压扁的同时，也可以在坯料上压出凹坑，兼有成形镦粗的作用。

镦粗台或压扁台都设置在锻模边角上，所占面积略大于坯料镦粗或压扁之后的平面尺寸。为了节省锻模材料，可以占用部分飞边槽仓部，但应使平台与飞边槽平滑过渡连接。

镦粗台一般安排在锻模的左前角部位，平台边缘应倒圆，以防止镦粗时在坯料上产生压痕，使锻件产生折叠。

在设计镦粗台时，根据锻件的形状、尺寸和原坯料尺寸确定镦粗后坯料的直径 d，再根据 d 确定镦粗平台的尺寸。

压扁台的长度 L_1 和宽度 B_1（见图 3-63）如下式所示：

$$L_1 = L_压 + 40\text{mm} \tag{3-39}$$

$$B_1 = B_压 + 20\text{mm} \tag{3-40}$$

式中 $L_压$——压扁后的坯料长度（mm）；

$B_压$——压扁后的坯料宽度（mm）。

6. 切断模膛设计

为了提高生产率、降低材料消耗，对于小尺寸锻件，根据具体情况可以采用一棒多件连续模锻，锻下一个锻件前要将已锻成的锻件从棒料上切断，这就需要使用切断模膛（切刀），如图 3-64 所示。

为了减少锻模平面尺寸，切断模膛通常设置在锻模的四个角部位上，根据位置不同可分为前切刀和后切刀。前切刀操作方便，但切断过程中锻件容

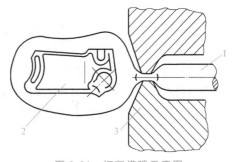

图 3-64 切断模膛示意图

1—棒料 2—锻件 3—切断模膛（切刀）

易碰到锻锤锤身，切断锻件易堆积在锻锤导轨旁；后切刀切下的锻件直接落到锻锤后面的传送带上，便于送到下一工位。在设计时，应根据坯料直径来确定切断模膛的深度和宽度。同时，切断模膛的布置还要考虑拔长模膛的位置，当拔长模膛为斜排式时，切断模膛应与拔长模膛同侧。

切断模膛（切刀）的斜度通常为15°、20°、25°、30°等，应根据模膛的布置情况而定。

九、锤锻模结构设计

锤锻模的结构设计对锻件品质、生产率、劳动强度、锻模和锻锤的使用寿命等有很大的影响。锤锻模的结构设计应着重考虑模膛的布排、错移力的平衡及导向、脱料装置、模具的强度和模块尺寸等。

（一）模膛的布排

模膛的布排要根据模膛数目以及各模膛的作用和操作方便安排。锤锻模一般有多个模膛，以终锻模膛和预锻模膛的变形力较大，在模膛布排时一般首先应考虑模锻模膛。

模膛的布排

1. 终锻与预锻模膛的布排

（1）锻模中心与模膛中心　锤锻模的紧固一般都是利用楔铁和键块配合燕尾紧固在下模。锻模中心指的是锻模燕尾中心线与燕尾上键槽中心线的交点，它位于锤杆轴心线上，是锻锤打击力的作用中心，如图3-65所示。

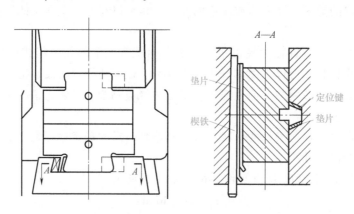

图 3-65　锻模燕尾中心线与燕尾上键槽中心线

锻造时模膛承受锻件反作用力的合力作用点叫模膛中心。模膛中心与锻件形状有关。当变形抗力分布均匀时，模膛（包括飞边槽桥部）在分模面的水平投影的形心可当作模膛中心，可用传统的吊线法寻找。现在可利用计算机绘图软件自动查找形心。变形抗力分布不均匀时，模膛中心则由形心向变形抗力较大的一边偏移，偏移距离（图3-66）的大小与模膛各部分变形抗力相差程度有关，可凭生产经验确定，一般情况下不宜超过表3-12所列的数据。

表 3-12　允许偏移距离 L

锤吨位/t	1~2	3	5
L/mm	<15	<25	<35

（2）模膛中心的布排　当模膛中心与锻模中心位置相重合时，锻锤打击力与锻件反作用力在同一垂线上，不产生错移力，上、下模没有明显错移，这是理想的布排。当模膛中心与锻模中心偏移一段距离时，锻造时会产生偏心力矩，使上、下模产生错移，造成锻件在分模面上的错差，增加设备磨损。模膛中心与锻模中心的偏移量越大，偏心力矩就越大，上、下模错移量以及锻件错差量越大。因此，终锻模膛与预锻模膛布排设计的中心任务，是最大限度减小模膛中心对锻模中心的偏移量。

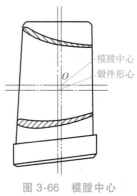

图 3-66　模膛中心的偏移距离

当锻模无预锻模膛时，终锻模膛中心位置应取在锻模中心。当锻模有预锻模膛时，两个模膛中心一般都不能与锻模中心重合。为了减少错差、保证锻件品质，应力求使终锻模膛和预锻模膛中心均靠近锻模中心。

模锻模膛布排时要注意：

1）在锻模前后方向上，两模膛中心均应在键槽中心线上，如图 3-67 所示。

2）在锻模左右方向上，终锻模膛中心与锻模燕尾中心线的偏移量应不超过表 3-13 所列数值。

表 3-13　终锻模膛与锻模燕尾中心线间的允许偏移量 a

设备吨位/t	1	1.5	2	3	5	10
a/mm	25	30	40	50	60	70

3）一般情况下，终锻的打击力约为预锻的两倍，为了减少偏心力矩，终锻模膛中心和预锻模膛中心至锻模燕尾中心线距离之比，应等于或略小于 1/2，即 $a/b \leqslant 1/2$，如图 3-67 所示。

4）预锻模膛中心必须在燕尾宽度内，模膛超出燕尾部分的宽度不得大于模膛总宽度的 1/3。

5）当锻件因终锻模膛偏移使错差量过大时，允许采用 $L/5 < a < L/3$，即 $2L/3 < b < 4L/5$。在这种条件下设计预锻模膛时，应当预先考虑错差量 Δ。Δ 值由经验确定，一般为 1～4mm，如图 3-67 中 A—A 剖面所示，锤吨位小者取小值，大者取大值。

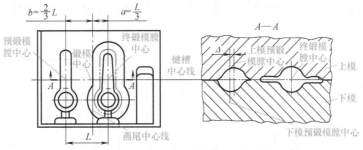

图 3-67　终锻、预锻模膛中心的布排

6）若锻件有宽大的头部（如大型连杆锻件），两个模膛中心间距超出上述规定值，或终锻模膛因偏移使错差量超过允许值，或预锻模膛中心超出锻模燕尾宽度，可使两个模膛置于不同锻锤的模块上联合锻造，这样两个模膛中心便可都处于锻模中心位置上，能有效减少错差，提高锻模寿命，减少设备磨损。

7）为减小终锻模膛与预锻模膛中心距 L，并保证模膛间模壁有足够的强度，可选用下列排列方法。

① 平行排列，如图 3-68a 所示，终锻模膛和预锻模膛中心位于键槽中心线上，L 值减小的同时前后方向的错差量也较小，锻件品质较好。

② 前后错开排列，如图 3-68b 所示，预锻模膛和终锻模膛中心与键槽中心线的距离不等。前后错开排列能减小 L 值，但增加了前后方向的错移量，适用于特殊形状的锻件。

③ 反向排列，如图 3-68c 所示，预锻模膛和终锻模膛反向布排，这种布排能减小 L 值，同时有利于去除坯料上的氧化皮并使模膛更好充满，操作也方便，主要用于上、下模对称的大型锻件。

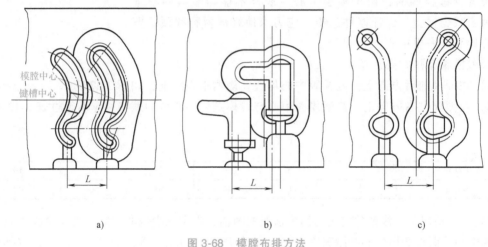

图 3-68　模膛布排方法

a）平行排列　b）前后错开排列　c）反向排列

（3）模膛前后方向的排列方法　终锻模膛、预锻模膛的模膛中心位置确定后，模膛在模块还不能完全放置，还需要对模膛的前后方向进行排列。具体排列方法如下。

如图 3-69a 所示排列法，大头难充满部分放在钳口的对面，对金属充满模膛有利。这种布排法还可利用锻件杆部作为夹钳料，省去了夹钳料头。

如图 3-69b 所示排列法，锻件大头靠近钳口，使锻件质量大且难出模的一端接近操作者，这样操作方便、省力。

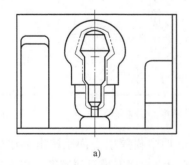 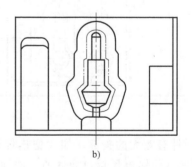

a）　　　　　　　　　　　　　　b）

图 3-69　终锻模膛的前后布置

a）大头布置在钳口对面　b）大头布置在接近钳口

2. 制坯模膛的布排

除终锻模膛和预锻模膛以外，其他模膛由于成形力较小，可布置在终锻模膛与预锻模膛两侧。具体原则如下。

1）制坯模膛尽可能按模锻过程顺序排列，操作时一般只让坯料运动方向改变一次，以求缩短操作时间。

2）模膛的排列应与加热炉、切边压力机和吹风管的位置相适应。例如：氧化皮最多的模膛是锻模中头道制坯模膛，应位于靠近加热炉的一侧，且在吹风管对面，不要让氧化皮吹落到终锻模膛、预锻模膛内。

3）弯曲模膛的位置应便于将弯曲后的坯料顺手送入终锻模膛内，如图 3-70 所示。图 3-70a 所示的布置较图 3-70b 的布置为佳。大型锻件更要多考虑工人操作的便利性。

4）拔长模膛位置如在锻模右边，则应采用直式，如在左边，则应采取斜式，这样可方便拔长操作。

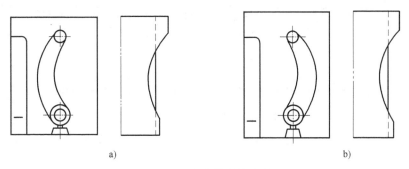

a)　　　　　　　　　　　　　　　　　　b)

图 3-70　弯曲模膛的布置

（二）错移力的平衡与锁扣设计

错移力一方面使锻件错移，影响尺寸精度和加工余量；另一方面加速锻锤导轨磨损和使锤杆过早折断。因此，错移力的平衡是保证锻件尺寸精度和延长锤杆寿命的一个重要问题。

设备的精度对减小锻件的错差有一定的影响，但是最根本、最有积极意义的是在模具设计方面采取措施，因为后者的影响更直接，更具有决定作用。

（1）对于有落差的锻件错移力的平衡　当锻件的分模面为斜面、曲面或锻模中心相对模膛中心有偏移量时，在模锻过程中将产生水平分力，该分力会引起锻模在锻打过程中发生错移，通常称之为错移力。

锻件分模线不在同一平面上（即锻件具有落差），在锻打过程中，分模面上产生水平方向的错移力，错移力的方向很明显。错移力一般比较大，在冲击载荷的作用下，容易发生生产事故。

锤上模锻这类锻件时，为平衡错移力和保证锻件品质，一般采取如下措施。

1）对小锻件可以成对地进行锻造，如图 3-71a 所示。

2）当锻件较大，落差较小（<15mm）时，可将锻件倾斜一定角度锻造，如图 3-71b 所示。由于倾斜了一个角度 γ，使锻件各处的模锻斜度发生变化。为保证锻件锻后能从模膛取出，角度 γ 值不宜过大，一般 $\gamma<7°$，且以小于模锻斜度为最佳。

3）如锻件落差较大（15～50mm），用第二种方法解决不好时，可采用平衡锁扣，如

图 3-71c 所示。锁扣的高度等于锻件分模面落差高度。由于锁扣所受的力很大，容易损坏，故锁扣的厚度应不小于 $1.5h$。锁扣的斜度 α 值：当 $H = 15 \sim 30mm$ 时，$\alpha = 5°$；$H = 30 \sim 60mm$ 时，$\alpha = 3°$。锁扣间隙 $\Delta = 0.2 \sim 0.4mm$，注意其必须小于锻件允许的错差之半。

4）如果锻件落差很大（$>50mm$），可以联合采用 2）、3）两种方法，即将锻件适当倾斜一定角度，同时设计平衡锁扣，如图 3-71d 所示。

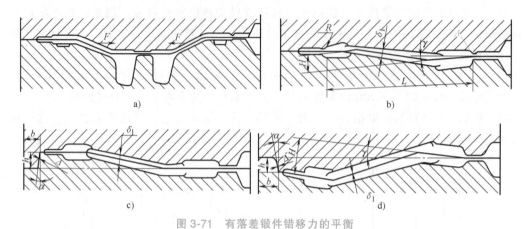

a) b)

c) d)

图 3-71　有落差锻件错移力的平衡

a）成对锻造　b）倾斜一定角度　c）平衡锁扣　d）倾斜并设置锁扣

具有落差的锻件，采用平衡锁扣平衡错移力时，模膛中心并不与键槽中心相重合，而是沿着锁扣方向向前或向后偏离 b 值，目的是为了减少错差量与锁扣的磨损。有如下情况：

1）平衡锁扣凸出部分在上模，如图 3-72a 所示。模膛中心应向平衡锁扣相反方向离开锻模中心，其距离 b_1 为

$$b_1 = 0.2 \sim 0.4mm$$

2）平衡锁扣凸出部分在下模，如图 3-72b 所示。模膛中心应向平衡锻扣方向离开锻模中心，其距离 b_2 为

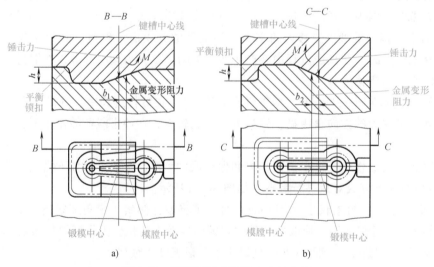

a) b)

图 3-72　带平衡锁扣模膛中心的布置

$$b_2 = (0.2 \sim 0.4)h$$

（2）模膛中心与锤杆中心不一致时错移力的平衡　模膛中心与锤杆中心不一致，或因锻造过程需要（例如设计有预锻模膛），终锻模膛中心偏离锤杆中心，都会产生偏心力矩。设备的上、下砧面不平行，模锻时也产生水平错移力。

为减小由这些原因引起的错移力，除设计时尽量使模膛中心与锤杆中心一致外，还可采用导向锁扣。导向锁扣的主要功能是导向，平衡错移力，它补充了设备的导向功能，便于模具安装和调整。导向锁扣常用于下列情况：

1）一模多件锻造、锻件的冷切边以及要求锻件小于 0.5mm 的错差等。

2）容易产生错差的锻件的锻造，如细长轴类锻件、形状复杂的锻件以及在锻造时模膛中心偏离锻模中心较大时的锻造。

3）齿轮类锻件及叉形锻件、工字形锻件等在模锻时不易检查和调整其错移量的锻件的锻造。

4）锻锤锤头与导轨间隙过大，导向长度低。

常用的锁扣形式如下：

1）圆形锁扣（图 3-73），一般用于齿轮类锻件和环形锻件。这些锻件很难确定其错移方向。

2）纵向锁扣（图 3-74），一般用于直长轴类锻件。能保证轴类锻件在直径方向有较小的错移，常应用于一模多件的模锻。

3）侧面锁扣（图 3-75），用于防止上模与下模相对转动或在纵横任一方向错移，但制造困难，采用较少。

4）角锁扣（图 3-76），作用和侧面锁扣相似，但可在模块的空间位置设置二个或四个角锁扣。

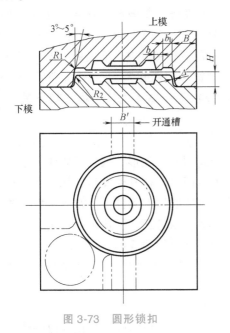

图 3-73　圆形锁扣

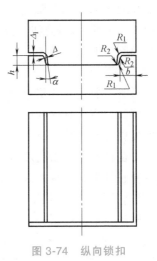

图 3-74　纵向锁扣

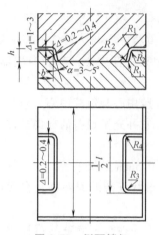

图 3-75　侧面锁扣

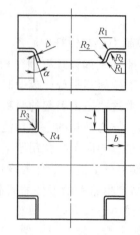

图 3-76　角锁扣

锁扣的高度、宽度、长度和斜度一般都按锻锤吨位确定，设计锁扣时应保证有足够的强度。为防止模锻时锁扣相碰撞，在锁扣上设计有斜面，一般取 3°～5°。

上、下锁扣之间应有间隙，一般在 0.2～0.4mm。这一间隙值是上、下模打靠时锁扣间的间隙尺寸。未打靠之前，由于上、下锁扣都有斜度，故间隙大小是变化的。因此，锁扣的导向主要是在模锻的最后阶段起作用。与常规的导柱、导套导向相比，导向的精确性差。

采用锁扣可以减小锻件的错差，但是也带来了一些不足之处，例如模具的承击面减小，模块尺寸增大，减少了模具可翻新的次数，增加了制造费用等。

（三）脱料装置设计

一般模锻时，为了迅速从模膛中取出锻件并使模具可靠地工作，在设计和制造中，必须重视模具的脱料装置。

锤上精密模锻时，由于锻锤上没有顶出装置，不宜在锤上精锻形状复杂、脱模困难的锻件。一般应在模膛中做出模锻斜度或在模具中设脱料装置，以利于取出锻件。图 3-77 所示为带脱料装置的锤上闭式模锻锻模。模具的工作部分是下模镶块 3、下模圈 4 和上模 6。锻模下模座 1 是通用的，在下模座 1 中有螺栓 2、7，弹簧 9 和套管 8。图 3-77a 所示为模锻时的位置。图 3-77b 所示为脱料时的位置，U 形钳 10 放在下模圈 4 上，上模 6 把下模圈 4 压下，便可从模膛中取出锻件 5。

（四）模具强度设计

模锻变形时，通过模具将外力传给变形金属，与此同时，变形金属也以同样大小的反作用力作用于模具。当模具内的应力值超过材料的强度极限时，模具便发生破坏。尤其在冲击载荷下，模具更容易破坏。锤上模锻锻模的破坏形式主要有以下 4 种：①在燕尾根部转角处产生裂纹；②在模膛深处沿高度方向产生纵向裂纹；③模壁打断；④承击面打塌。

上述各种破坏形式，从外因来看，主要是由下列两种原因造成的：

1）在极高的打击力作用下，由于应力值超过模具的强度极限，经一次打击或极少次数打击，模具便产生裂纹或断裂。

2）在较低的应力下，经多次反复打击，由于疲劳而产生破裂。

从内因来看，主要是因为锻模的强度设计不合理，锻模强度不够。如模壁厚度较薄、模

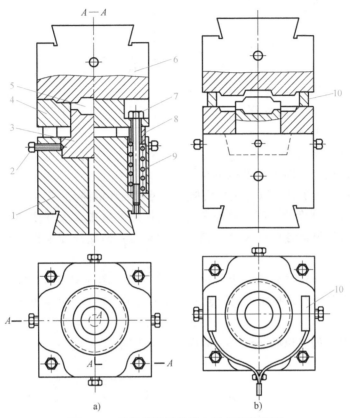

图 3-77　带脱料装置的锤上闭式模锻锻模

1—下模座　2、7—螺栓　3—下模镶块　4—下模圈　5—锻件　6—上模　8—套管　9—弹簧　10—U形钳

块高度较低、模具承击面小、模具燕尾根部的转角半径过小、模块纤维方向分布不合理等。

　　由于锤上模锻的受力情况复杂，影响因素很多，因此很难进行理论计算，一般均根据经验公式或图表确定模具的结构参数。

　　（1）模壁厚度　由模膛到模块边缘，以及模膛之间的壁厚都称为模壁厚度。模壁厚度应在保证足够强度的情况下尽可能减小。一般根据模膛深度、模壁斜度和模膛底部的圆角半径来确定最小的模壁厚度，如图 3-78 所示。

　　模壁厚度还与模膛在分模面上的形状有关，例如图 3-79a 的情况，模壁厚度可以取小值，而对图 3-79b、图 3-79c 的情况，模壁厚度则可以相对地取较大一点的值，即 $t_3 > t_2 > t_1$。

　　根据实践经验，模膛壁厚可按图 3-80 所示确定。

　　1）当 $R < 0.5h$，$\alpha < 20°$ 时，模膛与模块边缘间壁厚 s_0 按 s_1 线确定。当 $R = (0.5 \sim 1.0)h$ 或 $\alpha \geq 20°$ 时，壁厚 s_0 可适当减小。

　　2）s_2 线用于下述两种情况：

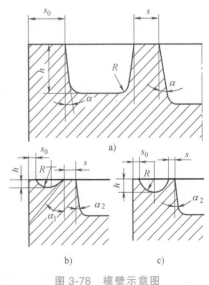

图 3-78　模壁示意图

① 当 $R \geqslant h$ 时，模膛与模块边缘间壁厚 s_0（图 3-78b、c）；

② 当 $R < 0.5h$，$\alpha \leqslant 20°$ 时，模膛间的壁厚 s。

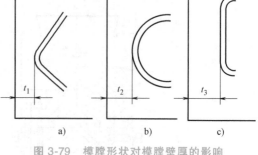

图 3-79　模膛形状对模膛壁厚的影响

当 $R \geqslant h$ 时，则模膛间壁厚 $s = (0.8 \sim 0.9)s_2$；多件模锻的模膛间壁厚 $s = 0.5s_2$；制坯模膛受力小，其壁厚可减小到 5～10mm；模膛至钳口间的壁厚 $s = 0.7s_2$。

当锻锤的吨位过大，即大设备锻造小锻件时，模壁厚度应适当加大，以防止模块强度不足而损坏锻模。

（2）模块高度、宽度及长度　模块高度可根据终锻模膛最大深度和翻新要求参照有关手册选定；模块宽度根据各模膛尺寸和模壁厚度确定；模块长度根据模膛长度和模壁厚度确定。

（3）承击面积　承击面积是指上下模接触的面积（图 3-81 中的阴影线部分），即分模面积减去模膛、飞边槽和锁扣面积。锻模承击面积与锻锤吨位的关系可按下式确定：

$$F = (30 \sim 40)m \tag{3-41}$$

锻模承击面积 F 的单位取 cm^2 时，锻锤吨位 m 的单位为 kg。

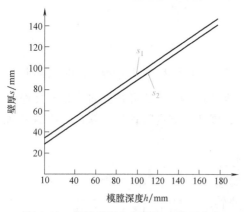

图 3-80　模膛壁厚与模膛深度关系曲线

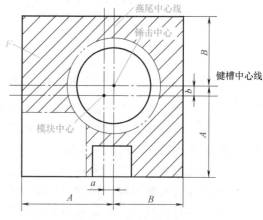

图 3-81　承击面示意图

设计的承击面不能太小，否则易造成分模面压塌。但是应当指出，随着锻锤吨位增大，单位吨位的承击面积可相应减小。

不同吨位的锻锤，其允许的最小承击面积见表 3-14。

表 3-14　允许的最小承击面积

锻锤吨位/kN	10	20	30	50	100	160
最小承击面积/cm²	300	500	700	900	1600	2500

（4）燕尾根部转角　燕尾是锤锻模重要的紧固部位，如图 3-82 所示。锤击时，燕尾与锤头和下砧的燕尾槽底部接触，当偏心打击时，燕尾根部转角处的应力集中较大，容易发生裂纹破坏，主要原因是燕尾根部转角半径过小或燕尾高度不够，如图 3-83 所示。例如模锻

连杆的锻模，由于有预锻和终锻两个模膛，常常从燕尾根部转角处破坏。燕尾转角半径越小，加工时越粗糙、留有加工的刀痕越明显，燕尾就越易破坏。燕尾部分热处理后的硬度越高（相应的冲击韧度越低）和应力集中现象越严重时，燕尾也越易破坏。从模具本身来看，如果锻模材质不好，也易产生这种损坏。

为减小应力集中，燕尾根部的圆角一般取 $R=5\text{mm}$。锻模燕尾两肩与模座或锤头之间应保持一定间隙，一般为 $0.5\sim1.5\text{mm}$，锻模燕尾的配合要求如图 3-84 所示。转角处应光滑过渡，表面粗糙度低，不能有刀痕，热处理淬火时，此处的冷却速度应取小一些。

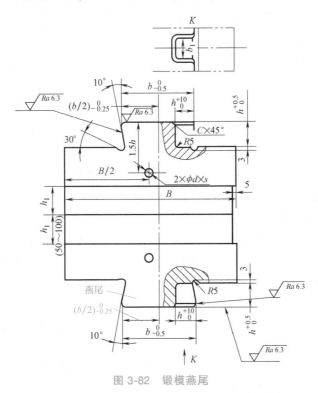

图 3-82　锻模燕尾

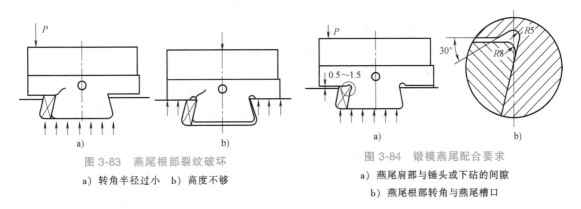

图 3-83　燕尾根部裂纹破坏

a）转角半径过小　b）高度不够

图 3-84　锻模燕尾配合要求

a）燕尾肩部与锤头或下砧的间隙

b）燕尾根部转角与燕尾槽口

（5）模块纤维方向　锻模寿命与其纤维方向密切相关，任何锤锻模的纤维方向都不能与打击方向相同，否则模膛表面耐磨性下降，模壁容易剥落。图 3-85 所示为错误的锻模纤维方向。对于长轴类锻件，当磨损是影响锻模寿命的主要原因时，锻模纤维方向应与锻件轴线方向（或燕尾槽中心线方向）一致（图3-86a），这样在加工模腔时被切断的金属纤维少。当开裂是影响锻模寿命的主要原因时，纤维方向应与锻模键槽中心线方向一致（图3-86b），这样裂纹不易发生和扩展。对短轴类锻件，纤维方向应与键槽中心线方向一致（图3-86c）。

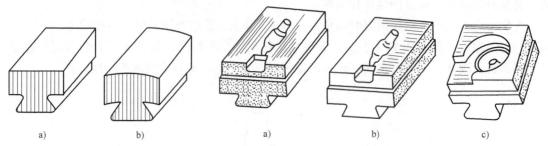

图3-85　错误的锻模纤维方向　　　　　　图3-86　正确的锻模纤维方向

（五）模块尺寸及校核

模块尺寸与模腔数、模腔尺寸、模壁厚度、模腔的布排方法等有关，确定模块尺寸还应考虑与设备技术规格相适应的问题。

（1）**模块宽度**　模块宽度根据各模腔尺寸和模壁厚度确定。为保证锻模不与锻锤导轨相碰，模块最大宽度必须保持它与导轨之间的距离大于20mm。模块的最小宽度至少超过燕尾每边10mm，或者燕尾中心线到模块边缘的最小尺寸为 $B_1 \geqslant (B/2+10)$ mm。

（2）**模块长度**　模块长度根据模腔长度、钳口尺寸和模壁厚度确定。较长锻件的模块有可能伸到模座和钳头之外，两端呈悬空状态，使模块超长。这种状况对锻模受力不利，因此对伸出长度 f 要有所限制，一般规定每端允许的伸出长度 f 小于模块高度 H 的1/3。

（3）**模块高度**　模块高度按终锻模腔的最大深度确定，但是上、下模块的最小闭合高度应大于锻锤允许的最小闭合高度。考虑到锻模翻修的需要，通常锻模总高度应为锻锤最小闭合高度的1.35~1.45倍。

（4）**锻模中心与模块中心的关系**　如前所述，锻模中心是燕尾中心线与键槽中心线的交点，而模块中心是锻模底面对角线的交点。锻模中心相对模块中心的偏移量不能太大，否则模块本体自身重量将使锤杆承受较大的弯曲应力，对锻件精度不利，也会使锻锤受损害。偏移量应限制在 $a<0.1A$ 和 $b<0.1B$ 的范围内。

（5）**模块质量**　为了保证锤头的运动性能，应限制上模块质量最大不超过锻锤吨位的35%。如10t锻锤，上模块质量不应超过3500kg。

（6）**检验角**　模块上两个加工侧面所构成的90°角称为检验角。其用途是为了锻模安装调整时检验上、下模腔是否对准，同时也是为了使模块机械加工时有相互垂直的划线基准面。这两个侧面一般刨进深度5mm、高度50~100mm，参见图3-82。检验角设置在前面与左边（或右边），主要根据模腔布排的情况而定。利用闭式制坯模腔这一边作为检验角才起作用，绝不能以开式制坯模腔这一边作为检验角。

任务实施

以变速叉零件（如图3-1所示）为例，进行锤上模锻过程与模具设计。

一、锻件图设计

1. 分模位置

根据变速叉的形状，采用如图 3-87 所示的 A—A 折线分模。

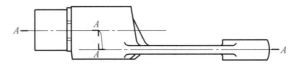

图 3-87 变速叉分模面位置

2. 公差和余量

估算锻件质量约为 0.6kg。变速叉材料为 45 钢，即材质系数为 M_1。锻件形状复杂系数：

$$S = \frac{m_f}{m_N} = \frac{600}{14.2 \times 8 \times 3.3 \times 7.85} \approx 0.207，为 3 级复杂程度等级。$$

由国家标准 GB/T 12362—2016 查得

长度公差为 $2.2^{+1.5}_{-0.7}$ mm；

高度公差为 $1.8^{+1.2}_{-0.6}$ mm；

宽度公差为 $1.8^{+1.2}_{-0.6}$ mm。

该零件的表面粗糙度值 $Ra = 3.2\mu m$，即加工精度为 F_1，由国家标准 GB/T 12362—2016 中的锻件内外表面加工余量表，查得高度及水平尺寸的单边余量均为 1.5 ~ 2.0mm，取 2.0mm。

在大批量生产条件下，锻件在热处理、清理后要增加一道工序，即对变速叉锻件的圆柱端上、下端面和叉的头部上、下端面进行平面冷精压。锻件经冷精压后，机械加工余量可大大减小，取 0.75mm，冷精压后的锻件高度公差取 0.2mm。

单边精压余量取 0.4mm，则变速叉经冷精压后，圆柱端高度尺寸为 (30.2 + 2 × 0.4)mm = 31mm，叉部高度尺寸为 (10.7 + 2 × 0.4)mm = 11.5mm。模锻后变速叉圆柱端高度尺寸为 (31 + 2 × 0.75)mm = 32.5mm，叉部高度尺寸为 (11.5 + 2 × 0.75)mm = 13mm。

由于精压需要余量，如锻件高度公差为负值时 (-0.6mm)，则实际单边精压余量仅 0.1mm，为了保证适当的精压余量，锻件高度公差可调整为：$^{+1.2}_{-0.6}$ mm。

由于精压后，锻件水平尺寸稍有增大，故水平方向的余量可适当减小。

3. 模锻斜度

根据零件图材料和技术要求，确定模锻斜度为 7°。

4. 圆角半径

锻件高度余量为 (0.75 + 0.4)mm = 1.15mm，则需倒角的变速叉内圆角半径为 (1.15 + 2)mm = 3.15mm，圆整为 3mm，其余部分的圆角半径均取 1.5mm。

5. 技术条件

1）未注模锻斜度 7°。

2）未注圆角半径 1.5mm。

3）允许的错差量 0.6mm。

4）允许的残留飞边量 0.7mm。

5）允许的表面缺陷深度 0.5mm。

6）锻件热处理：调质。

根据公差和余量，即可绘制锻件图，如图 3-88 所示。

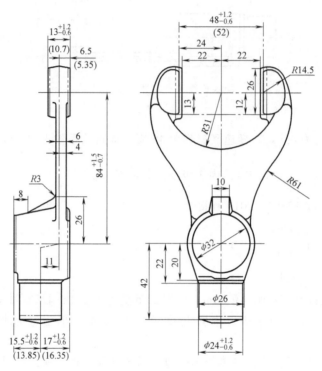

图 3-88　变速叉锻件图

二、计算锻件的主要参数

1）锻件在水平面上的投影面积为 4602mm^2。

2）锻件周边长度为 485mm。

3）锻件体积为 76065mm^3。

4）锻件质量为 0.6kg。

三、锻锤吨位的确定

总变形面积为锻件在水平面上的投影面积与飞边水平投影面积之和。按 1~2t 锤飞边槽尺寸（参考表 3-9）考虑，假定飞边平均宽度为 23mm，总的变形面积 F =（4602 + 485 × 23）mm^2 = 15757mm^2。按确定双作用模锻锤吨位的经验公式 m = 6.3KF 的计算值选择锻锤。

取材料系数 K = 1，锻件和飞边（按飞边仓的 50% 容积计算）在水平面上的投影面积为 F（单位为 cm^2），则

$$m = 6.3KF = 6.3 × 1 × 157.57\text{kg} = 922.69\text{kg}$$

选用 1t 双作用模锻锤。

四、确定飞边槽的形式和尺寸

选用图 3-37 中 Ⅰ 型飞边槽，其尺寸按表 3-9 确定。选定飞边槽的尺寸为：$h = 1.6\text{mm}$，$h_1 = 4\text{mm}$，$b = 8\text{mm}$，$b_1 = 25\text{mm}$，$r = 1.5\text{mm}$，$F_飞 = 126\text{mm}^2$。

飞边体积 $V_飞 = (485 \times 0.7 \times 126)\ \text{mm}^3 = 42777\text{mm}^3$。

五、绘制计算毛坯图

根据变速叉的形状特点，共选取 19 个截面，分别计算 $F_锻$、$F_计$、$d_计$，计算结果列于表 3-15，在坐标纸上绘出变速叉的截面图和计算毛坯图，如图 3-89 所示。计算毛坯图上，双点画线为修改后的截面图和直径图。

表 3-15　计算毛坯的计算数据

截面号	$F_锻$ /mm²	$1.4F_飞$ /mm²	$F_计 = F_锻 + 1.4F_飞$ /mm²	$d_计 = 1.13\sqrt{F_计}$ /mm	修正 $F_计$ /mm²	修正 $d_计$ /mm	K	$h = Kd_计$ /mm
1	0	252	252	17.6	—	—	1.1	19.73
2	452	176	628	28.3	—	—	1.1	31.1
3	531	176	707	30.0	—	—	1.1	33.1
4	690	176	866	33.4	—	—	1.1	36.6
5	1059.5	176	1235.5	39.7	—	—	1.1	43.7
6	1167	176	1343	41.4	—	—	1.2	49.7
7	1078	176	1254	40.0	—	—	1.1	44.0
8	587	176	763	31.2	—	—	1.1	34.3
9	432	176	608	27.9	—	—	1	27.9
10	323	176	499	25.2	550	26.5	0.8	20.2
11	226	176	402	22.7	491.5	25.1	0.8	18.1
12	356	176	532	26.1	472.4	24.6	0.9	23.4
13	408	176	584	27.3	512.3	25.6	0.9	24.6
14	295	176	471	24.5	532.5	26.1	1	24.5
15	250	176	426	23.3	610.4	27.9	1	23.3
16	596	176	772	31.4	652.8	28.9	1	31.4
17	560	176	736	30.7	635.6	28.5	1	30.7
18	400	176	576	27.1	468	24.4	0.9	24.4
19	152	252	404	22.7	—	—	0.9	20.4

截面图所围面积即为计算毛坯体积，得 101760mm³。

平均截面积 $F_均 = 717\text{mm}^2$

平均直径 $d_均 = 30.2\text{mm}$

按体积相等修正截面图和计算毛坯图（图 3-89 中双点画线部分）。修正后最大截面积和最大直径没有变化。

六、制坯工步选择

计算毛坯为一头一杆。

$$d_拐 = \sqrt{3.82\frac{V_杆}{L_杆} - 0.75d_{\min}^2} - 0.5d_{\min} = \left(\sqrt{3.82 \times \frac{45200}{78} - 0.75 \times 22^2} - 0.5 \times 22 \right)\text{mm} = 32.0\text{mm}$$

$$\alpha = \frac{d_{\max}}{d_均} = \frac{41.4}{30.2} = 1.37$$

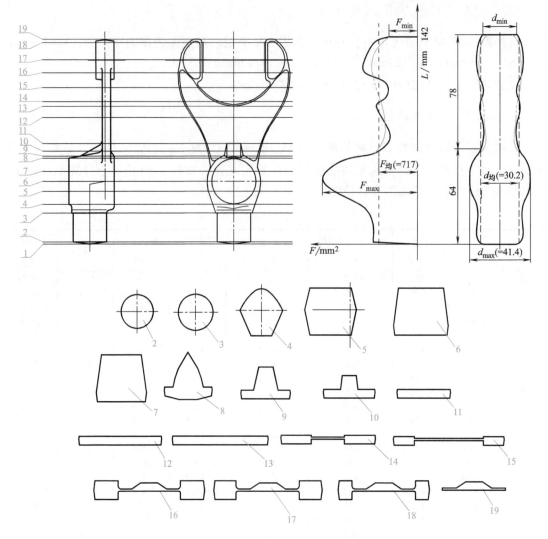

图 3-89 变速叉的截面图和计算毛坯图

$$\beta = \frac{L_{计}}{d_{均}} = \frac{142}{30.2} = 4.70$$

$$K = \frac{d_{拐} - d_{min}}{L_{杆}} = \frac{32 - 22}{78} = 0.128$$

由长轴类锻件制坯工步选用范围可知，此锻件应采用闭式滚挤制坯工步。为在锻造时易于充满，应选用圆坯料，模锻工艺过程为：闭式滚挤—预锻—终锻—切断。

七、确定坯料尺寸

由于此锻件只有滚挤制坯工步，所以可根据公式 $F_{坯} = F_{滚} = (1.05 \sim 1.2) F_{均}$ 确定坯料的截面尺寸，取系数为 1.1，则

$$F_{坯} = 1.1 F_{均} = 1.1 \times 717 \text{mm}^2 = 788.7 \text{mm}^2$$

$$d_{坯} = 1.13\sqrt{F_{坯}} = 1.13 \times \sqrt{788.7}\,\text{mm} = 31.7\,\text{mm}$$

实际取 $d_{坯} = 34\text{mm}$。

坯料的体积为

$$V_{坯} = V_{计}(1+\delta) = 101760\,\text{mm}^3 \times (1+3\%) = 104813\,\text{mm}^3$$

坯料长度为

$$L_{坯} = V_{坯}/F'_{坯} = 104813\,\text{mm}/(34^2 \times \pi/4) = 115.5\,\text{mm}$$

由于此锻件质量较小，仅为 0.6kg，所以采用一火三件，料长可取 $3 \times L_{坯} + l_{钳} = (3 \times 115.5 + 1.2 \times 34)\text{mm} = 387\text{mm}$，考虑实际锻造和切断情况，可适当加长到 400mm。试锻后再根据实际生产情况适当调整。

八、模锻模膛设计

1. 终锻模膛设计

终锻模膛是按照热锻件图来制造和检验的，热锻件图尺寸一般是在冷锻件图尺寸的基础上考虑 1.5% 的收缩率。根据生产实践经验，考虑锻模使用后承击面下陷、模膛深度减小及精压时的变形不均、横向尺寸增大等因素，可适当调整尺寸。绘制的热锻件图如图 3-90 所示。

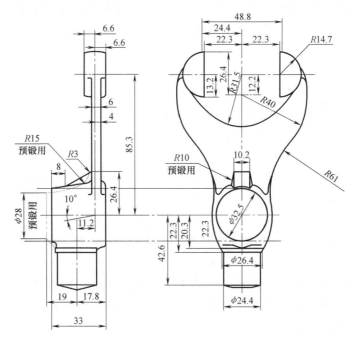

图 3-90 热锻件图

2. 预锻模膛设计

由于锻件形状复杂，需设置预锻模膛。

在叉部采用劈料台（图 3-91），由于坯料叉口部分高度较小，劈料台的设计可参照斜底连皮设计。

实际取 $A = 10\text{mm}$。

劈料台的形状、尺寸详见图 3-91 中的 G-G，C-C 剖面。

预锻模膛在变速叉柄大头部分高度增加到 19mm，圆角增大到 R15mm，大头部分的筋上水平面内的过渡圆角增大到 R10mm，垂直面内的过渡圆角增大到 R15mm。预锻模膛与终锻模膛不同的地方在热锻件图上用双点画线注明（图 3-90）。

九、其他模膛设计

1. 滚挤模膛设计

1）模膛高度根据 $h = Kd_{计}$ 计算，计算结果列于表 3-15，按各截面的高度值绘出滚挤模膛纵剖面外形，见图 3-89 中计算毛坯直径图中的虚线，然后用圆弧和直线光滑连接并进行适当简化，最终尺寸如图 3-91 所示。

2）模膛宽度依据下式计算：

$$1.7d_{坯} \geqslant B \geqslant 1.1d_{min},$$

根据实际生产情况，模膛宽度取 $B = 60$mm。

3）模膛长度 L 等于计算毛坯的长度。

2. 切断模膛设计

由于采用一火三锻，在模锻结束后要将夹钳夹持的料头部位切去，所以需要设计切断模膛，切刀倾斜角度取 15°，切刀宽度为 5mm，切断模膛的宽度，根据坯料的直径和带有飞边锻件的尺寸，结合生产实际经验，确定为 65mm。

十、锻模结构设计

1. 模膛布排

模锻此变速叉锻件的 1t 模锻锤机组，加热炉在锤的左方，故滚挤模膛放在左边，预锻模膛及终锻模膛从右至左布置（图 3-91）。

2. 锁扣设计

由于锻件具有 11mm 的落差，故采用平衡锁扣，锁扣高度为 11mm，宽度为 50mm，将两模膛中心线下移 3mm。

3. 模膛壁厚

锻件宽度为 80mm。模壁厚度为 $S_0 = 1.5 \times (19 + 11.2)$mm $= 45.3$mm。

4. 锻模中心

预锻模膛与终锻模膛的中心距 $= (80 + 45.3)$mm $= 125.3$mm，圆整取为 125mm。

用实测方法找出终锻模膛中心离变速叉大头后端 90mm，结合模块长度及钳口长度定出键槽中心线的位置为 145mm。

5. 钳口设计

选择钳口尺寸，$B = 60$mm，$h = 25$mm，$R_0 = 10$mm。

钳口颈尺寸，$a = 1.5$mm，$b = 10$m，$l = 15$mm。

6. 模块尺寸

模块尺寸选为：400mm×300mm×280mm（宽×长×高）。

1t 模锻锤导轨间距为 500mm，模块与导轨之间的间隙大于 20mm，满足安装要求。

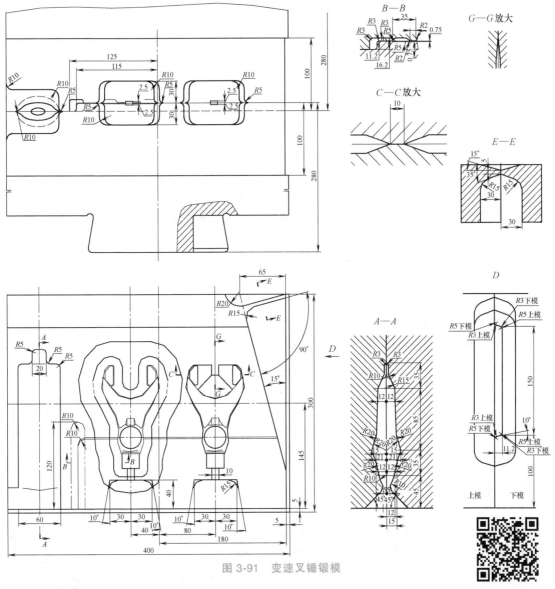

图 3-91 变速叉锤锻模

7. 承击面

锻模应有足够的承击面，锁扣之间的承击面可达 42677mm²。

十一、模锻工艺流程

1）下料。选择 5000kN 剪机冷剪切下料。

2）加热。选择半连续式炉，加热温度范围为 1220～1240℃。

3）模锻。在 10kN 模锻锤上进行，闭式滚挤—预锻—终锻—切断。

4）热切边。在 1600kN 切边压力机上进行。

5）磨毛刺。选择砂轮机去毛刺。

6）热处理。选择连续热处理炉，进行调质处理。

7）冷精压。在 10000kN 精压机上进行。

变速叉锤

锻模结构

变速叉锤上

模锻过程

8）变速叉头局部淬火。淬火硬度为 45~53HRC。

9）检验。

课后思考

1. 开式模锻与闭式模锻有何区别？

2. 分模面的选择原则有哪些？

3. 锻件公差为何不是对称分布的？

4. 锻件内圆角半径和外圆角半径大小对锻件成形和锻模有何影响？

5. 为何说锤上模锻时上模模腔比下模模腔易充填饱满？

6. 何谓计算毛坯图？修正计算毛坯截面图和计算毛坯直径图的依据是什么？

7. 热锻件图与冷锻件图有什么区别？

8. 确定锻件制坯工步主要考虑哪些因素？

9. 终锻模腔和预锻模腔应如何布排？

10. 所有模锻件都须要设预锻模腔吗？

11. 锤上模锻锻模设计时为何要考虑承击面？

12. 锤上模锻锻模常设锁扣，而不用导柱导套是何原因？

【新技术·新工艺·新设备】

传统的蒸汽-空气锤是上世纪中前期锻造行业的主导产品。随着现代液压技术和电控技术的高速发展，液压锤和电液锤逐渐发展起来。经过不断地创新，液压锤和电液锤技术日趋成熟，使锻锤在现代锻造工业技术发展中又一次得到了复兴。

一、锻锤的创新成果——液压锤

液压锤是以液压油为工作介质，利用液压传动来带动锤头做上下运动，完成锻压工艺的锻压设备，主要用于热模锻，所以又称为液压模锻锤，分气液和纯液压两种驱动形式，图 3-92 为液压锤的工作原理图。气液式模锻锤驱动原理为：在工作前，先向气腔一次充入定量的高压气体（氮气或压缩空气），借助于下腔压力的改变，对定量的封闭气体进行反复的压缩和膨胀做功，使锤头得到提升和快速下降进行锻击。其工作特点是：油腔进油，锤头提升；油腔排油，锤头下降并进行锻件成形。纯液压式模锻锤的特点是：液压缸下腔通常压；上腔进油，锤头快速下降并进行锻击，上腔排油，锤头提升。液压模锻锤具有高效、节能、环保的优点。

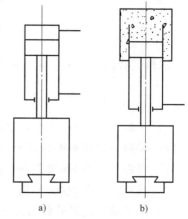

图 3-92 液压锤工作原理图

a）纯液压式 b）气液式

我国目前生产的液压模锻锤主要有两种结构形式：一种是锤身微动型液压模锻锤，其原理图和实体图如图 3-93 所示；另一种是下锤头微动型液压模锻锤，其原理图和实体图如图 3-94 所示。

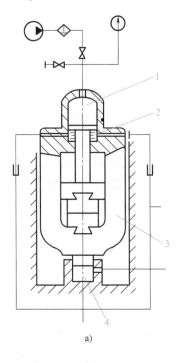

a)　　　　　　　　　　　　　　　　b)

图 3-93　锤身微动型液压模锻锤

a）原理图　b）实体图

1—气室　2—液压油　3—锤身　4—联通缸

锤身微动型液
压模锻锤的工
作原理

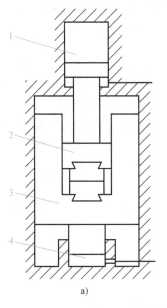

a)　　　　　　　　　　　　　　　　b)

图 3-94　下锤头微动型液压模锻锤

a）原理图　b）实体图

1—气室　2—上锤头　3—下锤头　4—联通缸

二、旧式蒸汽-空气锤的换代者——电液锤

利用气液或纯液压的液压动力头驱动的液压锤称为电液锤。它的结构原理特征是：具有固定的锤身或砧座，由液压动力头驱动。电液锤以电为能源，以液压油为驱动介质，是机电液一体化设备，使用灵活方便，其能耗仅为同吨位蒸汽锤的1/40，空气锤的1/4。目前电液锤技术主要分为四种形式，分别为液气式电液锤、数控全液压模锻锤、全液压电液锤和手动全液压模锻锤。图3-95为我国安阳生产的某型号数控全液压模锻锤。

电液锤技术可用于对现有能耗大的蒸汽-空气锤进行改造。我国在旧式蒸汽-空气锤的改造方面取得了一定成果，已有性能优异的快速液压模锻锤系列产品投入市场，利用纯液压原理制成的液压动力头来改造蒸汽-空气锤的产品也已投入市场。图3-96所示为我国安阳生产的由旧式桥式蒸汽-空气锤改造的C92KT型数控全液压模锻锤。

图3-95 安阳生产的某型号数控全液压模锻锤

图3-96 C92KT型数控全液压模锻锤

数控全液压模锻锤也称数控电液锤、程控锤或数控锤，可实现打击能量的任意调整，能够延长模具和锤杆的工作寿命，减少80%以上的震动。数控全液压模锻锤克服了传统锻造设备的缺点，打击能量可程序化控制，锻件精度高，材料利用率高，可组成自动化生产线，在打击过程中噪声小。正是由于这些优点，使得数控全液压模锻锤替代传统模锻锤成为必然。

总之，随着锻锤驱动技术和控制技术的不断发展，各种先进锻锤在制造业中尤其是在航空航天领域模锻件生产中发挥着重要的作用。

任务二 花键轴叉螺旋压力机上模锻过程与模具设计

▷ 任务目标

1）掌握螺旋压力机上模锻特点。
2）掌握螺旋压力机上模锻件图设计要点。
3）掌握螺旋压力机上模锻工步、坯料尺寸及设备吨位的确定。

4）掌握螺旋压力机上锻模结构特点及设计方法。

1. 任务介绍

本任务主要是针对轴类零件进行螺旋压力机上模锻过程与模具设计，以花键轴叉为例。花键轴叉主要应用于机床、汽车等的变速换挡机构中，是关键性部件。如图 3-97 所示，该锻件属于长轴类锻件，头部为叉形结构，形状较为复杂，且部分表面不需要机械加工，生产批量为中小批量，材料为 45 钢，要求用模锻方法完成毛坯制造。

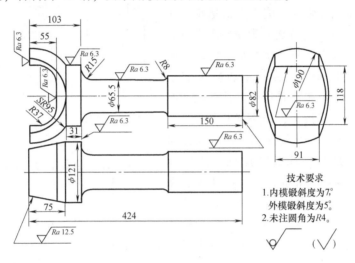

图 3-97　花键轴叉零件图

2. 任务基本流程

通过学习螺旋压力机上模锻过程内容及锻模设计方法，以花键轴叉为研究对象，依次进行①模锻件图设计；②选择螺旋压力机类型及吨位；③确定模锻变形工步；④设计花键轴叉螺旋压力机上用锻模；⑤制定出合理的花键轴叉模锻流程。

一、螺旋压力机及其成形过程特征

（一）螺旋压力机及其工作原理

螺旋压力机是指将传动机构的能量通过螺旋工作机构转变为塑性变形能的锻压设备。这种锻压设备是一种符合我国国情，并被广泛使用的设备。从 20 世纪 70 年代起，我国的螺旋压力机从无到有，从小到大，现已形成完整的系列。根据传动方式不同，螺旋压力机可分为摩擦螺旋压力机、液压螺旋压力机、电动螺旋压力机和离合器式高能螺旋压力机。

螺旋压力机的工作原理是：当工作开始时，传动机构将螺旋工作机构加速到一定的速度，并积蓄大量动能，然后将这部分动能作用到锻件上，使其转变为锻件的变形能。图 3-98

所示为螺旋压力机的结构简图。螺旋压力机的工作部分由飞轮 1、螺杆 2、螺母 3、滑块 4 组成。模具装在滑块底面和工作台上，锻件放在模具上。当摩擦、液压、电动等传动机构使飞轮转动并加速时，能量得到了积蓄。这时与飞轮连接的螺杆带动滑块经过螺母做螺旋向下的运动。当上模接触锻件后，飞轮在所积蓄的动能作用下，继续旋转，并且通过螺旋副对锻件产生巨大的压力，使锻件变形。

目前国内用得比较多的螺旋压力机是摩擦压力机，如图 3-99 所示。图 3-99b 为摩擦压力机的传动系统简图。飞轮 5 靠两个摩擦盘 3 传动。两个摩擦盘装在传动轴 4 上，轴的左端装有 V 带轮，由电动机 1 通过 V 带 2 直接带动传动轴和摩擦盘转动；轴的右端有拨叉，压下操作手柄 11，通过连杆 13 和连杆 14 可把传动轴拉向右（或向左），从而使左摩擦盘（或右摩擦盘）压紧飞轮，或者两摩擦盘均与飞轮脱离。当滑块 8 和飞轮 5 位于行程最高点时，压下操作手柄 11，传动

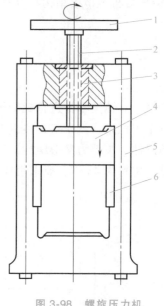

图 3-98　螺旋压力机
的结构简图

1—飞轮　2—螺杆　3—螺母
4—滑块　5—机身　6—导轨

螺旋压力机
的工作原理

轴右移，左摩擦盘 3 压紧飞轮，通过螺母 6 和螺杆 7 的传动，驱动滑块向下。随着飞轮向下运动，摩擦盘与飞轮接触点的半径也逐渐增大，使飞轮不断加速，从而积聚大量的旋转动能。在上模即将接触锻件时，滑块上的限程板与挡块 12 相接触，使传动轴左移，此时飞轮与两个摩擦盘均不接触。当上模接触锻件后，飞轮在所积蓄的动能作用下，继续旋转，并且通过螺旋副对锻件产生巨大的压力，使锻件变形，直至飞轮的旋转动能消耗殆尽。

在打击最后阶段，由于螺旋副并不自锁，滑块在锻件和机身弹性恢复力的作用下产生回弹，促使飞轮反转。此时，抬起手柄，操纵系统把传动轴拉向左边，右摩擦盘压紧飞轮，摩擦力使飞轮反转，并带动滑块向上运动。当滑块接近行程最高点时，固定在滑块上的限程板与上挡块相接触，通过操纵机构使传动轴右移，使两个摩擦盘均不与飞轮接触，飞轮在惯性的作用下继续带动滑块上行，螺杆下端处的制动器（图中未画出）吸收飞轮的剩余旋转动能，使滑块停止在行程最高点。

（二）螺旋压力机的工作特性

螺旋压力机可以做单次打击，也可以做连续打击。螺旋压力机在动作过程中有以下明显的特征，即

1）螺旋压力机是靠预先积蓄于飞轮的能量进行工作的，工作过程中有一定的冲击作用，具有锻锤的工作特性。

2）螺旋压力机是螺旋副传动，因此在飞轮动能转变为锻件塑性变形功的过程中，在滑块和工作台之间会产生巨大的压力。由于框式机架在受力后形成封闭力系，所以螺旋压力机又具有热模锻压力机的工作特性，对地基没有特殊要求。

3）螺旋压力机没有固定的下死点，因此，无论是工作载荷使机架弹性变形还是热膨胀

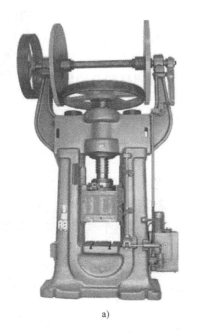
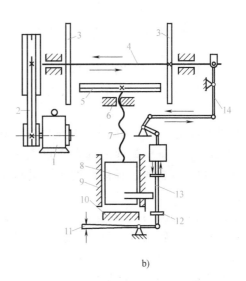

a)　　　　　　　　　　　　　　　　b)

图 3-99　摩擦压力机

a) 摩擦压力机结构图　b) 传动系统简图

1—电动机　2—V 带　3—摩擦盘　4—传动轴　5—飞轮　6—螺母

7—螺杆　8—滑块　9—导轨　10—工作台　11—操作手柄　12—挡块　13、14—连杆

使机架变形，它均能锻出合乎要求的锻件。另外，它还可以像锻锤那样，当打第一锤后，锻件在锻模上没有完全成形时，可对锻件进行第二或第三锤打击，即可通过多次锤击来完成锻件的变形。再者，由于螺旋压力机没有固定的下死点，模具安装、更换、调整很方便，有利于小批量生产。

4）螺旋压力机的打击力不固定。螺旋压力机的打击力取决于锻件的变形程度。锻件的变形程度大（如镦粗、挤压等变形工序），提供大的变形能量，其打击力就小；而锻件变形程度小（如终锻、精压、压印等变形工序），提供较小的变形能量，其打击力就大。因此能满足各种主要锻压工序的力能要求，对现有模锻锤上难以进行的精密模锻特别适宜。

5）每分钟打击次数少，打击速度较低。螺旋压力机是通过具有巨大惯性的飞轮的反复起动和制动，把螺杆的旋转运动变为滑块的往复直线运动。这种传动特点，使得打击速度和每分钟的打击次数受到一定的限制。主要模锻设备的打击次数和打击速度见表 3-16。

表 3-16　主要模锻设备的打击次数和打击速度

设备	每分钟打击次数	打击速度/(m·s⁻¹)
模锻锤	40~80	6.0~8.0
热模锻压力机	39~80	0.25~0.5
摩擦螺旋压力机	6~22	0.5~1.0
液压螺旋压力机	20~70	1.5~3.0
电动螺旋压力机	23~65	1.2~3.6

螺旋压力机上
模锻工艺特点

（三）螺旋压力机的工艺特点

由于设备的上述特性，使得螺旋压力机上模锻时，具有如下工艺特点。

1）应用范围广。螺旋压力机适用于各种热模锻，特别适宜完成挤压、顶镦、无飞边模锻等精密模锻过程，还适于模锻一些再结晶速度较低的低塑性合金钢和有色金属材料。

2）工艺适应性强。螺旋压力机可以在一个模膛内对坯料进行多次打击使其变形，从而完成大变形工步，如镦粗或挤压等，也可完成小变形工步，如校正、精压、压印等。

3）锻件精度高。由于螺旋压力机的特殊运动形式，使得模具不会因机架或螺杆的弹性变形而不能闭合，保证了锻件的垂直尺寸精度。另外，螺旋压力机的滑块（特别是液压螺旋压力机的滑块）导向长，导向精度比锻锤高，保证了锻件的水平尺寸精度，因此锻件的整体精度高。

4）锻件材料利用率高。在螺旋压力机上可以实现小模锻斜度和无模锻斜度，小余量和无余量的精密模锻，特别适于锻造镦粗成形的锻件，如直齿圆柱齿轮、螺旋锥齿轮和直齿锥齿轮等锻件以及叶片等薄壁锻件的精锻，材料利用率高。

5）模具制造成本低，模具寿命长。由于螺旋压力机打击速度低，冲击作用小，因此可采用组合式的镶块模。这样，便于模具标准化，从而缩短了制模周期，节省了模具钢，降低了成本。由于螺旋副是非自锁的，在加载过程中机身及工作部分所吸收的能量（弹性能）在加载结束时立即释放出来，使滑块迅速回程，加上采用强有力的下顶出装置，使热锻件与模具接触时间较短，有利于延长模具寿命。

6）劳动条件好。由于螺旋压力机具有封闭结构的机身，所以工作时震动小，噪声也大大低于模锻锤，工人的劳动环境得到改善。由于操作方便、省力，所以工人的劳动强度降低。

7）通常只适于单模膛模锻。螺旋压力机抗偏载能力差，一般只用于单模膛模锻。生产形状比较复杂的锻件时，需要有其他设备协助完成制坯工作。螺旋压力机本身不宜用于预锻和制坯。

8）生产率低。由于通常只用于单模膛模锻，所以螺旋压力机上模锻一般需要在其他设备上制坯，如用自由锻锤、辊锻机进行制坯，因此生产率就比热模锻压力机要低。

二、螺旋压力机上模锻件的类型

螺旋压力机上模锻件可分为六类，见表 3-17。

表 3-17　螺旋压力机上模锻件分类

	头部为回转体的锻件	头部为复杂形状的锻件	头部带内凹的锻件
第一类:带粗大头部的长杆类锻件			

（续）

第二类:饼块类锻件	形状简单的回转体锻件	形状复杂的回转体锻件	形状复杂的非回转体锻件
第三类:变截面复杂形状的长轴类锻件	直轴线的锻件	带枝芽的锻件	弯轴线的锻件
第四类:筒形锻件	圆孔筒形锻件	异形孔筒形锻件	筒壁带槽的锻件
第五类:上、下面及侧面均带内凹或凸台的锻件	侧面带间纹的锻件	侧面带凸筋的锻件	带双凸缘的锻件
第六类:精密模锻件	带齿的锥齿轮精锻件	带花键和凹槽的齿环精锻件	扭曲叶片精锻件

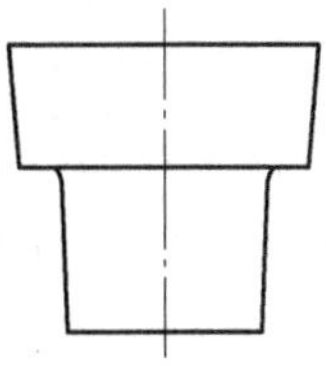

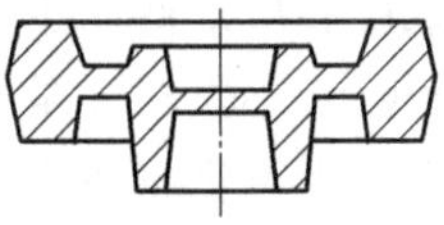

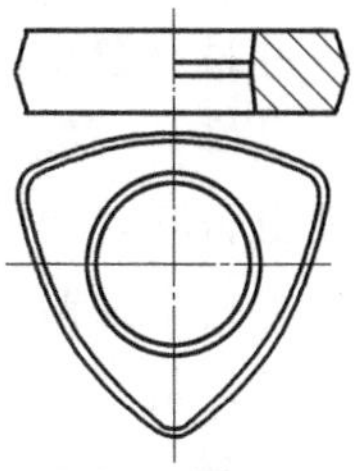

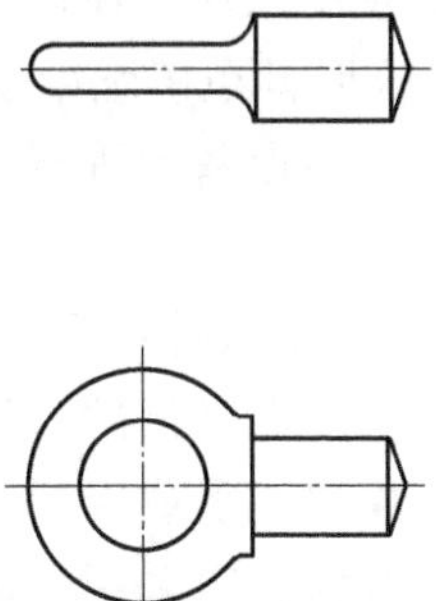

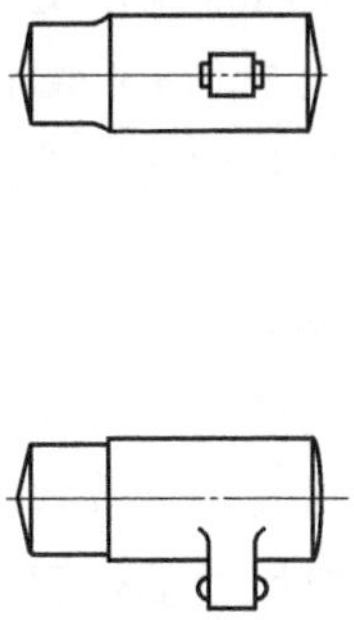

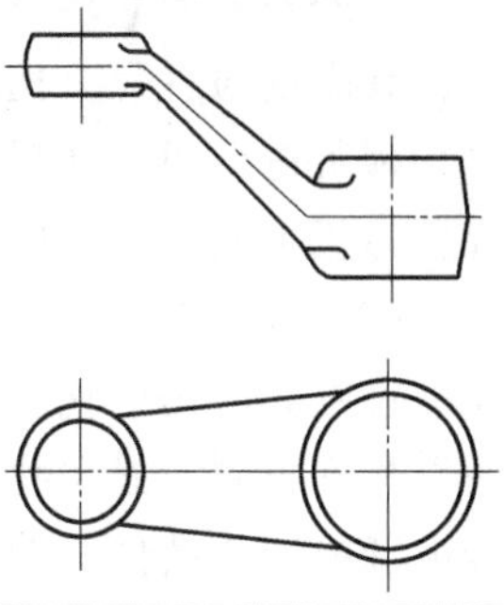

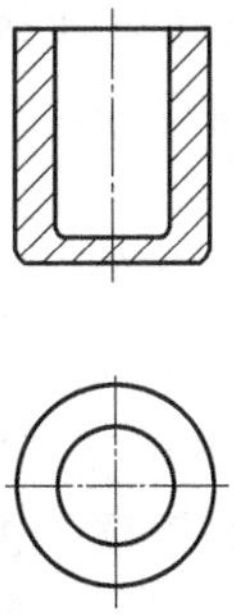

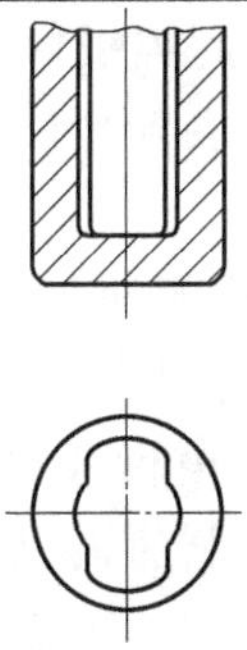

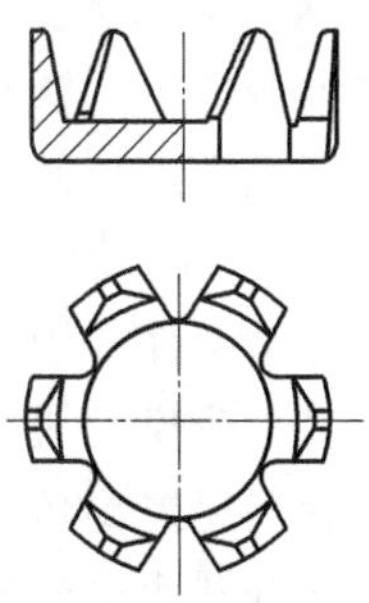

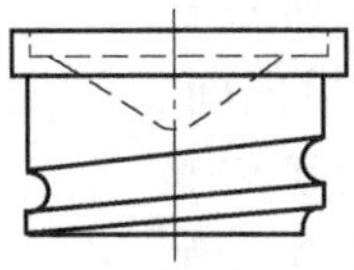

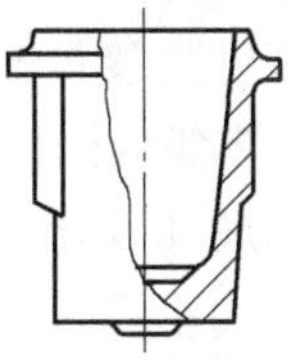

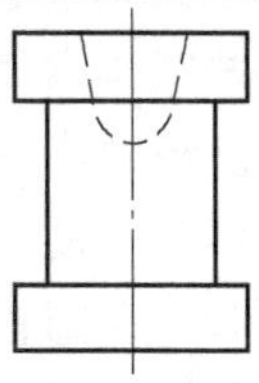

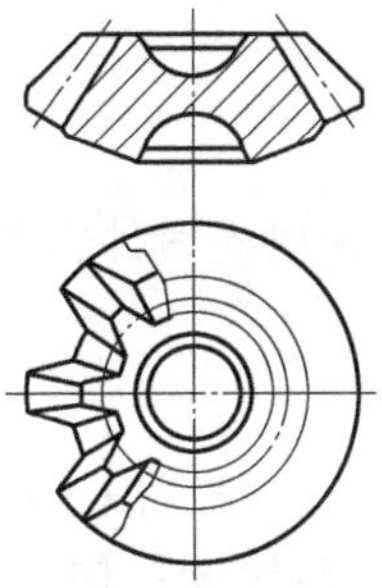

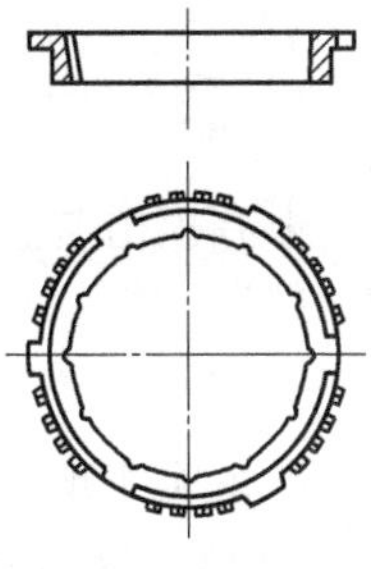

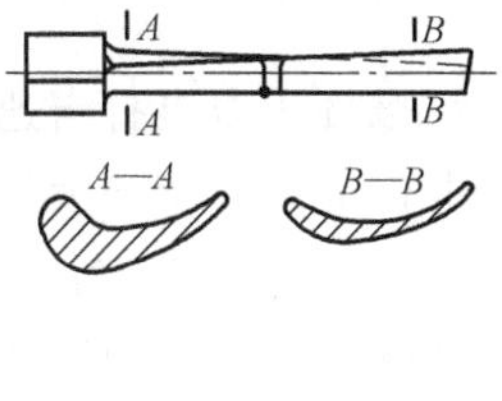

（1）第一类：带粗大头部的长杆类锻件　此类锻件一般是由长杆坯料一次局部顶镦成形。坯料的直径与锻件杆部直径相同，锻前一般只对坯料需要顶镦的部分局部加热，锻后锻件的头部带有较小的横向飞边。对于头部带有较大内凹、头部长径比不大的锻件，为保证头部成形良好，一般需采用镦粗和成形两个工步。对于头部体积较大的长杆件，常用的方法是与其他设备联合模锻。生产批量不大时，常用大于锻件直径的棒料在空气锤上摔细杆部，在螺旋压力机上顶镦成形头部。生产批量较大时，则用与锻件直径相同的长棒料在电镦机上顶镦出头部坯料，在螺旋压力机上顶镦成形锻件头部。

（2）第二类：饼块类锻件　此类锻件的形状特点是：在水平面上的投影为圆形或平面尺寸相差不大的异形饼块。形状简单的锻件，可直接用原坯料模锻。模锻前坯料立放于模膛中，其高度与直径之比小于 2.5，通常取 1.5~2。若坯料在模膛中易于定位且锻件形状较简单，则可进行闭式模锻。形状复杂的锻件，需先在其他设备上进行镦粗或预制坯，而后在螺旋压力机上进行开式模锻。

（3）第三类：变截面复杂形状的长轴类锻件　此类锻件的形状较复杂，截面形状和尺寸沿长度方向是变化的，一般都用开式模锻。由于螺旋压力机的行程次数较低，比较适宜模锻沿长度方向截面尺寸变化不大，可直接用原坯料模锻成形或经弯曲、卡压等一次打击制坯后模锻成形的锻件。对于截面尺寸沿长度方向变化较大，需采用打击次数较多的拔长、滚挤等制坯工步的锻件，在螺旋压力机上只进行终锻。

（4）第四类：筒形锻件　此类锻件基本是以热挤压方式成形，将加热好的坯料先镦粗后放入挤压模。镦粗的作用是去除坯料氧化皮和获得易于在挤压模中定位的坯料尺寸。

（5）第五类：上、下面及侧面均带内凹或凸台的锻件　此类锻件在上、下面及侧面均具有凸起或内凹，所以除上、下分模面外，还需将凹模做成可分的（图 3-100）。模锻后利用螺旋压力机及模具上的顶出装置将可分凹模顶出，并分开取出锻件。

（6）第六类：精密模锻件　此类锻件尺寸精度要求较高，某些工作表面或全部表面可直接锻出而不必再经过机械加工。精锻模一定要有导柱导套结构，以保证合模准确。为排除模膛中的气体，减少金属流动阻力，使金属更好地充满模膛，在凹模上应开有排气小孔。对于某些锻件（如齿轮锻件），为了便于脱模，模具凹模也可以设计成可分结构。

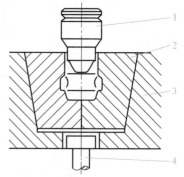

图 3-100　凹模可分的模具

1—凸模　2—两瓣凹模

3—模套　4—顶杆

三、螺旋压力机上模锻件图设计特征

螺旋压力机打击速度低，带有顶出装置，可以顶出模锻件，必要时也可将凹模顶出，其模锻件的设计特征大体如下。

（一）分模面位置的选择

螺旋压力机通用性很强，不仅能实现有飞边模锻，也适用于小飞边、无飞边模锻。它能生产的锻件品种较多。表 3-18 列出了螺旋压力机上模锻同一锻件采用不同工艺方案时分模面位置选择。

表 3-18　锻件分模面位置选择

模锻工艺	模锻件				
	1	2	3	4	5
开式模锻 (有飞边模锻)					
闭式模锻 (无飞边模锻)					
说明	一端带有大头 的长轴类锻件	圆盘形锻件	带孔的高度较大 的回转体锻件	阶梯状长 轴类锻件	非回转体类锻件

从表中可以看出，在锤上模锻须轴向分模的锻件，在螺旋压力机上模锻时，其分模面要取决于是开式还是闭式模锻。这是由于螺旋压力机带有顶出机构，对轴对称的、局部成形的锻件可沿径向分模，从而简化模具，方便模具加工和切边模制造。根据模锻件形状的不同，分模面可以为一个或多个。采用组合凹模，可得到两个方向上有凹坑、凹档的锻件，如三通阀体等。在确定分模面时，由于螺旋压力机上开式模锻多为无钳口模锻，如不采用顶件装置，应注意减少模腔深度尺寸，以利锻件出模。

（二）加工余量和公差的确定

由于螺旋压力机上模锻时不易去除氧化皮，一般模锻件的表面粗糙度值大于锤上模锻件，因此锻件加工余量和公差也比锤上模锻要大一些。若采用少无氧化加热措施，螺旋压力机上饼类模锻件和轴类模锻件的余量和公差可达到与锤上模锻件相同，顶镦类锻件的余量和公差可参考平锻机上模锻件的余量和公差。

（三）模锻斜度的选择

螺旋压力机上模锻件的模锻斜度的大小取决于有无顶杆，也与材料的相对尺寸和材料种类有关，见表 3-19。

表 3-19　模锻斜度

模锻斜度	外模锻斜度 α				内模锻斜度 β			
材质	有色金属		钢		有色金属		钢	
高度与直径或宽度 之比（$h/d, h/b$）	顶杆							
	有	无	有	无	有	无	有	无
<1	0°30′	1°30′	1°	3°	1°	1°30′	1°30′	5°
1~2	1°	3°	1°30′	5°	1°30′	3°	3°	7°
2~4	1°30′	5°	3°	7°	2°	5°	5°	10°
>4	3°	7°	5°	10°	3°	7°	7°	12°

（四）圆角半径的确定

圆角半径主要取决于锻件材料和锻件高度方向尺寸，见表 3-20。

表 3-20　锻件圆角半径

圆角	凹圆角 R/mm		凸圆角 r/mm	
高度方向尺寸 h/mm	材质			
	有色金属	钢	有色金属	钢
<5	0.8~1.0	1.0	0.5	0.8
5~10	1.0	1.0~1.5	1.0	1.0~1.2
10~15	1.5	2.0	1.2	1.5
15~20	1.8~2.0	2.5	1.5	2.0
20~30	2.2	2.5~3.0	1.8	2.0~2.5
30~40	2.5	3.0~5.0	2.0	2.5~3.5
>40	>3.0	>5.0	>2.0	>3.5

四、螺旋压力机吨位的确定

（一）螺旋压力机的力能关系

在选择螺旋压力机的规格时，应充分注意到螺旋压力机具有锻锤和压力机双重工作特性。在螺旋压力机主要技术规格和性能参数中，除了按其滑块最大打击力的一半左右表示其公称压力外，还注明了每次打击的最大打击能量。

螺旋压力机主要靠飞轮转动所储存的能量做功。螺旋压力机的工作特性与锻锤的工作特性有相同之处，即两者都是把工作部分所存储的打击能量转化为模锻件的变形功。螺旋压力机实际打击力的大小，与模锻件的变形量有关。模锻件变形量越小，所产生的打击力就越大。由于具有封闭机身系统，螺旋压力机所产生的打击力将通过螺杆、螺母直接传给机身，因此在设计、制造和使用时，既要考虑螺旋压力机所产生的打击能量，又要考虑其允许的使用压力。

在模锻过程中，螺旋压力机总的打击能量（E）消耗于三方面（图 3-101）：使金属产生塑性变形所消耗的功（E_d）；在金属变形抗力的作用下，设备构件弹性变形所消耗的功（E_t）；还有用于克服摩擦力（滑块和导轨、螺杆和螺母等）所消耗的功（E_m）。螺旋压力机的弹性变形功 E_t 随着打击力 P 的增大而急剧增加，而消耗于锻件塑性变形的功 E_d 则相对减少。设螺旋压力机的公称压力为 $P_{公称}$，冷击力为 P_{max}。由于塑性变形功 E_d 等于平均变形力与塑性变形量的乘积，因此若设备每次打击的变形量越大，则设备发挥出来的平均打击力越小；如果进行刚性打击（冷击），设备的打击力则会达到 P_{max}，此时飞轮的能量除一小部分用于克服摩擦作功外，其余的能量几乎全被压力机的弹性变形吸收，因而压力机的负荷最大，受力件有可能

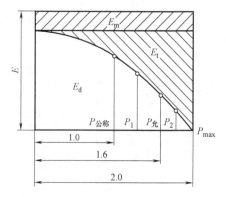

图 3-101　螺旋压力机的力能曲线

被破坏。因此螺旋压力机绝对禁止在飞轮全能量下进行冷击。

（二）螺旋压力机上模锻变形力的计算

1）按锤上模锻时落下部分质量或热模锻压力机上模锻时的压力进行换算，则有

$$P = K_1 m \tag{3-42}$$

$$P = P_曲 / K_2 \tag{3-43}$$

式中　P——模锻变形力（kN）；

　　　m——模锻锤落下部分质量（t）；

　　　$P_曲$——热模锻压力机上模锻计算的模锻变形力（kN）；

　　　K_1——换算系数（$K_1 = 3500 \sim 4000$）；

　　　K_2——换算系数（对于精压、冷校正等小变形量工步，$K_2 = 1.5 \sim 2$；对于切边、冲孔等中等变形量工步，$K_2 = 1 \sim 1.5$；对于镦头等大变形量工步，$K_2 = 0.5 \sim 1.0$）。

2）按锻件的投影面积大小计算，则有

$$P = \alpha \left(2 + 0.1 \frac{F\sqrt{F}}{V} \right) R_{eL} F \quad (N) \tag{3-44}$$

式中　α——与模锻类型有关的系数，开式模锻 $\alpha = 4$，闭式模锻 $\alpha = 5$（具有明显的挤压成形）或 $\alpha = 3$（具有不明显的挤压成形）；

　　　F——包括飞边在内的锻件在分模面上的投影面积（mm^2）；

　　　V——锻件体积（mm^3）；

　　　R_{eL}——终锻时金属的流动应力（屈服强度）（MPa），通常用同温度下的抗拉强度 R_m 代替。

3）精密模锻时，模锻变形力可按下式确定，即

$$P = KF \quad (kN) \tag{3-45}$$

式中　K——系数，在热锻和精压时，约为 $80 kN/cm^2$；锻件轮廓比较简单时，约为 $50 kN/cm^2$；对于具有薄壁高筋的锻件，为 $110 \sim 150 kN/cm^2$。

　　　F——包括飞边和连皮在内的锻件在分模面上的投影面积（cm^2）；

4）在离合器式螺旋压力机上进行普通模锻时，则在式（3-44）中引入一个力能关系修正系数 β，即

$$P = \beta \alpha \left(2 + 0.1 \frac{F\sqrt{F}}{V} \right) R_{eL} F \quad (N) \tag{3-46}$$

式中　β——力能关系修正系数。在 NPS 型离合器式螺旋压力机上进行精密锻造、精压成形时，$\beta = 1$；当进行镦挤成形时，$\beta = 0.81 \sim 0.68$；当进行镦粗成形时，$\beta = 0.55 \sim 0.37$。

在离合器式螺旋压力机上进行精密模锻时，$\beta = 1$，则模锻变形力可按式（3-44）确定。

（三）螺旋压力机公称压力的选择

在螺旋压力机上模锻时，最大变形量和最大打击力不能同时出现。在选择螺旋压力机规格时，必须考虑工步变形量的大小。为了充分发挥螺旋压力机的承载能力，在选用设备时，可以使实际需要的模锻变形力 P 稍大于公称压力 $P_{公称}$。根据具体工艺过程的不同情况，一般可按 $P = (1 \sim 1.6) P_{公称}$ 选取，即螺旋压力机的规格按 $P_{公称} = P / (1 \sim 1.6)$ 确定。对于变形量较小的精压和精整工序，通常需要以大压力、小能量来工作，所以螺旋压力机可在

$1.6P_{公称}$段工作，可选公称压力为 $P/1.6$ 的压力机；对于变形量稍大的模锻工序，螺旋压力机可在 $1.3P_{公称}$ 段工作，可选公称压力为 $P/1.3$ 的压力机；对于变形量和变形能都需要较大的模锻，螺旋压力机可在 $(0.9\sim1.1)P_{公称}$ 段工作，可选公称压力为 $P/(0.9\sim1.1)$ 的压力机。

五、模锻工步的选择

螺旋压力机的工作速度比模锻锤低，但高于热模锻压力机。在螺旋压力机上模锻，可完成的变形工步分为两大类：模锻成形工步和模锻后续工步。模锻成形工步包括制坯工步和模锻工步。制坯工步有镦粗、聚料、弯曲、成形、压扁等工步，模锻工步有预锻和终锻工步。模锻后续工步包括精压、压印、校正、校平、精整、切边、冲连皮等工步。

总之，螺旋压力机上模锻工步的选择与锤上模锻相同。

六、螺旋压力机用锻模设计

（一）模膛设计特点

（1）终锻模膛设计　螺旋压力机终锻模膛的设计要点与锤锻模相同，模膛尺寸按热锻件图设计。

用于开式模锻的锻模终锻模膛周围需要设计飞边槽。螺旋压力机上锻模常用的飞边槽形式有三种，如图 3-102 所示。形式 I 可用于任何形状的锻件；形式 II 用于小飞边或没有预锻及预锻切边后再终锻的锻件；形式 III 用于模膛较深、局部不易成形的锻件。

由于螺旋压力机行程次数较少，因此其锻模飞边槽桥部高度较锤锻模的大，可按下式计算：

$$h = 0.02\sqrt{F} \tag{3-47}$$

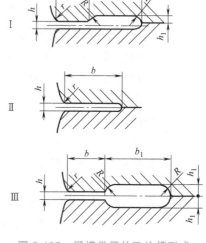

图 3-102　锻模常用的飞边槽形式

式中　h——飞边槽桥部的高度（mm）；

　　　F——锻件在水平面上的投影面积（mm²）。

表 3-21 给出了按设备规格确定的飞边槽尺寸的经验值。

由于制坯是在配套设备上完成，坯料一般不带钳口料，如无特殊需要，螺旋压力机终锻模膛前面一般不开设钳口。当需要制作制模检验铸件或为便于撬取锻件时，可在模膛前开浇灌口或开局部斜槽。浇灌口的尺寸按锻件质量参照锤锻模选取。

表 3-21　按设备规格确定的飞边槽尺寸的经验值

公称压力/kN	h/mm	h_1/mm	b/mm	b_1/mm	r/mm	R/mm
<1600	1.5	4	8	10	1.5	4
2500	2.0	4	10	18	2	4
4000	2.5	5	10	20	2.5	5
6300~10000	3.0	6	12	22	3	6
>10000	3.5	7	14	24	3.5	7

螺旋压力机闭式模锻较适用于轴对称变形或近似轴对称变形的锻件。在进行终锻模膛设

计时应考虑以下几点。

1）在闭式锻模设计中，如冲头和凹模孔之间，顶杆和凹模孔之间间隙过大，就会形成纵向毛刺，加速模具磨损且造成顶件困难；如间隙过小，因温度的影响和模具的变形，会造成冲头在凹模孔内、顶杆在凹模孔内运动困难。通常按三级滑动配合精度确定间隙值，也可参考有关手册。冲头与凹模的间隙一般为 0.05~0.20mm。

2）设计闭式锻模的凹模和冲头时，应考虑多余能量的吸收问题。当模膛已基本充满，再进行打击时，滑块的动能几乎全部被模具和设备的弹性变形所吸收。坯料被压缩后，模具的内径被撑大，模具将承受很大的应力。因此，在螺旋压力机上闭式模锻时，模具的尺寸不取决于模锻件的尺寸和材料，而取决于设备的吨位。

对于分模面两侧形状不对称的锻件，因为螺旋压力机通常只有下顶出装置，所以锻件形状复杂的部分应放在下模，以便于脱模。

（2）其他模膛设计　螺旋压力机上模锻的制坯工作多半是借助自由锻锤、辊锻机等完成的，因此有关的制坯模膛设计应根据所用设备而定。

（二）锻模的结构形式

由于螺旋压力机具有模锻锤与热模锻压力机的双重特点，所以螺旋压力机锻模的结构形式既可采用锤锻模结构形式，也可采用热模锻压力机锻模的结构形式，即模具可以是整体模、镶块模和组合模。

图 3-103a、d 为整体式和镶块式的锤锻模结构形式，图 3-103b、c、e、f 为整体式和组

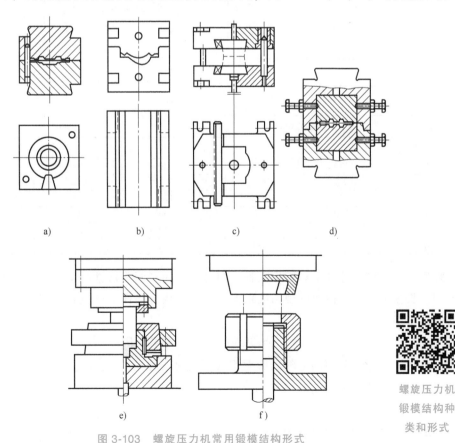

a)　　　b)　　　c)　　　d)

e)　　　f)

螺旋压力机锻模结构种类和形式

图 3-103　螺旋压力机常用锻模结构形式

合式的热模锻压力机锻模结构形式。如既有模锻锤、又有螺旋压力机时，同样能量设备应做到通用，这时可采用锤锻模的结构形式，以便根据生产任务调节不同设备的负荷。大吨位螺旋压力机多用整体式锻模（图 3-103a 和 b）。

（三）模块、模座及紧固形式

1. 模块

螺旋压力机上整体模的上、下模都是由整体模块组成，和锤锻模一样，模膛、导向和承击面都设在上、下模块上。整体模大都用于规格较大的螺旋压力机和长轴类锻件。表 3-22 为某厂所用整体模块规格尺寸。

螺旋压力机上镶块模是由可更换的模块（即镶块）与具有一定通用性的模座两部分组成的。组合模是镶块模的发展，它是由多个零件装配组合而成，可以具有两个或两个以上的分模面，大多用于直轴线类锻件和回转体或近似回转体型的中、小型锻件。镶块模和组合模的模块上一般只设模膛，锻模的导向另外设在模座上。

表 3-22　整体模块规格尺寸

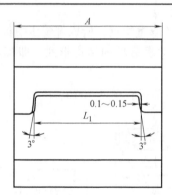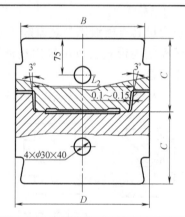

设备规格/kN	1600,3000		10000		
尺寸规格	1	2	3	4	5
A	220	300	330	360	360
B	$160^{-8.16}_{0}$	$160^{-8.16}_{0}$	$160^{-8.16}_{0}$	$305^{-8.22}_{0}$	$305^{-8.22}_{0}$
C	120	120	120	150	150
D	200	200	260	360	400
L_1	140	220	250	280	280
L_2	140	140	200	280	320

螺旋压力机模块分圆形和矩形两种，前者主要用于圆形锻件或不太长的小型锻件，后者主要用于长轴类锻件。模块的规格应根据模膛在模块分模面上的投影面积和深度来选择，但应同时满足如下要求，即

$$F_1 \leqslant 30\% F_2 \qquad H_1 \leqslant 40\% H_2 \tag{3-48}$$

式中　F_1——模膛在分模面上的投影面积（不包含飞边槽）（mm^2）；

　　　F_2——模块分模面的面积（mm^2）；

　　　H_1——模膛的深度（mm）；

　　　H_2——模块的高度（mm）。

表3-23和表3-24所列分别为某些工厂所用的螺旋压力机锻模圆形模块和矩形模块尺寸。

表3-23　螺旋压力机锻模圆形模块尺寸

压力机规格/kN	模块尺寸/mm		
	d	b	h
1600	160	70	70
	180	80	80
	180	70	50~80
3000	220	90	60~90
4000	220	100	110
	240	110	120
10000	280	130	130
	360	170	140

表3-24　螺旋压力机锻模矩形模块尺寸

压力机规格/kN	模块尺寸/mm			
	L	B	H	h
1600	150	120	60	60
	160	160	70	60
	180	140	70	60
	200	160	80	60
	≤300	160	50~80	60
3000	140	140	70	70
	200	150	80	70
	240	180	100	70
	≤400	180	60~90	70
4000	220	180	90	80
	240	200	100	80
	260	220	110	80
10000	280	240	120	100
	360	300	140	100
	400	340	180	100

2. 模座

模座是用来安放镶块模和组合模模块的，要求有足够的强度和刚度。

模座的外廓尺寸根据压力机工作台面的尺寸、模块大小以及模座安装与调整条件等来确定。用来安装模块的内腔尺寸按模块形状与尺寸来确定。

为了便于调节上、下模块间的相对位置，防止因模块和模座内腔的变形影响正常装卸，模块和模座内腔之间应留有一定的间隙Δ。对圆形模块，Δ取0.1~0.2mm；对矩形模块，Δ取1~1.5mm。模座内腔的深度应比模块高度小，其值与模块的紧固方式有关。

图3-103c所示的通用模座既可安装圆形模块，又可安装矩形模块，减少了模座种类，便于生产管理。图3-103d所示为带锁扣的模座，此模座设计有燕尾结构，需利用带燕尾槽的过渡模板安装。图3-104所示为带凸耳的模座，多用于圆形模块。图3-105所示为适用于矩形模块的模座。

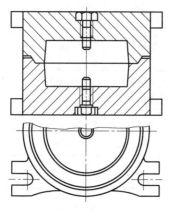

图3-104　带凸耳的模座

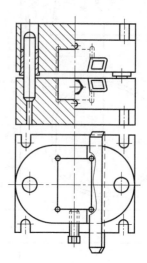

图3-105　适用于矩形模块的模座

3. 模块的紧固形式

螺旋压力机上的锻模，通常是借助于模板或模座用螺栓、压板紧固于压力机的滑块及工作台的垫板上，模块则按一定的紧固形式与模板或模座安装在一起。

由于螺旋压力机的装模空间一般没有燕尾槽，所以带燕尾的整体模必须利用带燕尾槽的过渡模板（图3-106）；而模板是用压板紧固在压力机的工作台和滑块上。

镶块模和组合模模块的紧固形式多样，常见的有以下四种。

（1）斜楔紧固　这种紧固方法与锤锻模相同，既适用于圆形模块，也适用于矩形模块，如图3-103c所示。

（2）螺钉紧固　这种紧固方法适用于圆形模块，也适用于矩形模块，如图3-103d所示。

（3）压板紧固　这种紧固方法的优点是紧固可靠，条形压板适用于矩形模块（图3-103b）；环形压板适用于圆形模块，特别是需要使用顶杆的圆形模块，如图3-103e所示。

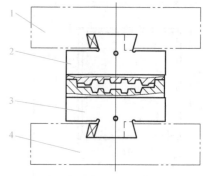

图3-106　用燕尾槽紧固的整体模

1—上模板　2—上模块　3—下模块　4—下模板

（4）大螺母紧固　这种紧固方法适用于圆形模块，如图3-103f所示。

在制作急件或一次性投产时，可用焊接的方法将模块固定，其结构简单，缺点是不能更换。

（四）锻模导向装置

为了平衡模锻过程中出现的错移力，减少锻件错移，提高锻件精度和便于模具安装、调整，可采用导向装置。螺旋压力机锻模的导向形式有导销导向、锁扣导向、导柱导套导向和凸凹模自身导向。

（1）导销导向 对于形状简单、精度要求不高、生产批量又不大的锻件，可采用导销导向，如图 3-103a 所示。导销的形状如图 3-107 所示。导销的长度应保证开始模锻时导销进入上模导销孔 15～20mm；在上、下模打靠时导销不露出上模导销孔。

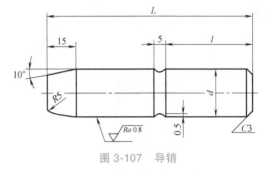

图 3-107 导销

（2）锁扣导向 锁扣导向主要用于大型螺旋压力机的开式锻模上，有时也用于中、小型锻件生产，如图 3-103b、d 所示。螺旋压力机锻模锁扣导向与锤锻模的锁扣导向基本相同，分为平衡锁扣和导向锁扣。平衡锁扣用于分模面有落差的锻件；导向锁扣则应根据锻件的形状和具体情况，参照锤上模锻锻模进行设计。

（3）导柱导套导向 导柱导套导向适用于生产批量大、精度要求较高的条件下，如图 3-103c 所示。这种导向装置导向性能好，但制造较困难。对于大型螺旋压力机用锻模，可参考热模锻压力机锻模的导柱导套设计；对于中小型螺旋压力机用锻模，可参考冷冲压模具设计。

（4）凸凹模自身导向 凸凹模自身导向主要用于圆形锻件，实质上它是环形导向锁扣的变种形式，如图 3-103e 和图 3-108 所示。凸凹模自身导向分为圆柱面导向和圆锥面导向两种。圆柱面导向的导向性能优于圆锥面导向，多用于无飞边闭式模锻。圆锥面导向多用于小飞边开式模锻。设计导向部分的间隙时，要考虑到模具因温度变化对间隙的影响，一般取 0.05～0.3mm。

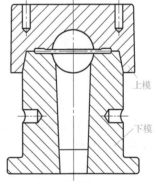

图 3-108 凸凹模自身导向的锻模结构

锁扣及导销孔是直接设在模块上。通常是将上、下模对正固紧后，同时加工出导销的安装孔及导向孔，然后配上导销。导柱、导套通常是设在模座上，与上、下模座一起组成模架。加工时需保证导柱、导套孔与模座中模块紧固槽的相对位置精度。

对于设备本身导向精度较高的新型螺旋压力机，除为平衡有落差锻件的错移力和便于模具安装而在锻模上设置导向外，对一般锻件的锻模，也可不设导向装置。

（五）其他结构设计特点

（1）模膛的布排 当锻模上只有一个模膛时，模膛中心要和锻模中心及压力机主螺杆中心重合；如在螺旋压力机的模块上同时布置预锻模膛，应分别布置在锻模中心两侧。两中心相对于锻模中心的距离分别为 a、b，其比值 $a/b \leq 1/2$，$a+b<D$，如图 3-109 所示。对于承

受偏载能力较强和行程次数较多的新型螺旋压力机，可进行多模膛模锻，模膛排列特点可参考锤锻模确定。

（2）承击面积　为避免压力机工作台面单位面积上受力过大，整体模的模块必须具有足够大的承击面积。因为螺旋压力机的行程速度慢，模具的受力条件较好，所以开式模锻模块的承击面积比锤锻模小，大约为锤锻模的1/3。

（3）排气孔和顶出器　对于模膛较深、形状较复杂、金属难于充满的部位，应设置排气孔。由于螺旋压力机的行程不固定，上行程结束的位置也不固定，所以在模块上设计顶出器时，应在保证强度的前提下留有足够的间隙，以防顶出器将整个模架顶出，如图3-110所示。

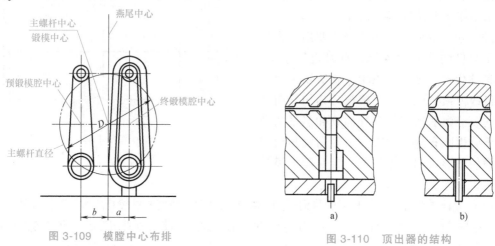

图 3-109　模膛中心布排

图 3-110　顶出器的结构

任务实施

以花键轴叉零件（图3-97）为研究对象，进行螺旋压力机上模锻过程与模具设计。

一、模锻件的设计

1. 分模面位置

确定分模面位置最基本的原则是分模位置应选在具有最大水平投影尺寸的位置上，保证锻件容易从锻模模膛中取出，利于充填成形和模具加工。花键轴叉为长轴类、叉类锻件，杆中部较其他部位细，如果竖直放置分模，则必须设计用于成形侧凹的可分凹模，模具结构复杂，模具总高度也大。

综合考虑以上因素，分模面采用水平对称分模，将分模面位置确定在 $A—A$ 处，如图3-111所示。

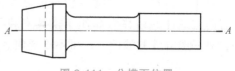

图 3-111　分模面位置

2. 确定锻件机械加工余量和尺寸公差

加工余量的确定与锻件形状的复杂程度、成品零件的精度要求、锻件的材质、模锻设备、机械加工的工序设计等许多因素有关。根据GB/T 12362—2016，通过估算锻件质量，考虑加工精度及锻件复杂系数，确定锻件单边机械加工余量为 2.5mm。

3. 确定模锻斜度和圆角半径

螺旋压力机上模锻斜度的大小，主要取决于有无顶出装置，也受锻件尺寸和材料种类的影响；锻件的圆角可以使金属容易充满模膛，起模方便和延长模具寿命。在设计时，模锻斜度和圆角半径可根据相关标准、设计图样、生产操作和模具加工方便等进行设计。外模锻斜度为 5°，内模锻斜度为 7°，未注圆角为 R4。锻件图如图 3-112 所示。

二、飞边槽结构形式及尺寸

根据花键轴叉锻件特点，选用第Ⅰ类飞边槽形式，考虑加工方便，将飞边槽开通，其尺寸和形式如图 3-113 所示。

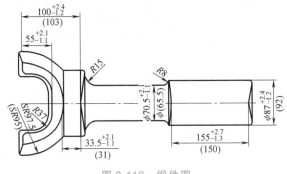

图 3-112　锻件图

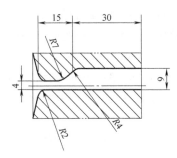

图 3-113　飞边槽结构尺寸

三、设备吨位的确定及其有关参数

花键轴叉锻件叉口外形不加工，根据实际生产经验，模锻变形力可按式（3-45）确定，即

$$P = KF$$

系数 K 按半精密锻造，取 $65kN/cm^2$，锻件在分模面上的投影面积（包括飞边和连皮的面积）为 $737.593825cm^2$。

该锻件锻造属于变形量稍大的模锻工序，螺旋压力机可在 $1.3P_{公称}$ 段工作，则

$$P_{公称} = (65 \times 737.593825/1.3)kN = 36879.7kN$$

经查相关手册，得知 J55-40000kN 离合器式螺旋压力机能够满足要求。J55-40000kN 离合器式螺旋压力机的技术参数见表 3-25。

表 3-25　J55-40000kN 离合器式螺旋压力机的技术参数

公称压力/kN	最大打击力/kN	滑块速度/（mm/s）	有效变形能量/kJ	最大行程/mm	最小装模空间/mm	工作台前后×左右/（mm×mm）	主电动机功率/kW
40000	50000	500	1250	530	1060	1600×1600	160

四、热锻件图的确定

热锻件图是以冷锻件图为依据，将所有尺寸增加收缩值。螺旋压力机上模锻件收缩率一般取 1.5%，离合器式螺旋压力机上模锻由于终锻温度高，建议取 1.8%。

五、确定制坯工步

该锻件属于长轴类叉形锻件，锻件形状较复杂，锻件截面积相差较大。根据锻件的形状结构及尺寸特点和工厂的实际情况，确定采用自由锻制坯：拔扁方—三向压痕（半圆压棍）—拔出叉头—掉头拔杆。

六、模具设计

模架设计考虑通用性和实用性，采用组合式（镶块式）锻模模架。离合器式螺旋压力机上锻模模架结构如图 3-114 所示，顶料机构采用压力机顶杆—顶板—顶杆的结构，扩大了顶料范围。终锻模镶块材料为 5CrNiMo；模块尺寸为 $L = 680$mm，$B = 340$mm，$H = 340$mm；模块紧固形式采用斜面压板紧固。终锻模镶块结构如图 3-115 所示。

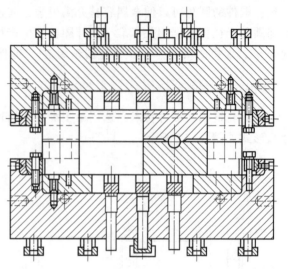

图 3-114　离合器式螺旋压力机上锻模模架结构

如采用摩擦压力机上模锻，可采用图 3-116 所示模具结构，将模块放在中间，其他步骤基本相同。

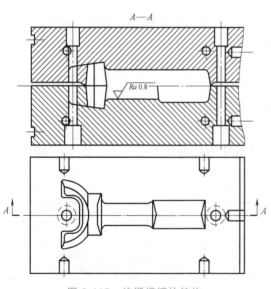

图 3-115　终锻模镶块结构

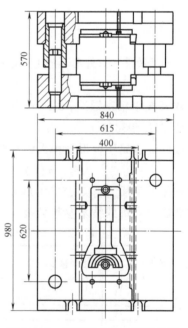

图 3-116　摩擦压力机上锻模结构

七、模锻工艺流程

1）下料。选择冷剪切下料。

2）加热。在半连续式炉里完成，加热温度 1220~1240℃。

3）模锻。在 J55-40000KN 离合器式螺旋压力机上进行终锻，选择自由锻制坯。

4）切边。选择热切边方式。

5）磨毛刺：在普通砂轮机上磨去毛刺。

6）热处理：选择连续热处理炉，热处理方式是固溶处理+时效处理。

7）冷精压。

8）检验。

课后思考

1. 试述螺旋压力机的工作特点。

2. 试述螺旋压力机模锻工艺特点。

3. 为何摩擦压力机上锻模只宜设置单模膛？

4. 试述螺旋压力机上锻模的导向形式。

【新技术·新工艺·新设备】

在中、小批量生产的锻工车间和部分大批量生产的专用生产线上，广泛使用螺旋压力机模锻。按驱动方式不同，螺旋压力机主要有摩擦压力机、电动螺旋压力机及液压螺旋压力机三类。我国目前使用最多的是公称压力为 1000~16000kN 的摩擦压力机。另外，公称压力为 25000kN 的摩擦压力机、40000kN 的液压螺旋压力机和 6300kN 的电动螺旋压力机等大型新型结构的螺旋压力机也已在生产中得到应用。

传统的摩擦压力机主要用于简单形状中小型模锻件的单膛模锻和模锻件的校正工序。为了满足锥齿轮和叶片等锻件精密模锻的要求，现代螺旋压力机在传动、结构和控制等方面，都有了重大改进，并实现了大型化。

一、NPS 型离合器式高能螺旋压力机的应用

近年来，随着螺旋压力机性能和结构的日趋完善，其工艺用途也越来越广泛。例如德国生产的 NPS 型离合器式高能螺旋压力机（图 3-117），具有打击能量大、行程次数高、导向精度好、承受偏击载荷能力强、锻后闷模时间短以及压机在行程的任意位置都有很高的打击力等优点，为在螺旋压力机上进行多膛模锻、精锻及模锻高度大、变形量大的锻件提供了有利条件。我国在 20 世纪 80 年代开始开发这种设备，现在已能够自行设计制造出 J55 系列的 4~40MN 的离合器式高能螺旋压力机。

二、电动螺旋压力机的应用

20 世纪 60 年代，西方国家特别是德国掀起了研制大型电动螺旋压力机的高潮。我国也早在 20 世纪 80 年代就研制出了 1600 吨级电动螺旋压力机样机。近些年来，随着电机制造技术和我国电力事业的发展，我国在大功率电动螺旋压力机的研制方面也有所突破，自行研制生产出最大打击为 16000t（正常打击力为 8000t）的电动螺旋压力机，并于 2012 年顺利

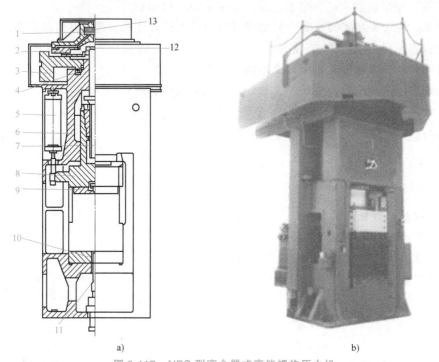

图 3-117 NPS 型离合器式高能螺旋压力机

a）螺旋压力机结构原理图 b）螺旋压力机实体图

1—离合器液压缸 2—主动摩擦盘 3—飞轮 4—推力轴承 5—回程缸 6—机身 7—主螺杆

8—滑块 9—滑块垫板 10—台面垫板 11—下模顶出器 12—从动摩擦盘 13—离合器活塞

通过了产品检测和验收，其价格也仅为德国同类产品的 50%。图 3-118a 为电动螺旋压力机原理简图，图 3-118b 为我国青岛益丰锻压公司生产的某型号电动螺旋压力机。

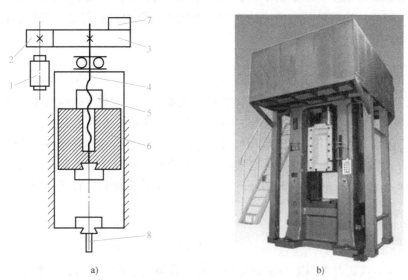

图 3-118 电动螺旋压力机

a）电动螺旋压力机原理简图 b）电动螺旋压力机实体图

1—电动机 2—传动齿轮 3—飞轮 4—螺杆 5—螺母 6—滑块 7—制动器 8—顶出器

近年来，随着航空装备的快速发展，新材料、新工艺不断成熟应用，军民融合战略对重型装备的要求越来越高。2019 年 3 月 29 日下午，在航空工业宏远西安新区精密锻造厂，由德国西马克集团承制的 200MN 电动螺旋压力机热试车圆满成功。该设备是目前全球最大的电动螺旋压力机，也是我国目前最大的同类设备。其具有高精度、高刚性、高能量、高效节能等特点，尤其适合航空航天难变形的高温合金、钛合金、超高强度钢材料等大中型精密模锻件的生产。2019 年 9 月 26 日，200MN 电动螺旋压力机正式投入生产，并生产出一件硕大的外贸锻件产品（图 3-119），标志着中国锻造产品进入精锻 3.0 时代。2020 年初，航

图 3-119 某外贸盘类模锻件

空工业宏远承接赛峰公司的大型起落架活塞杆模锻件生产项目，并在 200MN 电动螺旋压力机上顺利实现小批生产。

世界最大 200MN 电动螺旋压力机的建成投产将有力推动我国飞机和航空发动机等大型精密模锻件的研制和生产，使我国航空锻造水平向世界一流行列不断迈进，特别是对"歼20"等大量使用钛合金锻件的飞行器生产具有重大意义。

任务三 连杆热模锻压力机上模锻与模具设计

任务目标

1）了解热模锻压力机的工作原理和选择依据。
2）熟悉热模锻压力机模锻工序特点及其分类。
3）掌握热模锻压力机上模锻过程和锻模结构设计。
4）以汽车连杆为例，分析热模锻设计过程。

任务分析

1. 任务介绍

如图 3-120 所示的连杆零件，材料为 40 钢，属于复杂长轴类零件，即叉形零件。此零件叉部为 $\phi 65.5$mm 的半圆，较难成形。此零件形状较为复杂，要求采用热模锻压力机模锻成形。通过此任务的完成，掌握叉形锻件的锻造方案制订及其模具设计。

2. 任务基本流程

本任务主要针对叉形锻件的锻造方案制订及其模具设计，通过理论知识的学习，巩固模锻方案的制订步骤，设计合理的叉形锻件生产用模具。

依据叉形锻件自身特点，结合理论知识的学习，掌握叉形锻件的制坯工步选择；掌握叉形锻件毛坯尺寸的确定；掌握叉形锻件预锻和终锻模具设计要点。

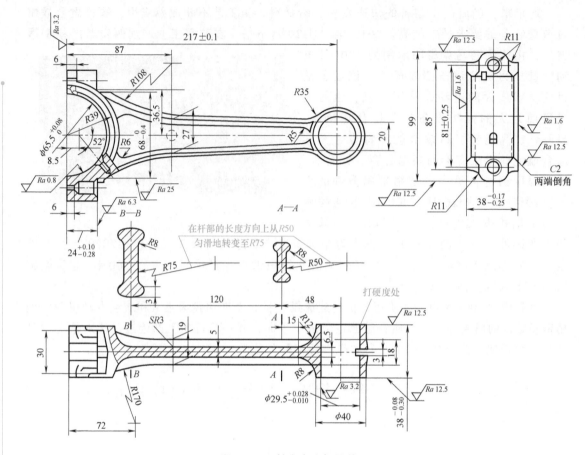

图 3-120　某汽车连杆零件图

理论知识

一、热模锻压力机上模锻件图设计特征

热模锻压力机上模锻件图的设计过程和设计原则与锤上模锻相同，但是要针对热模锻压力机的结构和模锻工艺过程特征选择参数。

1. 分模面位置的选择

由于热模锻压力机有顶出机构，使模锻件有可能方便地从较深的模膛内取出，因此可按成形的要求较灵活地选择分模面。如图 3-121 所示的杆形件，在锤上模锻时分模面为 A-A，即平放在模膛内，内孔无法锻出，毛边体积较多；在热模锻压力机上模锻时，则可选 B-B 为分模面，将坯料立放在模膛内局部镦粗并且冲出内孔，模锻后用顶料杆将锻件顶出。

2. 加工余量和公差的确定

由于热模锻压力机导向精度高，因此锻件的余量和公差带可以比锤上模锻相应减小，可参考有关手册。

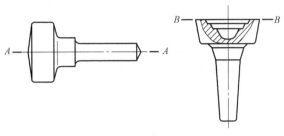

热模锻压力机
上模锻变形
工步及工
步图设计

图 3-121　杆形件的两种分模方法

3. 模锻斜度的选择

热模锻压力机上模锻件的模锻斜度一般比锤上模锻件小，一般为 2°~7°或更小，可参考有关手册。

4. 圆角半径的确定

确定热模锻压力机上模锻件的圆角半径，与锤上模锻件时确定圆角半径一样。

5. 冲孔连皮

冲孔连皮的形状和设计方法也同锤上模锻，连皮厚度通常取 6~8mm。直径小于 26mm 的孔一般不锻出。

二、模锻力及设备吨位确定

热模锻压力机属于曲柄连杆传动的锻压设备，其滑块上的载荷随曲柄的转角而周期性变化，其公称吨位指的是滑块距下死点前一定距离内，压力机所允许的最大作用力。热模锻压力机不容许超载使用，否则会产生"闷车"。

热模锻压力机的过载保护机构在发生"闷车"时，不能自行卸载和自行恢复。必须采取可靠的工艺措施避免由于坯料体积波动 ΔV 引起的过载，一般这不容易做到，因此在热模锻压力机上应用闭式模锻工艺有一定的限制。

热模锻压力机上模锻所需变形力可按下列经验公式选取：

$$P = (64 \sim 73) KA$$

式中　P——成形压力（kN）；

　　　　K——材料系数，由表 3-26 查得；

　　　　A——锻件和飞边（仓部按 50% 计算）在水平面上的投影面积（cm²）。

表 3-26　材料系数

材料	碳素钢 ($w_C < 0.25\%$)	碳素钢 ($w_C \geq 0.25\%$)	低合金钢 ($w_C < 0.25\%$)	低合金钢 ($w_C \geq 0.25\%$)	高合金钢 ($w_C < 0.25\%$)	合金工具钢
系数 K	0.9	1.0	1.0	1.15	1.25	1.55

三、热模锻压力机上锻模结构设计

热模锻压力机滑块行程一定，每次行程都能使锻件得到相同高度，模锻件的尺寸精度较高，滑块运动速度比模锻锤低，有保证导向良好的导向装置，承受偏载的能力比模锻锤强，因而在热模锻压力机上模锻有利于延长模具的使用寿命。热模锻压力机的滑块机构具有严格的运动规律，易于实现机械化和自动化生产，特别适合于大批量生产和机械化、自动化程度高的模锻车间。热模锻压力机不需要强大的安装基础，但其结构比较复杂，加工要求较高，制造成本高。

因为热模锻压力机有上、下顶出装置，所以大多短轴类和长轴类模锻件可在热模锻压力机上生产。不少顶镦类锻件也可在热模锻压力机上生产。

热模锻压力机上常用的变形工步有终锻、预锻、镦粗、成形镦粗、压挤、压扁、弯曲、成形等。

热模锻压力机工艺万能性差，不宜进行拔长和滚挤等制坯工步。它只能完成截面积变化不大（10%～15%）的制坯工作。单机生产时，适合锻造没有滚挤和延伸等工序的单工序模锻件，如模锻齿轮坯、轨链节和地质钻头上的牙掌等。当遇到截面积变化较大的锻件时，制坯工作应在锻锤或辊锻机等其他设备上进行。

热模锻压力机上常常要用到预锻工步，有时一次预锻不够，需要经过两次或多次预锻。

热模锻压力机直接采用电力-机械传动，传动效率较高。热模锻压力机工作时没有冲击，可以看成是对变形金属施加静压力。金属充填模膛的能力不如模锻锤好，所设计的模膛与锤锻模有所差别。

热模锻压力机用模具可以采用镶块式组合结构。

1. 模膛设计特点

热模锻压力机锻模常用的模膛有终锻模膛、预锻模膛、镦粗模膛、压挤（成形）模膛、弯曲模膛等。

（1）终锻模膛设计　热模锻压力机上锻模的终锻模膛设计内容主要包括：确定模膛轮廓尺寸、选择飞边槽形式、设计钳口、设计排气孔和正确布置顶出器的位置。

1）飞边槽的选择。热模锻压力机用锻模的飞边槽形式和锤用锻模相似，其主要区别是飞边槽没有承击面，在上、下模面之间留有高度等于飞边桥部高度的间隙，其目的是防止压力机超载"闷车"。

在热模锻压力机上模锻，要采用合理的制坯工步，使金属在终锻模膛内的变形主要以镦粗方式进行，飞边的阻力作用不像锤上模锻那么重要，飞边的主要作用是容纳多余金属。飞边槽桥口高度及仓部均比锤上模锻锻模上的飞边相应大一些，其结构形式及尺寸参见有关手册。

2）排气孔。热模锻压力机上模锻与锤上模锻不同，金属是在滑块的一次行程中完成变形。若模膛有深腔，聚积在深腔内的空气受到压缩，模锻时无法逸出，会产生很大压力，阻止金属向模膛深处充填。所以，一般在模膛深腔金属最后充填处开设有排气孔，如图 3-122 所示。排气孔的直径 d 为 $\phi 1.2 \sim \phi 2.0\text{mm}$，孔深为 $20 \sim 30\text{mm}$，后端可用 $\phi 8 \sim \phi 20\text{mm}$ 的通孔与通道连通。

对环形模膛，排气孔一般对称设置；对深而窄的模膛，排气孔一般只在底部设置一个。

模膛底部有顶出器或其他排气缝隙时，则不需要开排气孔。

3）顶出器的布置。热模锻压力机的顶出器主要用于顶出预锻模膛或终锻模膛内的锻件。顶出器的位置，应根

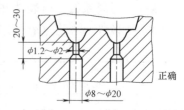

正确

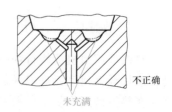

不正确

未充满

图 3-122　排气孔的布置

据锻件的具体情况而定。在模锻时尽量不要使顶料杆受载。

一般情况下，顶出器顶出锻件时，应顶在锻件的飞边上或具有较大孔径的冲孔连皮上，如图 3-123a、b、c 所示。如果要将顶出器顶在锻件本体上时，应尽可能顶在加工面上，如图 3-123d、e、f 所示。

为防止顶杆弯曲，设计时应注意顶杆不能太细，一般取 $\phi 10 \sim \phi 30\,\text{mm}$。应有足够长度的导向部分，顶杆孔与顶杆之间应留有 $0.1 \sim 0.3\,\text{mm}$ 的间隙。

顶杆周围的间隙也能起排气作用。

（2）预锻模膛设计　热模锻压力机是一次行程完成金属变形，因此，热模锻压力机上模锻的一般成形规律是：金属沿水平方向流动剧烈，沿高度方向流动相对缓慢，这就使得在热模锻压力机上模锻更容易产生充不满和折叠等缺陷。因此，通常要设计预锻模膛。预锻模膛设计的原则是使预锻后的坯料在终锻模膛中以镦粗方式成形，具体是：

1）预锻模膛比终锻模膛的高度尺寸相应大 $2 \sim 5\,\text{mm}$，宽度尺寸适当减小，并使预锻件的横截面面积稍大于终锻件相应的横截面面积。

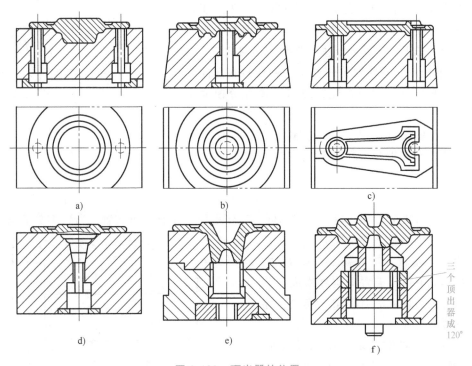

图 3-123　顶出器的位置

2）若终锻件的横截面呈圆形，则相应的预锻件横截面应为椭圆形，椭圆横截面的长径约比终锻件相应横截面直径大 4% ~ 5%。

3）严格控制预锻件各部分的体积，使终锻时多余的金属合理流动，避免由于金属回流而形成折叠等缺陷。

4）当终锻时金属不是以镦粗而主要以压入方式充填模膛时，要将预锻模膛的形状设计成与终锻模膛有显著差别，使预锻出来的预锻坯件的侧面在终锻模膛变形的一开始就与模壁接触，限制金属径向剧烈流动，迫使其流向模膛深处（图 3-124）。

（3）制坯模膛设计 热模锻压力机上常用的制坯模膛有镦粗模膛、压挤（成形）模膛和弯曲模膛等。

1）镦粗模膛。镦粗模膛有镦粗台和成形镦粗模膛两种。

① 镦粗台上、下模的工作面是平面，用于对原坯料进行镦粗，通常用于镦粗圆形件。

② 成形镦粗模膛的结构如图 3-125 所示，其作用是使成形镦粗后的坯料易于在预锻模膛中定位或有利于金属成形。

2）压挤（成形）模膛。压挤模膛与锤上模锻的滚挤模膛相似，其主要作用是沿坯料纵向合理分配金属，以接近锻件沿轴向的断面变化，如图 3-126 所示。

压挤时，坯料主要被延伸，截面积减小而在某些部位如靠近长度方向的中部有一定的聚料作用。压挤模膛在热模锻压力机模锻中使用较多，特别是在没有辊锻制坯的情况下。压挤还能去除坯料表面氧化皮。

3）弯曲模膛。弯曲模膛的作用是将坯料在弯曲模膛内压弯，使其符合预锻模膛或终锻模膛在分模面上的形状。

弯曲模膛的设计原则与锤上模锻相似，其设计依据是预锻模膛或终锻模膛的热锻件图在分模面上的投影形状。

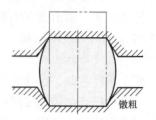

镦粗

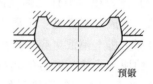

预锻

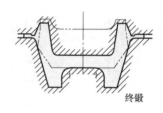

终锻

图 3-124 预锻件在终锻模膛中压入成形

2. 锻模结构特点

热模锻压力机由于工作速度比锻锤低、工作平稳、设有顶出装置，所以多数锻模采用通用模架内装有单模膛镶块的组合结构。它主要由模座、垫板、模膛镶块、紧固件、导向装置、上下顶出装置等构件组成。其中与锤锻模区别较大的有模架、模块、导向装置及顶出装置。

（1）模架 模架多为通用型，但是由于各种锻件所要求的工步数不同、镶块的形状不同（圆形或矩形）、镶块内所设置的顶出器不同（一个或两个），因此每台热模锻压力机都应该配有两套以上的通用模架。

模架由上下模板、导柱导套、顶出装置以及紧固调整镶块用的零件组成。模架的结构应保证模块装拆、调整方便，紧固牢靠、通用性强。

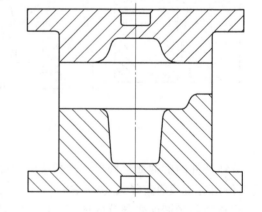

图 3-125 成形镦粗模膛

常用模架有以下三种形式。

1）压板式模架。这种模架采用斜面压板压紧镶块锻模，如图 3-127 所示为圆形镶块用斜面压板式模架，另外还有矩形镶块用斜面压板式模架。

斜面压板式模架的优点是镶块紧固，刚性大，结构简单；缺点是对于模锻不同尺寸锻件的通用性较小，镶块的装拆调整不方便，镶块不能翻新。

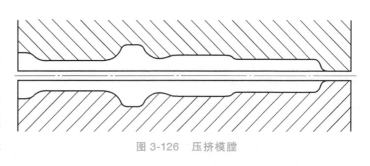

图 3-126　压挤模膛

2）楔块压紧式模架。楔块压紧式模架如图 3-128 所示。它与斜面压板式模架差不多，只不过把压板换成了楔块。

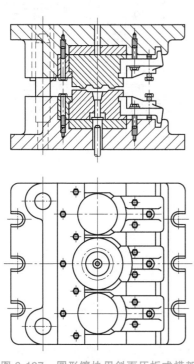

图 3-127　圆形镶块用斜面压板式模架

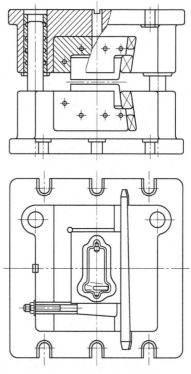

图 3-128　楔块压紧式模架

3）键式模架。这种形式的模架没有压板式模架中的后挡板、斜面压板、侧向压紧以及模板上的凹槽。镶块、垫板、模板之间都用十字形布置的键进行前后、左右方向的定位和调整，如图 3-129 所示。

键式模架的通用性强，一副模架可以适应模锻各种不同尺寸的锻件及采用不同形状的镶块（圆形或矩形），镶块装拆、调整方便，还可以翻新。但是，它的垫板、键等零件的加工精度要求较高。

（2）模块　装在模架上的热模锻压力机用锻模的模块，按照形状分为圆形和矩形两种。其中圆形模块加工方便，节省材料，适用于模锻回转体锻件；矩形模块可用于模锻任何形状的锻件。

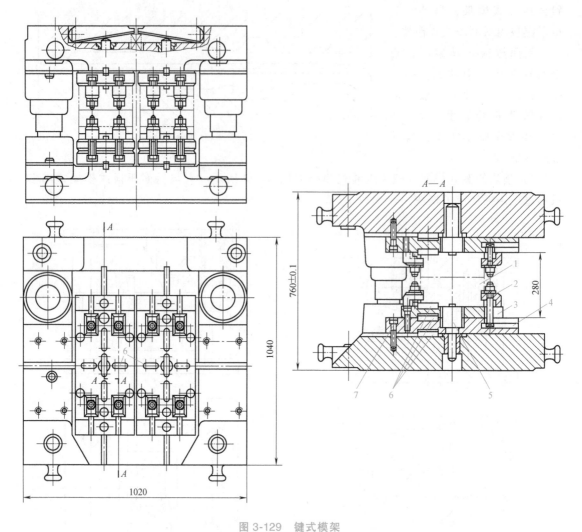

图 3-129　键式模架

1—镶块　2—压板　3—中间垫板　4—底层垫板　5—偏头键　6—导向键　7—螺钉

模块可为整体式或镶块式，镶块式模块如图 3-130 所示。上、下模块可以是组合式的，分成两块或其中一个模块分成两块。分成两块后的一块为加工出模膛的镶块，一块为模座。这样就使模座可以不用经常更换了。图 3-130a、b、c 是方形和矩形镶块组成的模块，图 3-130d、e 是圆形镶块组成的模块。

镶块与模座之间可以采用螺钉紧固，也可以采用斜楔紧固。

（3）导向装置　热模锻压力机用锻模的导向装置由导柱、导套组成。大多数锻模采用设在模座后面或侧面的双导柱，也有采用四导柱的导向装置。导柱长度应保证当压力机滑块在上死点位置时，导柱不脱离导套；在下死点位置时，不碰盖板。

（4）闭合高度　热模锻压力机的运动机构是曲柄连杆机构，其闭合高度由热模锻压力机的结构决定。热模锻压力机的行程固定，因此模具在闭合状态，各零件在高度方向上的尺寸关系如图 3-131 所示，即

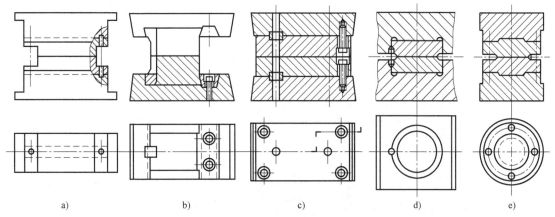

a)　　　　　　b)　　　　　　c)　　　　　　d)　　　　　　e)

图 3-130　镶块式模块

$$H = 2(h_1 + h_2 + h_3) + h_n$$

式中　H——模具的闭合高度；

　　　h_1——上、下模座厚度；

　　　h_2——上、下垫板厚度；

　　　h_3——上、下锻块高度；

　　　h_n——上、下模间隙。

热模锻压力机模具的闭合高度 H 要比它的最小闭合高度大，其相差值大约为工作台最大调节量的 60%。

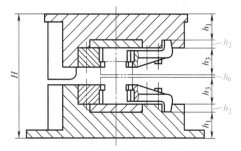

图 3-131　模具闭合高度的组成

任务实施

1. 绘制冷锻件图

（1）分模面位置　取水平投影面积最大的中心平面为分模面。

（2）公差、加工余量的确定　锻件质量为 1.44kg；材质系数 M_1（40 钢）；锻件形状复杂系数 $S = m_锻 / m_廓 = 0.19$，定为 S_3 级，为比较复杂的锻件。由国标 GB/T 12362—2016《钢质模锻件　公差及机械加工余量》查取各尺寸公差。

（3）加工精度　该零件加工精度为普通级。

（4）圆角半径　叉内圆角半径取 3mm，其余取 1.5mm。

（5）技术条件　按零件图上要求保证。

以上参数选取过程可参考本项目任务一，绘制锻件图如图 3-132 所示。

2. 计算锻件主要技术参数

锻件主要技术参数包括在分模面上的投影面积、周边长度、体积和质量，即

1）投影面积 8000mm²。

2）周边长度 680mm。

3）体积 184000mm³。

4）质量 1.44kg。

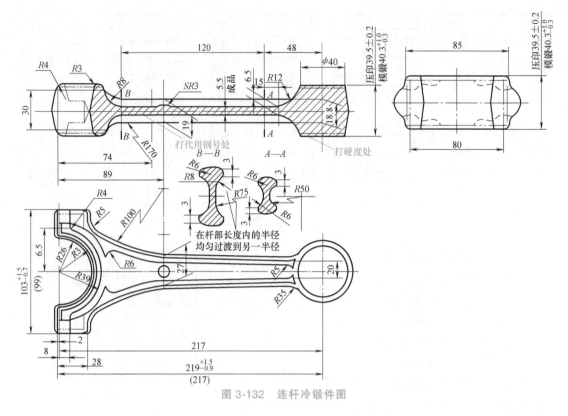

图 3-132 连杆冷锻件图

3. 确定锻造设备的吨位

由表 3-9 得知，按 2~3t 锻锤吨位考虑，可选飞边槽的平均尺寸为 30mm，则可计算得总的变形面积 $F_{总}=(8000+680\times30)\ \mathrm{mm}^2=28400\mathrm{mm}^2$，按经验公式 $P=70KF$ 可得 $P=70\times1.25\times28400\mathrm{N}=2485000\mathrm{N}$，则应选取 3t 的热模锻压力机。

4. 飞边槽的形式和尺寸

选取图 3-37 所示的 I 型飞边槽，其余尺寸为：$h_飞=30\mathrm{mm}$，$h_1=5.0\mathrm{mm}$，$b=12\mathrm{mm}$，$b_1=40\mathrm{mm}$，$r=3\mathrm{mm}$。在上、下模面间之间留上高度等于飞边桥部高度的间隙。

5. 终锻模膛设计

终锻模膛是根据热锻件图设计而来。一般是根据冷锻件图增加 1.5% 的收缩率绘制热锻件图，如图 3-133 所示。

6. 预锻模膛设计

锻件形状复杂，需设置预锻模膛。预锻模膛在叉部采用了劈料台。

7. 绘制计算毛坯图

连杆锻件的计算毛坯图如图 3-134 所示。

8. 选择制坯工步

参考本项目任务一实例，计算毛坯为两头一杆，模锻方案可确定为：拔长—开式滚挤—预锻—终锻。

9. 确定坯料尺寸

计算边长 $a_坯=45\mathrm{mm}$；

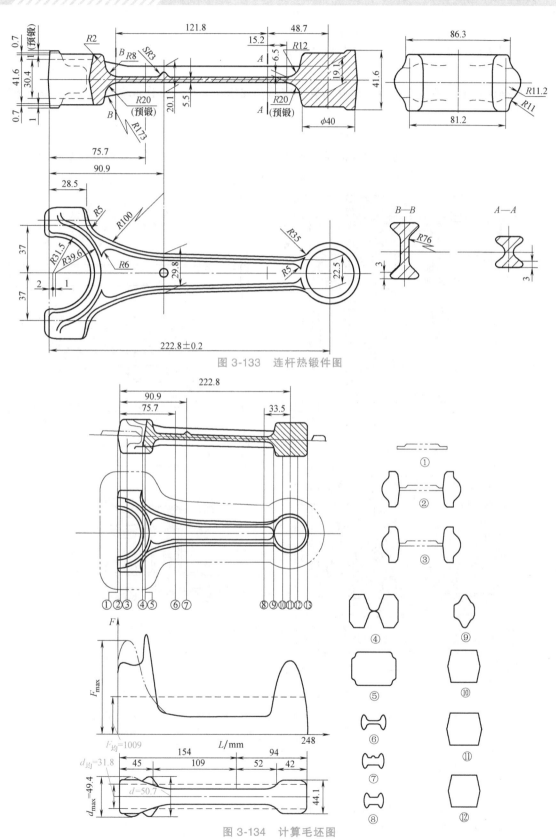

图 3-133　连杆热锻件图

图 3-134　计算毛坯图

可计算出坯料长度 $L_{坯} = 123mm$；

选用调头模锻，一料两件；料长取 246mm。

10. 制坯模膛设计

根据计算毛坯图来设计滚挤模膛和拔长模膛，其形式和尺寸设计可参考本项目中锤上模锻内容。

11. 热模锻压力机锻模结构设计

上述工作完毕后即可进行锻模的结构设计，最后绘制模具装配图，如图 3-135 所示。

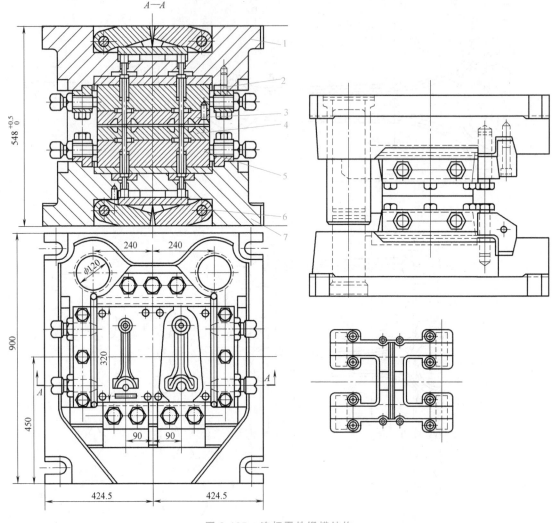

图 3-135　连杆零件锻模结构

1—上模座　2—螺钉　3—上模镶块　4—下模镶块　5—压板　6—绕轴　7—下模座

课后思考

1. 与锤锻相比较，热模锻压机工作中有什么特点？

2. 热模锻压力机上锻件图设计有什么特点？

3. 热模锻上用的锻模结构形式有哪几种？分别用于什么场合？

4. 热模锻模膛设计时需要注意什么？

任务四　汽车半轴套管平锻机上模锻过程与模具设计

◎》任务目标

1）了解平锻机上模锻过程特点。

2）掌握平锻机上常用的模锻工步与锻件分类。

3）能正确设计简单零件的平锻机上模锻过程。

4）以汽车半轴套管为例，分析平锻成形过程。

◎》任务分析

1. 任务介绍

半轴套管是汽车驱动桥总成上的重要零件，它与驱动桥壳形成一体，使左右驱动车轮的轴向相对位置固定，一起支承车架及其上的各总成重量，同时在汽车行驶时承受由车轮传来的路面反作用力和力矩，并经悬架传给车架。

整体式驱动桥壳具有较大的强度和刚度，且便于主减速器的装配、调整和维修，因此普遍应用于各类汽车上。多数半轴套管采用整体式结构，即将中空变直径变截面的管状体与法兰盘设计成一个整体件，如图 3-136 所示。其成形方法多采用平锻成形。利用传统工艺制造具有这样形状特征的半轴套管时，材料利用率低（不足 35%）、生产率低、制造成本高。

2. 任务基本流程

针对某汽车半轴套管，分析其锻造成形特点，制订平锻成形工艺方案，完成冷锻件图和该锻件平锻工步图的设计。

图 3-136　某汽车半轴套管

◎》理论知识

一、平锻机上模锻特点

平锻机有两个工作部分，即主滑块和夹紧滑块。其中，主滑块做水平运动，而夹紧滑块的运动方向有两种：垂直分模平锻机的夹紧滑块做水平运动，水平分模平锻机的夹紧滑块做上、下运动。

装于平锻机主滑块上的模具为凸模（或冲头），装于夹紧滑块上的模具为活动凹模，另一半凹模固定在机身上，因此称为固定凹模。所以，平锻模有两个分模面，一个在冲头和凹模之间，另一个在两块凹模之间。

图 3-137 是平锻机工作原理示意图。平锻机起动前，棒料放在固定凹模 6 的型槽中，并由前挡料板 4 定位，以确定棒料变形部分的长度 L_0。然后，踏下脚踏板，使离合器工作。平锻机的曲柄和凸轮机构保证按下列顺序工作：在主滑块 2 前进过程中，侧滑块 9 使活动凹模 7 迅速进入夹紧状态，将 L_p 部分的棒料夹紧；前挡料板 4 退回；凸模（冲头）3 与热坯料接触，并使其产生塑性变形直至充满模腔。当主滑块回程时，机构运动顺序是：冲头从凹模中退出，侧滑块带动活动凹模体回到原位，冲头同时回到原位，工作循环结束。从凹模中取出锻件。

平锻机上模锻有以下优点：

1）锻造过程中坯料水平放置，其长度不受设备工作空间的限制，可锻出立式锻压设备不能锻造的长杆类锻件，也可用长棒料逐件连续锻造。

2）有两个分模面，因此可锻出一般锻压设备难以锻成的，在两个方向上有凹槽、凹孔的锻件，锻件形状更接近零件形状。

3）平锻机导向性好，行程固定，锻件长度方向尺寸稳定性要比锤上模锻高。但是，

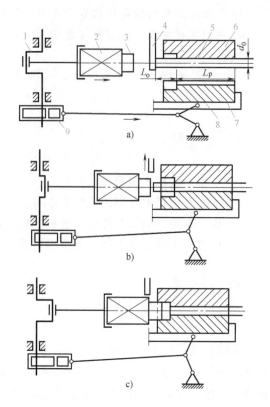

图 3-137　平锻机工作原理示意图

1—曲柄　2—主滑块　3—凸模　4—前挡料板
5—坯料　6—固定凹模　7—活动凹模
8—夹紧滑块　9—侧滑块

需要合理地预调闭合尺寸，否则将影响锻件长度方向的精度。

4）平锻机可进行开式和闭式模锻，可进行终锻成形和制坯，也可进行弯曲、压扁、切料、穿孔、切边等工步。

虽然平锻机上模锻具有以上优点，但实际应用中也存在如下缺点：

1）平锻机是模锻设备中结构最复杂的一种，价格贵，投资大。

2）靠凹模夹紧棒料进行锻造成形，一般要用高精度热轧钢材或冷拔整径钢材，否则会夹不紧或在凹模间产生纵向毛刺。

3）锻前须用特殊装置清除坯料上的氧化皮，否则锻件表面粗糙度值要比锤上模锻件高。

4）平锻机适应性差，不适宜模锻非对称锻件。

二、锻件分类

平锻机模锻的锻件品种、尺寸范围较广，为了便于进行模具设计，根据锻件形状特点，将平锻件分为四组，详见表 3-27。

表 3-27 平锻件分类

组别	分类	平锻件实例	过程特点
第1组	局部镦粗类锻件	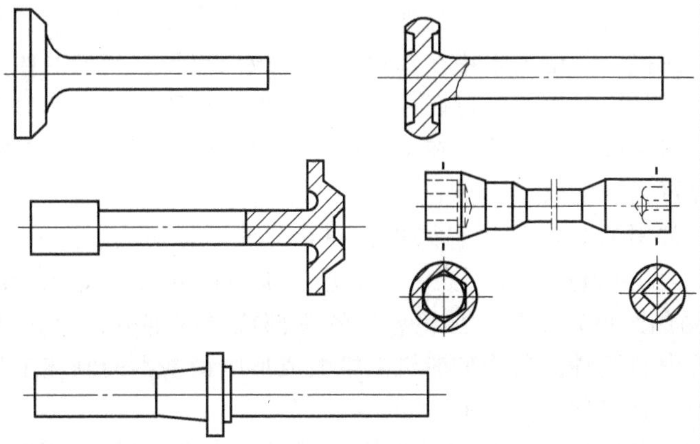	1)坯料直径按锻件杆部选取 2)多为单件,后定位模锻方式 3)平锻工步为聚料、预锻和终锻 4)开式模锻时有切边工步
第2组	孔类锻件	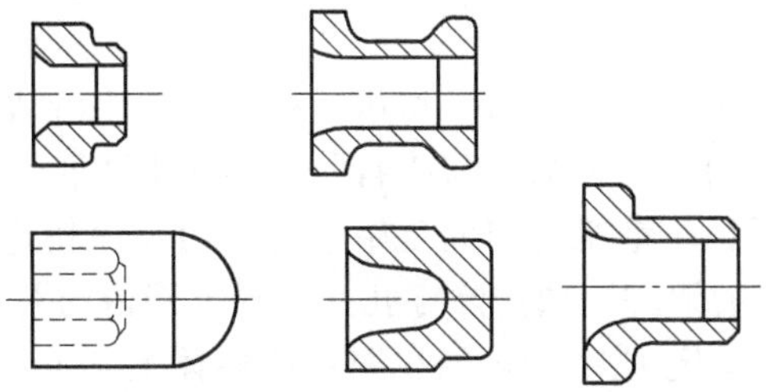	1)坯料直径尽量按锻件孔径选取 2)多为长棒料,采用前定位连续锻造 3)主要工步为聚料、冲孔、预锻、终锻、穿孔;盲孔类锻件不穿孔
第3组	管类锻件	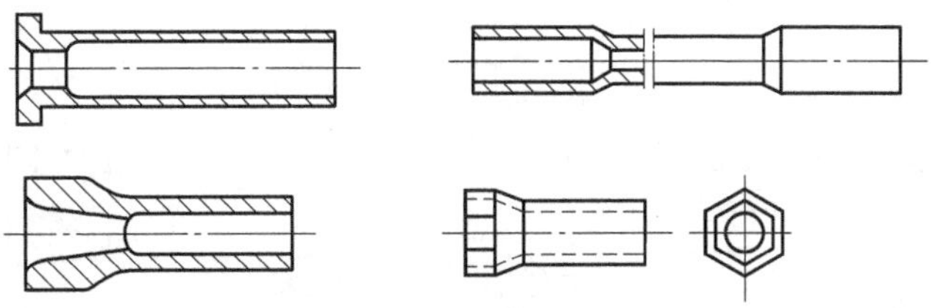	1)坯料直径按锻件管料规格选取 2)多为单件后定位模锻 3)加热长度略超过变形部分的长度 4)主要工步为聚料、预锻或终锻
第4组	联合锻造锻件	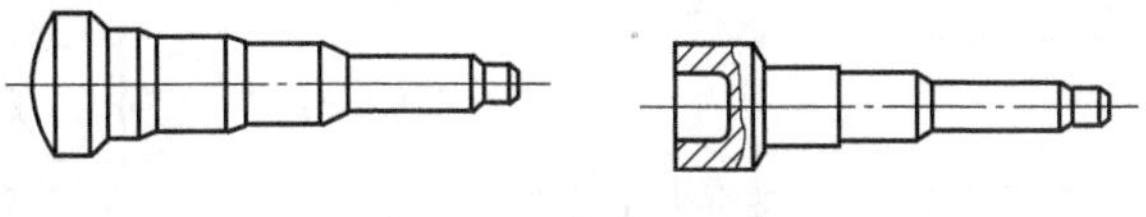 锤上模锻制坯+平锻机上模锻成形的锻件 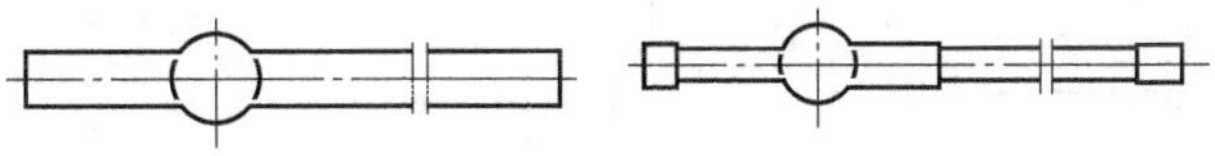 平锻机上制坯+锤上模锻成形的锻件 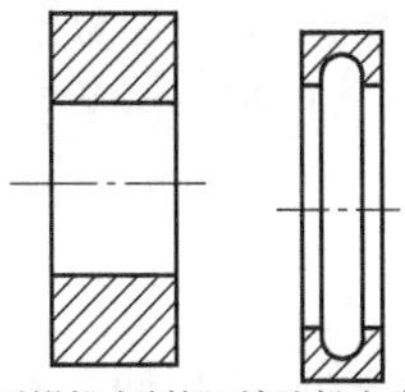 平锻机上制坯+扩孔机上成形的锻件	可根据锻件形状、尺寸采用不同的联合模锻过程,如先平锻制坯再在其他锻压设备上终锻,或先在其他设备上制坯,再在平锻机上终锻等

三、平锻机上模锻工步

平锻机上任一模锻过程，无论锻件如何复杂，都是由几个简单工步完成的。平锻机锻件的初始坯料一般采用棒料，也可采用在棒料的一端或两端经过预锻的棒料。夹紧凹模主要用于夹紧棒料和封闭模具模膛，但也可以用于某些成形，如压肩。成形过程一般由固定在主滑块上的凸模或冲头来完成。夹紧凹模在平锻机上是对开的，因此，模具模膛依次安排在一套夹紧凹模中，由此可以产生以下工步。

平锻机上模锻常用的基本工步有聚集、冲孔、成形、切边、穿孔、切断、压扁和弯曲（图 3-138），有时也用到挤压工步。在一些制坯工步中还可以完成局部卡细或胀形。

（1）聚集（局部镦粗）工步　加粗坯料的头部或中间部分，获得圆锥形或镦粗，为后续成形提供合理的中间坯料，它是平锻机上模锻成形中最基本的制坯工步。

（2）冲孔工步　使坯料获得盲孔。

（3）成形工步　使锻件本体预锻成形或终锻成形。大多用主滑块，有时用夹紧凹模进行有飞边或无飞边模压成形。

（4）切边工步　切除锻件上的飞边。切边冲头固定在主滑块凸模夹座上。

（5）穿孔工步　冲穿内孔，使锻件与棒料分离，获得通孔类锻件。

（6）切断工步　为保证平锻工艺周而复始进行，用长棒料连续模锻通孔或盲孔锻件时，需要从棒料上切去平锻好的锻件，或切除穿孔后棒料上遗留的芯料，为下一个锻件的锻造做好准备。切断模膛主要由固定刀片（安装在固定凹模体上）和活动刀片（紧固在活动凹模体上）所组成。

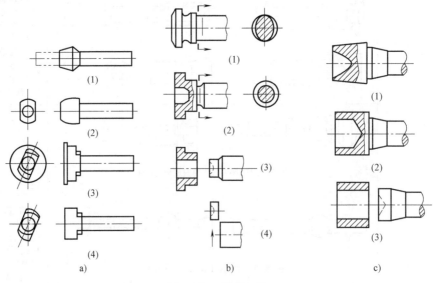

图 3-138　平锻工步

a）杆件平锻工步（聚集—压扁—成形—切边）　b）通孔锻件——联轴节滑套平锻工步（聚集—冲孔、成形—穿孔—切芯料）　c）环件平锻工步（聚集—成形—穿孔）

四、平锻机模锻件图设计

平锻机模锻件图的设计方法与锤上模锻基本相同。包括分模面的确定，机械加工余量和公差的确定，模锻斜度的选择，圆角半径的确定等，只是在选择这些参数时应该结合平锻机设备的模锻特点。

1. 分模面的确定

如前所述，平锻模有两个分模面。两半凹模之间的分模位置容易确定，一般设在锻件的纵向和轴向剖面上，凸凹模之间的分模位置应根据具体情况而定，如图 3-139、图 3-140 所示。

1）如图 3-139a 所示，分模方式是将飞边设在锻件最大轮廓的前端面。其优点是凸模结构简单，凸模和凹模的错移不会反映在锻件上，对非回转体锻件还可以简化模具的调整工作；缺点是在切边时容易拉出纵向毛刺。

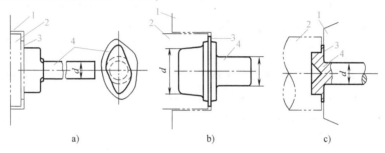

a)   b)   c)

图 3-139 开式平锻凸凹模之间的分模位置
1—凹模 2—凸模 3—飞边 4—局部镦粗件

2）如图 3-139b 所示，此类锻件分模面的选择受锻件形状限制，分模面只能设在凸肩中部。

3）如图 3-139c 所示，将分模面设在锻件最大轮廓的后端，这样，由于锻件在凸模内成形，锻件内外径同心度好，没有凹模分模面毛刺。

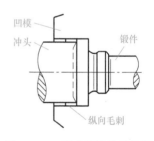

图 3-140 闭式平锻分模位置

4）如图 3-140 所示，属于闭式平锻，凸、凹模之间由于存在间隙，在平锻件上会产生环状的纵向毛刺，但不需要切边工序；如果毛刺过大，可用粗磨机打磨，较小毛刺不影响加工。

2. 机械加工余量和公差的确定

平锻件的形状不同，变形特点也不同。例如，表 3-28 中的第 1 组平锻件为局部变形；第 2 组平锻件为整体变形，其机械加工余量和公差有所不同，具体设计锻件时，应查阅相关文献，或按照工厂标准确定。表 3-28 是根据零件外形尺寸和设备吨位选取的余量和公差。

表 3-28 锻件余量和公差   （单位：mm）

1)	2)	3)

（续）

平锻机规格/kN	<3150		4500~6300		8000~12500		16000~20000	
尺寸	D	H	D	H	D	H	D	H
余量	1.5~2.0	1.25~1.75	1.75~2.5	1.5~2.25	2.0~3.0	1.75~2.75	2.25~3.5	2.0~3.25
公差 上极限偏差	1.0~1.5	1.0~1.5	1.0~1.75	1.0~2.0	1.0~2.0	1.5~2.5	1.5~2.5	1.5~3.0
公差 下极限偏差	-0.5~-1.0	-0.5~-1.0	-0.5~-1.0	-0.5~-1.5	-1.0~-1.5	-1.0~-1.5	-1.0~-1.5	-1.0~-1.5

注：1. 表中所列值为单边余量。

2. 孔和凹挡的尺寸，其公差取偏差相反的符号。

3. 模锻斜度的选择

因为平锻件具有两个互相垂直的分模面，有利于锻件出模，所以模锻斜度可以小些，甚至个别部位不设斜度，仅在模膛中的某些部位带有模锻斜度。

为了保证冲头在主滑块回程时，锻件内孔不会被冲头"拉毛"，内孔中应有模锻斜度 α，其值按 H/d 选定，可参考表3-29。

锻件在冲头内成形的部分，也应有模锻斜度 β，见表3-29。

表3-29 平锻件模锻斜度

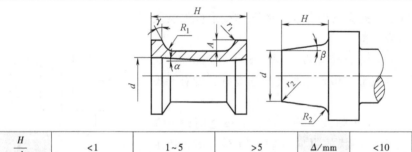

$\dfrac{H}{d}$	<1	1~5	>5	Δ/mm	<10	10~20	20~30
α/β	15'~30'/15'	30'~1°/30'	1°30'/1°	γ	5°~7°	7°~10°	10°~12°

4. 圆角半径的确定

为提高模具寿命，有利于模膛的充填条件，避免金属被咬住，在平锻件轮廓上的面与面的过渡处应设置足够大的圆角半径，如表3-29中图所示。

在凹模中成形的部分：

外圆角半径 $\qquad\qquad r_1 = (\delta_1 + \delta_2)/2 + a$

内圆角半径 $\qquad\qquad R_1 = 0.2\Delta + 0.1\text{mm}$

在冲头中成形的部分：

外圆角半径 $\qquad\qquad r_2 = 0.1H + 1.0\text{mm}$

内圆角半径 $\qquad\qquad R_2 = 0.2H + 1.0\text{mm}$

式中 δ_1——锻件高度方向机械加工余量（mm）；

δ_2——锻件径向机械加工余量（mm）；

a——倒角高度值（mm）；

Δ——凸肩高度（mm）。

五、顶镦规则及聚集工步计算

(一) 顶镦规则

坯料端部的局部镦粗称为顶镦或聚集。坯料顶镦时，如果变形部分的长度 l_0 或长径比（$\varphi = l_0/d_0$）太大时，会由于失稳而产生弯曲、折叠，如图 3-141 所示。顶镦时的主要缺陷就是弯曲和折叠。

顶镦（聚集）是平锻机上模锻的基本工步，与立式锻压设备上的顶镦工步的根本区别是，棒料并非自由放入模膛，而是在局部夹紧的情况下产生金属变形，所以稳定性较好。实际生产中要遵循下列顶镦规则，以保证坯料在镦粗时不产生弯曲或折叠现象。

顶镦第一规则：当待镦坯料的长径比 $\varphi \leqslant 3$ 且端部较平时，可在平锻机一次行程中自由镦粗到任意大的直径而不产生弯曲，即所允许的长径比 $\varphi_允 = 3$，如图 3-141a 所示。

实际生产中，由于坯料端面常常有斜度等，容易引起弯曲，故生产中的 $\varphi_允$ 要小一点。此外，长径比还与冲头形状有关。具体数值按表 3-30 确定。

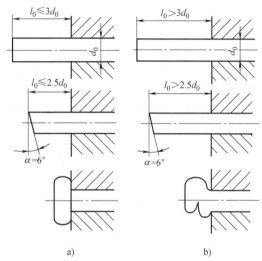

图 3-141 自由顶镦变形情况

a) 无折叠 b) 有折叠

表 3-30 一次行程 $\varphi_允$ 值

端面情况	平冲头		冲孔冲头	
	$d_0 \leqslant 50mm$	$d_0 > 50mm$	$d_0 \leqslant 50mm$	$d_0 > 50mm$
0°～3°锯切	$\varphi_允 = 2.5mm + 0.01d_0$	$\varphi_允 = 3mm$	$\varphi_允 = 1.5mm + 0.01d_0$	$\varphi_允 = 2mm$
3°～6°剪切	$\varphi_允 = 2.0mm + 0.01d_0$	$\varphi_允 = 2.5mm$	$\varphi_允 = 1mm + 0.01d_0$	$\varphi_允 = 1.5mm$

注：表中 d_0 为棒料直径。

在平锻机上顶镦时，锻件变形部分的长径比 φ 可大于 3。对这样的细长杆进行顶镦，产生弯曲是不可避免的，关键的问题是防止折叠。解决的办法是将坯料放入凹模和凸模内顶镦，通过模壁对弯曲加以限制，如图 3-142 所示。而模壁模膛的直径 D_m 可通过分析受压杆件塑性纵向弯曲的临界条件来求解。

已知产生塑性变形的力 P 为

$$P = R_{eL}F$$

式中 F——毛坯变形部分的截面面积（mm^2）；

R_{eL}——金属塑性变形时的强度极限。

当长径比大于 $\varphi_允$ 时，一般情况下会产

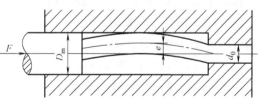

图 3-142 杆件塑性纵弯示意图

生塑性失稳。若有模壁的限制，且塑性变形的外力矩小于杆件内部的抗力矩时，则聚集时将不产生坯料杆件塑性失稳现象，如图 3-143 所示。

在凹模中顶镦，当 $\varphi > \varphi_允$ 时，必产生弯曲。由于模膛壁部的限制，则不至于弯曲过大而

产生折叠，即临界条件为

$$De \leqslant R_{eL}W_p$$
$$e \leqslant R_{eL}W_p/P = R_{eL}W_p/(R_{eL}F) = W_p/F$$

式中　　e——偏心距；

W_p——抗弯截面系数。

根据材料力学可知，对于圆形截面杆件，$W_p = d_0^3/6$，而 $F = \pi d_0^2/4$，代入上式得

$$e \leqslant 2/(3\pi)d_0 \approx 0.2d_0$$
$$D_m = d_0 + 2e \approx 1.4d_0$$

由此可见，当加载偏心距 $e \leqslant 0.2d_0$ 时，压杆不会产生进一步失稳现象。生产中，常采用 $D_m = (1.25 \sim 1.50)d_0$。

由上述分析，可得出顶镦第二、第三规则。

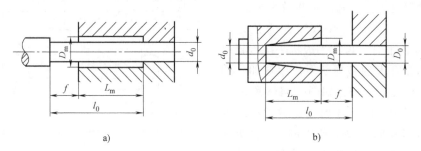

图 3-143　在凹模模膛和凸模模膛中顶镦

顶镦第二规则：在凹模内聚料时（图 3-143a），若①当 $D_m \leqslant 1.5d_0$，外露的坯料长度 $f \leqslant d_0$ 时；或者②当 $D_m \leqslant 1.25d_0$，$f \leqslant 1.5d_0$ 时，$\varphi > \varphi_允$，可进行正常的局部镦粗而不产生折叠。

在凹模中顶镦时，金属易从坯料端部和凹模分模面间挤出形成毛刺，在下次顶镦时，会被压入锻件内部而形成折叠；而在凸模中顶镦则无此问题，所以生产中常采用在凸模内顶镦。

顶镦第三规则：在凸模内聚料时（图 3-143b），若①当 $D_m \leqslant 1.5d_0$，镦粗长度 $f \leqslant 2d_0$ 时；或者②当 $D_m \leqslant 1.25d_0$，$f \leqslant 3d_0$ 时，$\varphi > \varphi_允$，也可进行正常的局部镦粗而不产生折叠。

通常①用于 $\varphi < 10$ 的情况，而②用于 $\varphi > 10$ 的情况。可见，每次聚集的压缩量是有限的，当坯料的待镦部分 l_0 较长时，要经过多次聚集，使中间坯料尺寸满足顶镦第一规则后再顶镦到所需的尺寸和形状。

顶镦第一规则说明了细长杆坯料局部镦粗时，不产生纵向弯曲的平锻条件。顶镦第二、第三规则说明了细长杆坯料在凹模或凸模内聚料时，不致引起折叠的平锻条件。

（二）聚集工步的计算

实际生产中，当坯料变形部分的长径比大于 $\varphi_允$ 时，就不能在一次行程中镦锻成形，需要按顶镦第二、第三规则进行顶镦。聚集模膛可设在凸模、凹模中。在凸模中聚集时，金属镦粗变形和充满模膛的条件较好，所以，在凸模内聚集应用最广。根据体积不变条件，凸模内锥形体积与坯料变形部分体积相等。

有些带孔的锻件，宜于在凹模中的圆柱形模膛里聚集，可根据金属变形部分的体积和顶镦第二规则求得聚集工步的尺寸。

当同时在冲头和凹模的模膛中聚集时，其计算方法是，首先把坯料按单椎体设计（见图3-144中双点画线），然后按照体积不变条件换算成双椎体。由于坯料产生纵向弯曲处发生在自由端一侧，所以 l_1 应大于 l_2。

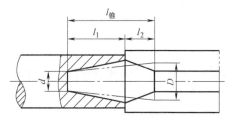

图 3-144　双椎体聚集尺寸

六、通孔锻件和盲孔锻件的成形过程分析

1. 冲孔成形

平锻机上生产的锻件中，通孔和盲孔件所占比例相当大。此类锻件在模锻工艺方面的共同特征是均需要聚集、冲孔、穿孔和切断（剪切芯料的料头和由棒料上切掉锻件），而且，原坯料直径可在一定范围内任意选择，使聚集工步数控制在 1~2 次。不同之处在于：通孔锻件冲孔后还需进行穿孔，以冲除底部芯料，并同时使锻件与棒料分离，连在棒料上的芯料头再通过切断模膛切断；盲孔锻件不需要穿孔，孔底部形状与冷锻件图要求一致。不通孔锻件使用切断模膛的目的是为了从棒料上切下已锻好的锻件，而不是切除芯料。

冲孔过程中冲孔力的变化情况可分为三个阶段（图3-145）。第一阶段：从冲头开始接触金属坯料到冲孔部分直径达到孔直径时，随着冲孔深度的增加，冲孔力急剧增大；第二阶段：随着冲孔深度的增加，冲孔力略有增加，直到冲孔过程全部结束；第三阶段：冲孔深度接近于闭式模锻的终锻阶段，冲孔深度即使略有增加，也将引起冲孔力急剧增大。

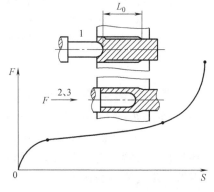

图 3-145　冲孔力-行程关系图

2. 通孔锻件热锻件图设计

热锻件的外形尺寸和冲孔直径是在冷锻件图基础上加放收缩量获得的，而冲孔底端形状尺寸则需根据冲孔和穿孔的变形特点进行设计。通常要求用尖冲头冲孔，以减小冲孔力，而且孔也可以冲得更深些，相应地穿孔厚度也就小一些，有利于降低穿孔力和避免由于穿孔力过大而引起锻件翘曲变形。冲孔深度 $l_{np} = a + c$，穿孔厚度 $l_c = H - a$ 以及孔底部形状尺寸的计算方法，可参照《锻压手册》第1卷中第3篇第6章中的相关方法确定。

3. 冲孔次数的确定和冲孔工步设计

冲孔所需次数，主要取决于冲孔深度 l_{np} 与冲孔直径 d'_c 之比。比值小于 1 时，只需一次冲孔，即在聚集后直接终锻冲孔成形。但在冲制深孔锻件时，如若一次行程直接冲至 l_{np} 深度，坯料容易偏歪，甚至形成废品，而且由于 l_{np} 太长，可能超出平锻机压力所允许范围而造成闷车。因此，随着 l_{np}/d'_c 比值增大，须相应增加冲孔次数，使每次冲孔深度都在平锻机压力所许可的范围内。

在多次冲孔中，预冲孔用的冲头一般做得比较圆滑，以利于金属流向四周和减少冲孔变形力。终锻用冲孔圆角较小，使冲孔底端形状比较清晰，以便减小其后的穿孔厚度。

冲深孔时，如图 3-146 所示，为防止工件被冲歪和便于金属沿径向流动，通常要求在预冲孔件外形上沿长度 L_x 做出凸肩，在 l_H 范围内留出孔隙，而且在冲孔开始时，冲头进入凹模的导向长度应在 10~15mm 范围内。

预冲孔件外形的各部分尺寸均应按体积不变条件计算确定。

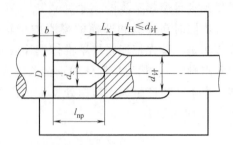

图 3-146　冲深孔的方法

4. 聚集工步与原坯料尺寸

按上述方法确定成形及各次冲孔形状尺寸之后，就可以进一步设计聚集坯料所应具有的形状尺寸了。为了确保冲孔成形品质，冲头直径和坯料直径之比要适当，否则，冲孔过程中坯料形状会严重畸变。例如，当比值为 1 时，先产生镦粗变形，而后是反挤压变形。这样，金属急剧地反复流动，加剧了模具的磨损，降低了模具寿命。实践证明：当冲孔直径和坯料直径之比等于或小于 0.7 时，在冲孔过程中冲头仅对金属起分流作用。

根据上述原理，为保证冲头对坯料仅起分流作用，而无明显的轴向流动，要求有一个合理的冲孔坯料——计算毛坯。计算毛坯的长度与锻件相等，各个截面的面积与相应锻件截面积相等。因平锻机模锻的锻件多为轴对称锻件，计算毛坯直径图比锤上模锻件要简单得多。首先将终锻成形工步图依其几何图形特征分为三部分：第 1 部分为圆柱体，第 2 部分为锥形空心体，第 3 部分为简单圆筒（忽略内壁斜度）。这样划分后，计算毛坯直径图的第 1 部分不变，第 2 部分为过渡区。所以，绘制计算毛坯图的关键为第 3 部分，该处计算毛坯直径为

$$d_{计} = \sqrt{D_{锻}^2 - d_{锻}^2}$$

对于带孔锻件，坯料直径的确定应遵循以下原则：

1）当 $d_{计}/d_{锻} = 1.0~1.2$ 时，取 $d_{坯} = (0.82~1.0)d_{计}$，即

$$d_{坯} = (0.82~1.0)d_{计} = (0.82~1.0)(1.0~1.2)d_{锻} \approx d_{锻}$$

坯料直径与锻件内孔直径基本相等，这样可省去卡细、胀粗及切芯料工步，从而大大简化了平锻工步及模具结构。

2）当 $d_{计}/d_{锻} > 1.2$ 时，为了减少聚集工步，选取 $d_{坯} > d_{锻}$，此时坯料需卡细后再进行穿孔。为了减少坯料卡细程度和料头损失，在不增加聚集工步的前提下，力求用较小直径的棒料。

3）当 $d_{计}/d_{锻} < 1.0$ 时，使 $d_{坯} < d_{锻}$，但要求在锻件后端使毛坯扩径。

坯料直径按标准规格选定后，即可确定每一锻件所需坯料长度。

$$L_{坯} = 1.27V_{坯}/d_{坯}^2$$

式中　$V_{坯}$——坯料体积。

$$V_{坯} = (V_{锻} + V_{芯} + V_{毛})(1+\delta)$$

式中　$V_{锻}$——锻件体积，按锻件图名义尺寸加上极限偏差之半计算（mm^3）；

　　　$V_{芯}$——芯料体积（mm^3）；

　　　$V_{毛}$——毛边体积（mm^3）；

　　　δ——火耗。

七、管类平锻件的成形特点

许多设备装置中，都离不开管类件。管类件，特别是长管件，如果需要局部成形，则在平锻机上完成非常方便。

管坯局部镦粗的形式如图 3-147 所示。图 3-147a 为内径保持不变，将管壁镦厚，使外径扩大，这时，冲头长度 l_n 必须大于管坯待镦长度 l_0；图 3-147b 为管坯外径保持不变，缩小内径，增大壁厚；图 3-147c 为内外径都改变，这时最好先缩小内径，然后扩大外径；图 3-147d 为内外径同时增大，为达到这个目的，可在管壁适当加厚后，用圆滑冲头扩孔；图 3-147e 是在凸模内腔镦粗。

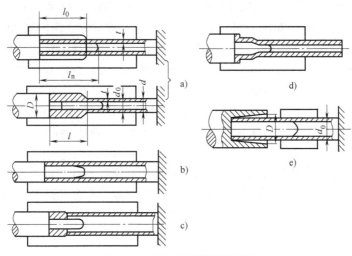

图 3-147　管坯局部镦粗的形式

管坯局部镦粗要避免因管壁失稳而产生纵向弯曲和形成折叠。产生弯曲的方向是向外的，因此，管坯镦粗要限制外径。

管坯局部镦粗时同样要遵守顶镦规则，不过基本参数有所不同。管坯顶镦规则为：

1）当待镦部分长度 l_0 与管壁厚度 t 的比值 $l_0/t<3$ 时，可在一次行程中将管坯自由镦粗到较大壁厚而不产生弯曲。

2）当 $l_0/t>3$ 时，应在多道型腔内镦粗，每道镦粗允许加厚的管壁 t_n 不超过前次壁厚 t_{n-1} 的 1.3~1.5 倍，即 $t_n=(1.3\sim1.5)t_{n-1}$，此时才不致产生折叠。

管坯平锻工艺也可按以下方法计算：

1）当管坯带有长度 $l=(0.5\sim1)t$ 的凸缘时，端部可镦出 $D=(2\sim2.5)d$ 的凸缘。

2）当 $l\leqslant0.75d$ 和 $D\leqslant\sqrt{d^2+0.75d_0^2}$ 时，可用两道工步镦出粗大部分。第一道工步，使内径缩小（缩小值不超过原管坯内径的 1/2），外径不变；第二道工步，使内径扩大到原始直径，外径达到锻件尺寸。

3）当 $l>0.75d$ 和 $D\leqslant\sqrt{d^2+0.75d_0^2}$ 时，应经过三道或更多道工序。

因管坯镦粗易产生向外弯曲，引起锻件失稳折皱，所以，只要锻件形状允许，在管坯多次顶镦时，可先缩小内径，外径保持不变，增加管壁厚度，下一工步再扩大外径，到达所需尺寸，由此可减少聚集工步次数。

管坯镦粗一般在凹模中进行。由于管坯难于夹紧，同时为了保证冲头导向，坯料前端不应伸出凹模之外，所以常用后挡板定位。

八、平锻设备规格的确定

1. 镦锻力的计算

$$P = 57.5KF$$

式中　P——镦锻力（kN）；

　　　F——包括毛边在内的锻件最大投影面积（cm^2）；

　　　K——钢种系数，对于中碳钢和低合金钢，如 45，20Cr，取 $K=1$；对于高碳钢和中合金钢，如 T8，45Cr，45CrNi，取 $K=1.15$；对高合金钢，如 35Mn2，取 $K=1.3$。

根据以上公式计算所得的模锻力初步选择平锻机。根据锻件形状、尺寸和工步数计算凹模体的宽度或高度，核对所选平锻机的安模空间宽度或高度。若计算值大于初选平锻机安模空间宽度或高度，则要加大平锻机规格。

根据坯料镦粗长度 l_B，核对所选平锻机的全行程和有效行程。对于用前挡板定位的锻件，必须保证在凸模内聚集的镦粗长度 l_{Bm} 符合如下条件，即 $l_{Bm} \leqslant$ 全行程-（100~150）mm。

2. 查表法

按平锻时锻件最大成形面直径或平锻时棒料直径对照表3-31，就可以初步选择相近的平锻机。同样，在最终确定所选用的平锻机吨位时，还应综合考虑锻件的形状、锻件精度要求和坯料成形时的锻造温度。

表 3-31　可锻棒料和锻件直径与平锻机规格的对应关系

平锻机公称压力/kN		1000	1600	2500	4000	6300	8000	10000	12500	16000	20000	250000	31500
可锻棒料直径	mm	20	40	50	80	100	120	140	160	180	210	240	270
	in[①]	1	1.5	2	3	4	5	—	—	—	—	—	—
可锻锻件直径/mm		40	55	70	100	135	155	175	195	225	255	275	315

① 1in=25.4mm。

九、平锻机上模锻的锻模结构

1. 平锻模结构设计特点

平锻模由冲头、成形凹模和凹模体组成，一般凹模体多制成组合式，可分凹模大多数情况下是对称的。安排各工步的顺序位置，应符合操作顺序，并把变形力最大的工步布置在滑块的中心线或偏下的位置。

冲头由两部分组成：工作部分和固定部分，根据冲头完成工步的性质及其是否容易磨损，冲头可采用整体式，如图 3-148a、b 所示，也可采用组合式，如图 3-148c~h 所示。图 3-148a 表示在冲头中有锥形聚料模腔，在聚料模腔底部有一出气孔。图 3-148b 也表示在冲头中有锥形聚料模腔，在聚料模腔底部有一由螺栓拉紧的可调塞子，更换它就可以调节模腔体积，改善聚料性能。

图 3-148c 为轴头式固定部分，它只有一个凸肩，用螺钉顶紧 A 处，以防止冲头转动和避免回程时冲头与夹持器脱离。这种冲头适用于 $D=80\sim150\text{mm}$ 的冲孔成形。

图 3-148d 所示的冲头适用于 $D\leq80\text{mm}$ 的成形、穿孔、切边冲头。图 3-148d 中，冲头的固定部分有两个凸肩，前边的凸肩 A，在金属产生塑性变形时承受压力。承压面积（环形面积）不能太小，否则在工作时冲头凸肩 A 和夹持器接触面上将产生压缩变形。后面的凸肩 B 在回程时承受卸件力的作用。在凸肩 A 处离中心线一定距离处做出缺口 S，以便在冲头夹持座上制作相应的凸起，使冲头在使用过程中不发生转动，这一点对非圆形锻件特别重要。

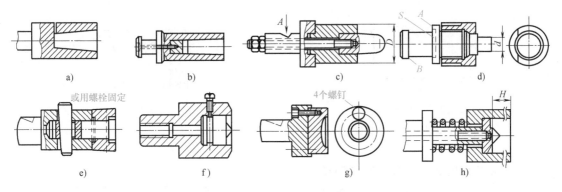

图 3-148 冲头结构形式

图 3-148e、f 和 g 所示的冲头适用于大直径锻件。图 3-148e 表示用楔块或用螺栓紧固冲头。图 3-148f、g 表示用螺钉紧固冲头。

图 3-148h 表示为复动成形（闭塞锻造）冲头，适用于头部尺寸 H 较大的锻件。在锻造的初始瞬间，冲头相对冲头芯后退压缩弹簧，冲头芯对坯料加载，当弹簧压缩到极限时，冲头芯与冲头一起压向锻件。

平锻机的凹模固定空间尺寸决定了凹模的外轮廓尺寸的长、宽、高。凹模外形尺寸比冲头大得多。为便于修模、制造和节约模具钢，凹模多做成组合式。模块用结构钢（45、40Cr）等制造，模腔部分用热作模具钢制造。凹模镶块多制成半圆柱体，也有制成正方体的，参见图 3-149、图 3-150。模腔可全部采用镶块，也可在模腔磨损严重的部位局部采用镶块。镶块的尺寸应保证镶块有足够大的支承面积，以免在使用过程中模块产生变形。

2. 平锻模的固定及固定空间

平锻机属于滑块行程固定设备，而且主滑块连杆长度不能调节，模具闭合长度仅能靠斜楔调节 $2\sim4\text{mm}$，因此，其过载敏感性强。模具闭合长度、设备安模空间闭合长度是平锻机模具固定空间最重要的参数。

平锻机具有两个分模面，因而模具可分为三部分：冲头、固定凹模和活动凹模。图 3-151 为平锻模结构及固定简图。冲头通过冲头夹持器 3 固定在主滑块的凹槽内，它的后面紧靠在调节斜楔 1 上。调节斜楔 1 通过螺钉 11 的转动，完成上、下升降动作，进而调节模具的前后闭合长度。冲头夹持器 3 的前后方向与垂直方向都是通过压板和螺钉（2、9、10、12）紧固的，而左右方向侧靠夹持器的侧面与主滑块凹槽侧面配合，从而保证夹持器在三个方向都得以紧固。

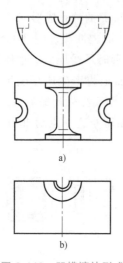

图 3-149　凹模镶块形式

a）半圆形镶块　b）方形镶块

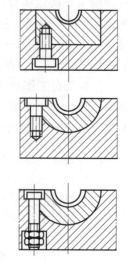

图 3-150　凹模镶块的固定方式

　　凹模 4 分别安装在平锻机固定凹模座和活动凹模座上，也是采用压板、螺钉紧固。前后方向由键 6 定位，左右和上下方向由压板 5 和螺钉 7、8 压牢，三个方向的尺寸、位置调节可用垫片调节。凹模闭合时，由于夹紧骨块施压，凹模体在凹模座内有足够的支承面，各向受压，不会发生移动。当冲头回程时，由于脱模力较小，键 6 对凹模体作用，凹模体也不会被拖动。活动凹模回程时，因拔模力不大，压板螺钉可将其牢固地固定在固定凹模模座上。实践证明，这种固定方法简单而可靠。

　　根据锻件平锻工步数量的不同，冲头夹持器分为三、四、五个模膛等几种。设备生产厂已把冲头夹持器列为通用标准件，用户可按实际需要选用。

任务实施

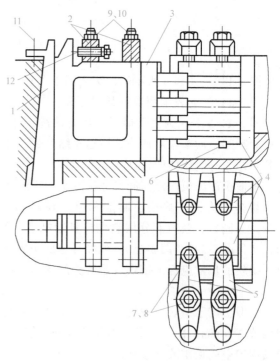

图 3-151　平锻模结构及固定简图

1—调节斜楔　2、5—压板　3—冲头夹持器　4—凹模

6—键　7、8、9、10、11、12—螺钉

　　目前，汽车半轴套管的加工方法主要是平锻和闭式挤压成形。本任务分析的汽车半轴套管冷锻件图如图 3-152 所示，属于薄壁管料镦锻件。原材料管坯壁厚公差很大（12_{-0}^{+3}mm），故对于一定下料长度的坯料，其镦锻的体积相差悬殊，法兰厚度极易超差，并在内孔易产生

折纹。鉴于上述原因，确定第一工步外径保持不变，仅缩小内孔，聚集坯料，第二工步同时扩大内、外径，聚集坯料，并产生横向飞边，以保证终锻时的体积一定。

　　汽车半轴套管的平锻成形过程通过四个工步来完成，即第一次聚集（缩小内孔），第二次聚集（扩大内、外径），切边，终锻，各工步的具体尺寸如图 3-153 所示。

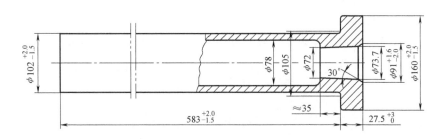

图 3-152　汽车半轴套管冷锻件图

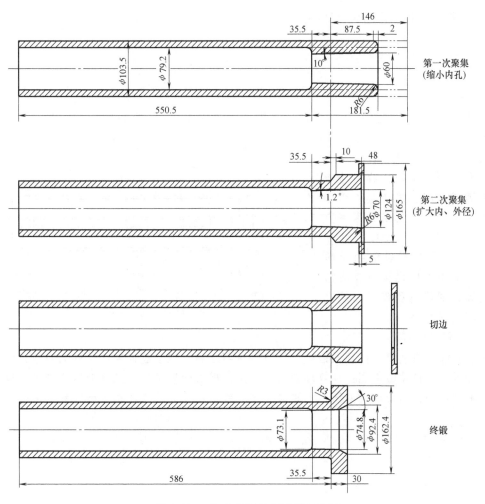

图 3-153　汽车半轴套管平锻工步图

课后思考

1. 平锻过程有哪些主要成形工步？说明其特点。
2. 聚集工步有什么成形条件？如何使用？
3. 平锻模具结构特点是什么？
4. 如何解决平锻成形中容易出现的品质问题？可采取的措施有哪些？

任务五　从动齿轮液压机上模锻过程与模具设计

任务目标

1）了解液压机模锻成形特点。
2）掌握液压机模锻件图设计特点及设备吨位计算方法。
3）掌握液压机锻模结构设计要点。

任务分析

1. 任务介绍

本任务中的研究对象是某拖拉机从动齿轮。如图 3-154 所示为齿轮零件图，其材料为
20CrMnTi。该齿轮零件属于盘类件，其特点是大而薄，在普通模锻设备上锻压成形时，容易造成充填不满或形状精度不高，后期机加工余量较多。其最大水平方向尺寸为 $\phi248mm$，厚度尺寸为 48mm，中间为上下对称的台阶孔。要求采用液压机设备完成齿轮坯的模锻成形过程设计，使其模锻精度达到 E 级。

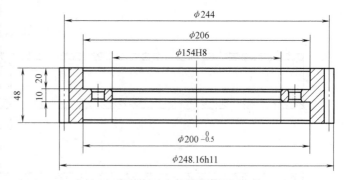

图 3-154　齿轮零件图

2. 任务基本流程

通过对液压机上模锻内容及锻模设计方法学习之后，以上述齿轮坯零件为对象，依次进行结构分析；设计模锻件图；计算坯料尺寸；确定模锻变形工步；选择液压机吨位；确定锻造温度范围；制订出合理的液压机上模锻工艺规程；设计完成液压机上齿轮坯的锻模图。

理论知识

一、液压机工作特点

液压机是一种利用液体压力传递能量的锻压设备，它包含以油做工作介质的油压机和以

水做工作介质的水压机。

锻造液压机有自由锻液压机、模锻液压机和切边液压机之分。锻造生产常用的模锻液压机又有通用模锻液压机和专用模锻液压机两大类。

液压机的主要结构形式有下拉式（图 3-155）和下推式（图 3-156）两种。各种规格的四柱式水压机一般都选用下推式设计形式，它是由上横梁 3、下横梁 8、4 根立柱 4 和螺母组成的一个封闭框架。工作缸 1 固定在上横梁 3 上，工作缸内装有工作柱塞 2，并与活动横梁 5 连接。活动横梁下面安装有上砧 6，下横梁（底座）8 的工作台上安装有下砧 7。由动力装置传来的高压液体进入工作缸后，推动活塞，活动横梁和上砧向下移动，使坯料产生塑性变形。由上横梁、立柱和下横梁构成的封闭框架，承受全部的作用力。上横梁两侧有回程缸 11，当工作缸排出液体，回程缸进入高压液体时，回程柱塞 10 向上移动，通过小横梁 9 和拉杆 12，带动活动横梁上升。

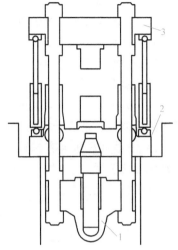

图 3-155　下拉式液压机示意图

1—活动的主缸横梁　2—带回程缸的压力机下横梁　3—活动横梁

液压机的传动形式有直接传动（图 3-157b）和蓄势器传动（图 3-157a）两种。直接传动的液压机通常采用液压油为工作介质，向下行程时通过卸压阀在回程缸或回程管道中维持着一定的剩余压力，因此，要在压力作用下强迫活动横梁向下运动。当完成压力机的锻造行程时，即当活动横梁达到预定位置或当压力达到一定值时，工作缸中的压力油溢流并换向以提升活动横梁。

蓄势器传动的水压机通常用油水乳化液作为工作介质，并用氮气、水蒸气或空气给蓄势器加载，以保持介质压力。除借助蓄势器中的油水乳化液产生压力外，其工作过程基本上与直接传动的压力机相似。因此，压下速度并不直接取决于泵的特性，同时还随蓄势器的压力、工作介质的压缩性和工件的变形抗力而变化。变形快结束时，介质膨胀，锻造材料需要的力增大，活动横梁的压下速度和有效载荷减小。

液压机与其他锻压设备相比，具有以下特点。

1）在直接传动的液压机上，活动横梁在整个行程的任一位置都可获得最大稳定的载荷。

2）无论是直接传动的液压机还是蓄势器传动的水压机，在结构上易于得到较大的总压力、较大的工作空间及较长的行程，因此便于

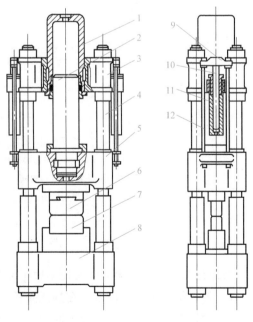

图 3-156　下推式液压机的典型结构

1—工作缸　2—工作柱塞　3—上横梁　4—立柱　5—活动横梁　6—上砧　7—下砧　8—下横梁　9—小横梁　10—回程柱塞　11—回程缸　12—拉杆

锻造较长、较高的大型工件，这往往是锻锤和其他锻压设备难以做到的。

3）液压机上除设有大型模具垫板和定位器外，还有活动横梁同步平衡系统，以保证偏心锻造时，减缓模具偏斜。

4）与锻锤相比，液压机工作平稳，撞击和振动很小、噪声小；对厂房、地基要求不高，对工人健康、周围环境无损害。

5）与机械压力机相比，液压机本体结构较简单，溢流阀可限制作用在柱塞上的液体压力，最大载荷可受到控制，保护模具，也不会造成闷车。

6）液压机活动横梁速度可以控制，工作行程时活动横梁最大速度约为 50mm/s，载荷可视为静载荷；适合于等温模锻、超塑性模锻。

7）有些液压机装有侧缸，从而能完成多向模锻工序。液压机一般都设有顶出器和装有出料机械化装置。

液压机的最大缺点是生产率较低，占地面积较大。

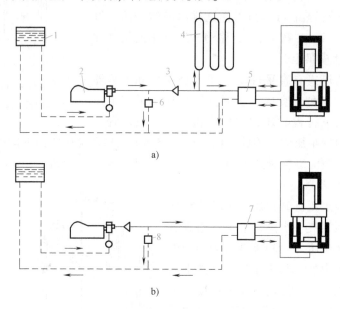

图 3-157　水压机传动简图

a）蓄势器传动　b）直接传动

1—水箱　2—高压泵　3—单向阀　4—蓄势器　5、7—操纵装置　6—由蓄势器
压力控制的溢流阀　8—由管道压力控制的溢流阀

二、液压机上模锻成形特点

液压机主要用于模锻对应变速率敏感的有色合金大型锻件，其特点如下。

1）液压机的工作速度低，在静压条件下金属变形均匀，再结晶充分，锻件组织均匀。

2）模锻时，坯料与工具接触时间长，如润滑不好，模具预热温度又偏低，则在变形毛坯上、下端面，会由于温降而造成变形死区。

3）锻造大型薄壁结构件时，由于金属流动惯性比锤上模锻和机械压力机上模锻小得多，对于复杂的、窄而深的模腔，金属不容易充填饱满。与锤上模锻相比，液压机上模锻不容易出现回流、折叠、穿肋等缺陷。

4）可在模具上安装加热、保温装置，使模具能保持在较高温度下工作，这对钛合金、铝合金和高温合金的等温锻造成形有利。

5）如同热模锻压力机上模锻一样，金属坯料在一次压下行程中连续变形直至充满模膛，故变形深透而且均匀。特别是多向模锻液压机可在几个方向上同时对坯料进行锻造，使锻件流线更能合理分布，各处的力学性能更均匀，锻件的尺寸精度更高。

6）由于液压机是静载荷，有些模具可以改用铸造加少量机械加工方法制造，可缩短制模周期，降低生产成本。

7）因有顶出器，液压机可以模锻出小模锻斜度或无模锻斜度的精锻件。

8）液压机上模锻一般在一次行程中成形，故可减少加热火次。但为了减少偏心加载，液压机上多采用单工步模锻。

液压机上模锻时，周围须配置其他设备制坯，液压机本身不宜用来制坯。

三、锻件图设计特点

液压机模锻的锻件图设计要根据零件图的尺寸和要求，同时考虑液压机模锻的特点，尽可能减少辅助工步。

1）余量和公差。液压机上模锻，高度方向的余量和公差应取大些。因为液压机上模锻时，金属流动惯性很小或几乎为零，模膛深处不易充满。

2）圆角半径。基于上述原因，即液压机上模锻时金属流动惯性力几乎为零，因此圆角半径宜取大些，以利于金属流动，充填模膛深处。

3）模锻斜度。由于液压机上设有顶出器，模锻斜度可以减小，一般取 $3° \sim 7°$；有的甚至可以不设斜度。

若采用等温模锻，余量和公差、圆角半径、模锻斜度均可减小。表 3-32 给出了用普通模锻和等温模锻方法在液压机上锻造面积达 $645cm^2$ 的钛合金锻件结构要素的数据。

表 3-32　不同锻造方式下钛合金锻件结构要素的数据

锻件结构要素和技术条件	普通模锻	等温模锻
模锻斜度/(°)	5	0~1
倒角半径/mm	22	10
圆角半径/mm	10	3.3
欠压/mm	0.76~3.3	0~1
错移/mm	1.27	0.57
翘曲/mm	1.52	0.38
长度和宽度公差/mm	±1	±0.38
腹板厚度/mm	12.7	2.5~3.2

四、液压机上模锻工艺特点

液压机上模锻时，金属充填性能差，一般应进行预制坯，但液压机活动横梁运动速度慢，不宜进行制坯；同时，为了避免大型液压机承受偏心载荷，一般多采用单模膛模锻。对于形状复杂的锻件和精锻件，要利用多套模具，以便使金属流动平缓，变形均匀，纤维连续，并保证深凹形槽充满。对于轴类锻件和复杂类锻件，可采用自由锻制坯，或采用专用制坯模制坯，或联合使用，具体选择过程如下。

（1）轴类锻件制坯工步的选择　对于横截面比较均匀的轴类锻件，可用棒材直接终锻成形。对于横截面不均匀、变化大的长锻件，如件长杆类锻，若直接用等截面坯料模锻，根据长轴类坯料变形时金属流动特点可知，金属沿轴向流动得少，主要沿横向流动，近似于展宽变形。因此，容易在头部因材料不足而充不满。所以应采用制坯工步，预先改变坯料形状，改变金属沿轴向分配的状况。例如，对变化大的扁平长形件，选择以下锻造方案：自由锻制坯→终锻；专用制坯模制坯→终锻；自由锻制坯→预锻→终锻。

（2）复杂类锻件制坯工步的选择　复杂类锻件可选择以下锻造方案：自由锻制坯→终锻；自由锻制坯→专用制坯模制坯→终锻；自由锻制坯→预锻→终锻；自由锻制坯→专用制坯模制坯→预锻→终锻。

（3）模具设计特点　液压机上模锻也分开式和闭式两种。开式模锻锻模设计过程与锤锻模相似，也布置飞边槽；而闭式模锻锻模设计和螺旋压力机锻模设计相似。液压机用锻模的最大特点是：可设计成闭式组合模具，从而锻出带内腔的复杂形状锻件以及无模锻斜度的精锻件。

液压机上模锻，其上模的模锻斜度应比下模大，以防锻件卡在上模模腔内不能脱出。

由于液压机是静载荷，压力是可调的，过载时有溢流阀保护，因此模具承击面要求不像锤上模锻要求那样严格，要求模块强度足够。

液压机上模锻还可以采用分步式模锻，这种模锻的特点是：下模只有一个单模腔，而且固定不动，上模由模套、活动镶块、弹簧、活动垫板等组合而成。

五、液压机吨位计算

（一）根据模锻材料及投影面积确定

所需的模锻水压机吨位可根据锻件材料类别及其在分模面上的投影面积确定，见表3-33。

表3-33　根据模锻件的投影面积确定模锻水压机的规格

合金种类	锻件类型	水压机压力/MN			
		20~40	40~100	100~200	200以上
		锻件投影面积/cm²			
铝合金	预锻件	1290~2258	2258~5160	5160~12900	12900~32260
	一般锻件	516~1030	1030~2580	2580~5160	5160~14200
钢	预锻件	325~968	968~2420	2420~6450	6450~16130
	一般锻件	258~806	806~2015	2015~4520	4520~9680
钛合金	预锻件	325~645	645~2260	2260~4520	4520~14200
	一般锻件	258~516	516~1290	1290~2580	2580~7740
高温合金	预锻件	258~516	516~1290	1290~4520	4520~9680
	一般锻件	194~387	87~970	970~2580	2580~6450

（二）根据公式计算

水压机的模锻压力 P 大致按下式计算，即

$$P = zmFp$$

式中　z——变形条件系数；

　　　m——坯料体积系数；

　　　F——被模锻坯料在垂直于变形力方向的平面上的投影面积（不含飞边）（mm^2）；

　　　p——单位压力（对于带薄腹板和宽腹板的钛合金锻件，$p = 588MPa$；对于其他类型锻件，$p = 490MPa$）。

系数 z 和 m 的参考值见表 3-34。

表 3-34　变形条件系数 z 和坯料体积系数 m 的参考值

加工种类	系数 z	模锻坯料的体积 /cm^3	系数 m
自由锻	1.0	25 以下	1.0
		25 ~ 100	1.0 ~ 0.9
外形简单的坯料模锻	1.5	100 ~ 1000	0.9 ~ 0.8
		1000 ~ 5000	0.8 ~ 0.7
外形复杂的坯料模锻	1.8	5000 ~ 10000	0.7 ~ 0.6
		10000 ~ 15000	0.6 ~ 0.5
外形非常复杂的坯料,截面之间急剧过渡,坯料消耗材料较多,模腔可用挤压充填的模锻	2.0	15000 ~ 25000	0.5 ~ 0.4
		25000 以上	0.4

一般而言，由于生产率低，因此只有当必须采用慢速变形时，才选择液压机模锻。等温锻造一般要求应变速率较低（约 $10^{-3}s^{-1}$），这时，只需将确定的应变速率和该锻造温度条件下的平均单位压力 p 值代入计算公式，就可求出等温锻造所需设备的吨位。

六、液压机上锻模设计及材料选择

液压机上模锻的锻件轮廓尺寸大，数量少，因此，液压机上模锻的模具多为组合模块，由多个零件组成，设计时应充分注意上、下模座，上、下垫板，导向装置，预（加）热系统的通用性。各个零件功用不同，受力状态也不一样，要求模具材料可以不一致，可以从各种模具材料中选用。与热工件接触的零件可用热作模具钢，支承用的零件可采用廉价的低合金钢，这样做的好处是可以避免采用大模块，节省费用。但一套典型的水压机模具的零件可以由十几种，这就要求设计人员必须对零件的材料、物理性能和加工状态有较充分的了解，以避免因材料的膨胀系数、强度等不同所造成的问题。

当液压机上等温模锻时，应根据锻件材料的锻造温度范围选择模具材料。对模具材料的要求如下。

1）锻模材料在锻件锻造温度范围内应具有一定的安全系数，要有较高的高温持久强度。

2）在高温下长期工作基本无氧化，并要具有一定的高温强度，以保证锻件尺寸稳定。

3）要具备较高的热导率，特别是铸造高温合金模具。否则，加热时，会因温度应力作用导致模具开裂。

等温模锻钛合金锻件时，常采用铸造镍基高温合金，它们的牌号、持久强度、力学性能见表 3-35，供设计时参考。

表 3-35　等温模锻模具用铸造高温合金的力学性能和持久强度

合金	规格	热处理	力学性能					持久强度	
			试验温度/ ℃	R_m/ MPa	R_{eL}/ MPa	A	Z	应力/ MPa	时间/ h
K3[①]	精铸试样	(1210±10)℃, 4h,空冷	20	870~890		7%	12%		
			600	930~950		7.2%	17%	950	>200
			700	940~960		8%	15.7%	760	100
			750	960~980		9.5%	14.6%	650	>130
			800	890~900		9.7%	19.0%	520	>130
			850	860~870		12%	20.4%	430	100
			900	620~640		12%	22%	220	100
			1000	480~500		15.7%	31%	150	100
K23[②]	铸造母 合金	铸态	20	990		3%	7%		
			750	1140	760	5.5%	5%	550	60
			800	950	690	10%	9%	470	35
			850	800	520	16%	22%	350	45
			900	650	410	15%	26%	250	50
			950	470	260	11%	13%	210	34
Жc-6K[③]	铸锭	1200℃,4h,空冷	975					200	40
			1000					150	100
Жc-6Y[④]			100					170	100
			1050					110	100
IN100[⑤]	精铸件	铸造态	20	808		5%			
X-40[⑥]	精铸件	铸造态	20						
			760	759		9%	11%		
		铸态加时效	20	527		6%	8%		
			760	914		3%	3%		
			800	471		16%	18%	249~176	100
			900					134~105	100

① 国内高温合金旧牌号，对应新牌号为 K403。
② 国内铸造高温合金牌号。
③ 俄罗斯高温合金牌号，等同于国内 K403 合金。
④ 俄罗斯高温合金牌号，等同于国内 K20 合金。
⑤ 美国高温合金商业牌号，等同于国内 K417 合金。
⑥ 美国高温合金商业牌号，等同于国内 K640 合金（旧牌号为 K40）。

任务实施

　　由于在液压机上模锻时，金属充填性较差，一般应进行预制坯，但液压机活动横梁运动速度慢，不易进行制坯；且拖拉机从动齿轮的齿坯锻件水平方向尺寸较大，要求形状精度高，孔径尺寸为 φ154mm，壁厚较薄，需要进行冲孔和扩孔，因此选用锤锻方式进行镦粗和冲孔制坯，并进行扩孔辗环，最后选择在液压机上进行模锻成形。所以，该齿坯锻件的锻造过程为：下料→镦粗→冲孔→冲连皮→扩孔辗环→模锻成形。锤锻部分内容在任务一中已有阐述，这里不再赘述，重点进行模锻成形部分设计。

一、锻件图设计

　　（1）分模面选择　依据液压机上模锻过程设计理论可知，液压机锻件分模面的设置原则与锤上模锻的基本相同，依据分模面选择方法和原则，确定拖拉机从动齿轮锻件分模面位置在厚度方向的中间截面处。

（2）锻造公差　估算该锻件质量 9.03kg，齿坯材料为 20CrMnTi，合金钢材质系数为 M_2，锻件形状复杂系数 $S=\dfrac{V_d}{V_b}=\dfrac{1142.665}{2592.233}=0.441$，为二级复杂系数 S_2，为一般复杂锻件。

由 GB/T 12362—2016《钢质模锻件　公差及机械加工余量》查得该锻件公差为 2.5mm，上极限偏差为+1.7mm，下极限偏差为−0.8mm。

（3）机械加工余量　该零件的表面粗糙度值为 $Ra=1.2\mu m$，由 GB/T 12362—2016 查得该锻件水平方向和厚度方向单边余量均为 2.0~2.5mm，由于液压机成形锻件精度较高，可取机械加工余量为 2.0mm。

（4）模锻斜度　模锻斜度确定方法和锤上模锻一样，但由于液压机设备工作速率低，锻件成形品质高，且液压机设备装有顶出装置，因此其锻模斜度均比锤锻小。其外模锻斜度取 3°，内模斜度分别取 3°、5°和 7°。

（5）锻件圆角半径　液压机成形过程中，金属流动几乎没有惯性，因此圆角半径取值比锤锻大，参考教材项目三中内容，按照圆角半径计算和确定方法，确定该齿坯锻件外圆角半径为 2.5mm，内圆角半径为 6mm。

（6）技术条件

1）未注明外模锻斜度 3°，内模斜度 7°。

2）未注明外圆角半径 2.5mm，内圆角半径 6mm。

3）允许错差量 0.5mm。

4）允许表面缺陷深度 0.4mm。

5）锻件热处理：渗碳+淬火+回火。

（7）绘制锻件图　齿坯锻件图如图 3-158 所示。

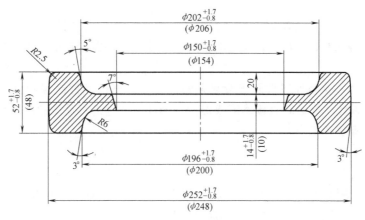

图 3-158　齿坯锻件图

二、锻件主要参数计算

1）锻件在水平面上的投影面积为 49850.64mm²。

2）锻件周边长度为 791.28mm。

3) 锻件体积为 1161517.4mm³。

4) 锻件质量为 9.12kg。

三、坯料尺寸确定

圆饼类锻件一般用镦粗制坯，所以坯料尺寸以制坯镦粗变形为依据计算：

$$d_{坯} = (0.87 \sim 0.93) \sqrt[3]{(1+k)V_{件}}$$

按上述公式计算坯料直径，其中 k 为宽裕系数，齿坯为圆形锻件，因此取 k 值为 0.20，计算坯料直径 $d_{坯}$ 约为 100mm。

坯料的下料长度按如下公式计算：

$$L_{坯} = \frac{V_{坯}}{F_{坯}}$$

带入已知数值，计算得出坯料下料长度 $L_{坯}$ 为 175mm。

四、设备吨位计算

水压机设备吨位计算方法如下：

$$P = zmFp$$

式中，z 为变形条件系数，齿坯模锻前已经在锻锤设备上完成制坯，因此模锻对象是外形简单的毛坯锻件，取 z 值为 1.5，坯料体积为 7850mm³，因此坯料体积系数 m 取 0.7。F 是模锻坯料在垂直于变形力方向的平面上的投影面积，p 是单位压力，取值 490MPa。水压机吨位还可依据锻件材料类别及其在分模面上的投影面积确定。

综上所述，最后计算出该齿坯锻件所需水压机压力为 11724t，依据水压机吨位标准，最终选择 1.5 万吨水压机。

五、锻造工步的确定

（1）选择制坯工步　齿坯锻件为盘类锻件，前文已经确定该锻件需镦粗制坯，选择在锻锤设备上完成，由于锻件孔径较大，镦粗后进行冲孔，并在辗环机上进行扩孔成形，得到模锻毛坯。

（2）模锻工步　该齿坯锻件属于较复杂锻件，但前期已经过镦粗和辗环制坯，得到了齿轮毛坯环件，因此，模锻时直接终锻成形。对辗环毛坯件进行品质检测之后再次加热，便可直接进行液压机模锻工步。

六、终锻模膛设计

终锻模膛是按照热锻件图进行加工制造和检验，所以设计终锻模膛，应先设计热锻件图，而热锻件图设计依据是前述设计好的冷锻件图。

按如下公式计算热锻件图各部位尺寸：

$$L = l(1+\delta)$$

式中　L——热锻件尺寸（mm）；

l——冷锻件尺寸（mm）；

δ——终锻温度下金属的收缩率，取合金钢为 1.5%。

齿坯热锻件图如图 3-159 所示。

由于该齿坯模锻前经过辗环制坯得到的是环形毛坯，因此模锻成形时没有连皮产生，无须考虑冲孔连皮。

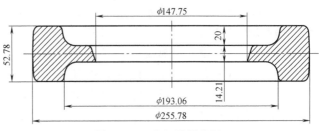

图 3-159 齿坯热锻件图

七、锻模结构设计

齿坯锻件和工步设计完成之后，就可以进行锻模结构设计了。本任务中齿坯轮廓较大，因此选择组合模结构形式，由于模锻坯料为辗环件，因此需要设计镶块，选择锁扣导向，设计顶出机构，最后还要依据液压机工作台和高度尺寸范围对锻模各部位尺寸进行校核。设计出的齿坯液压机上锻模结构装配图如图 3-160 所示。

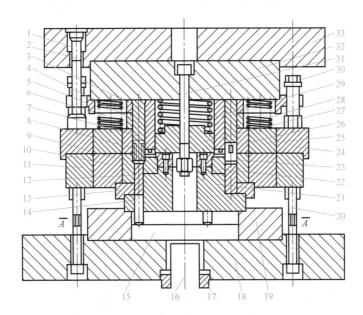

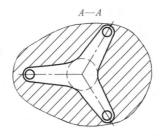

图 3-160 齿坯锻模图

1—暗螺母　2、20、30—螺钉　3—垫环　4—限位环　5—定位板　6—砧环　7—镶块
8—螺母　9—下凹模内圈　10—下凹模中圈　11—下凹模外圈　12—出件器　13—定位环
14—小顶杆　15—托板　16—大顶杆　17—定位套　18—下模座　19—压力板　21—垫块
22、23—镶块　24—上凹模外圈　25—上凹模中圈　26—上凹模内圈　27—浮动模芯
28、29—弹簧　31—螺栓　32—上压力板　33—上模座

（1）锻坯置放　上、下模闭合前，由上凹模外圈 24、中圈 25 和内圈 26 组成的上组合凹模和浮动模芯 27 在弹簧 28 和 29 作用下，分别处于各自的相对下极限位置（相对于砧环 6 或镶块 7）。环形锻坯依靠镶块 23 在下凹模中定位。

（2）上、下模闭合　上模随压力机滑块下行，上凹模外圈 24 与下凹模外圈 11 的锁扣导入，上、下凹模闭合，浮动模芯 27 与镶块 22 接触，形成封闭的环形模膛。

（3）锻坯在封闭模膛内变形　随着上模继续下行，弹簧 28 和 29 被压缩，上组合凹模和浮动模芯 27 相对于砧环 6 或镶块 7 上移，环形封闭模膛高度减小，锻坯被锻压变形直至充满模膛。

（4）锻件出模　锻坯变形结束后，上模上行，由于上组合凹模和浮动模芯 27 是浮动的，镶块 7 对锻件的摩擦力小于下模膛的摩擦力，故镶块 7 先脱离锻件，当螺钉 30 与定位板 5 接触（浮动模芯 27 与螺母 8 接触）时，上组合凹模和浮动模芯 27 随上模上行，与锻件分离，锻件留在下模。顶出系统通过大顶杆 16、托板 15、三个小顶杆 14 和三个出件器 12 将锻件顶出下凹模。

课后思考

1. 液压机工作与锻锤设备工作机理有何区别？
2. 设计液压机模锻用锻件图时，为何锻件圆角半径要取小值？
3. 液压机用锻模材料如何选择？
4. 液压机设备适合锻造哪些种类的材料及锻件？

【新技术·新工艺·新设备】

撑起中国航空事业的脊梁：800MN 大型模锻压机

2013 年 4 月 10 日，由中国第二重型机械集团公司（简称中国二重）设计、制造的 800MN 大型模锻压机（图 3-161），成功地锻造出第一个某大型飞机起落架外筒模锻件，标志着 800MN 大型模锻压机的调试圆满成功。

该大型模锻压机的研制成功，一举打破了苏联 750MN 模锻液压机保持 51 年的世界纪录，使我国在超大承载、高精度大型模锻压机装备的成套设计、制造以及大型、整体、精密和长寿命模锻件的制造方面取得了重大的技术突破，谱写了我国极限成形装备的新篇章。

然而，在 800MN 大型模锻压机的背后，却是开发团队的艰苦付出以及鲜为人知的极限制造和极限工程！

压机制造过程中，设计团队与制造团队紧密合作，创新发明了多项超大构件制造工艺技术，解决了超大、超重和超长的极限制造难题，包括：独创的 C 形板分段

图 3-161　800MN 大型模锻压机

锻造、焊接整体加工技术，首创的 600mm 超深坡口窄间隙单面焊双面成形技术，2000mm 超厚铸件偏析控制技术，2000mm 超厚锻件多向锻透与均质性调控技术，实现了超大型铸、锻、焊部件高品质制造能力的提升。

当净重 450t 的最大单件活动横梁中梁在铸钢车间用 758t 钢液五包合浇一次成功（图 3-162），压机雏形初具；当厚长比极小的超长、超重 C 形板组焊加工完毕且一次检验合格（图 3-163），压机骨骼渐次成长；当外径 φ3000mm、壁厚 730mm 的锻焊件工作缸攻关成功，压机诞生近在咫尺。当一个又一个极限制造的超大型零部件陆续运抵安装现场，下一个极限工程——800MN 大型模锻压机庞然大物的安装调试拉开了帷幕！

图 3-162　758t 钢液五包合浇
活动横梁铸件现场

图 3-163　36m C 形板加工现场

2013 年，800MN 大型模锻压机全部安装完毕，进入调试阶段，做到了与大飞机研制进程相同步。第一个试制成功的锻件，就是该大飞机的起落架外筒模锻件，如图 3-164 所示。

800MN 大型模锻压机的最大优势是能够锻造大型、精密航空模锻件。基于该设备，中国二重研究人员还发明了高应变比短流程模锻、流变控制精确成形以及超高强度钢细晶控制等新技术，实现了大型模锻件金相组织均匀、流线连续的精确成形，令国产大型模锻件的尺寸精度和性能均达到欧美同类锻件的先进水平。图 3-165 是用 800MN 大型模锻压机锻造的国产超大型高温合金涡轮盘模锻件。

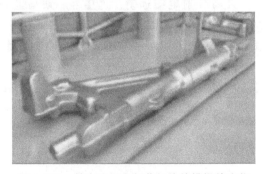

图 3-164　某大飞机主起落架外筒模锻件实物

图 3-165　国产超大型高温合金涡轮盘模锻件

另外，在制造安装 800MN 大型模锻压机过程中形成的新技术，如厚板筒体锻造、焊接技术已移植应用于相关工程上，推动了技术的快速迭代。

不可否认，800MN 大型模锻压机的研制成功，是项目团队的集体贡献，而作为项目负责人，中国二重副总工程师陈晓慈功不可没。为了确保项目按时间节点顺利向前推进，他事无巨细、亲力亲为，特别是在机器安装、调试过程中，他放弃了所有节假日，坐镇现场，指挥协调。无论是刮风下雨还是其他意外情况，第一个出现在工地的一定是他的身影。期间，他的母亲病逝、爱人住院手术，他都没有因此而耽误工作。从他的身上，映射出的是"航空人"敬业拼搏、攻坚克难的宝贵精神。

【工匠精神·榜样的力量】

技艺吹影镂尘，擦亮中华"翔龙"之目；组装妙至毫巅，铺就嫦娥奔月星途。当"天马"凝望远方，那一份份捷报，蔓延着他的幸福，他就是——中国电子科技集团公司第五十四研究所高级技师夏立（图 3-166）。

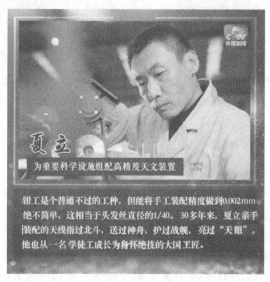

图 3-166　中国电子科技集团公司第五十四研究所高级技师夏立

作为通信天线装配责任人，夏立先后承担了"天马"射电望远镜、远望号、索马里护航军舰、"9·3"阅兵参阅坦克装备方阵上通信设施等的卫星天线预研与装配、校准任务，装配的齿轮间隙仅有 0.004mm，相当于一根头发丝的 1/20 粗细。在生产、组装工艺方面，夏立攻克了一个又一个难关，创造了一个又一个奇迹。

所获荣誉：全国技术能手、河北省金牌工人、河北省五一劳动奖章、2016 年河北省军工大工匠。

项目四

特种锻造

一、摆动辗压

（一）摆动辗压工作原理

摆动辗压是通过连续局部塑性成形使工件整体成形或局部成形的回转成形工艺，该工艺自 20 世纪 60 年代以来，在机械、汽车、电器、仪表、五金工具等许多工业部门得到了广泛应用。图 4-1、图 4-2 所示为用摆动辗压制成的零件。

图 4-1　位齿轮

图 4-2　汽车半轴锥齿轮

摆动辗压工作原理如图 4-3 所示，摆动机构即摆头的中心线 OO' 与摆动辗压机机身轴线 OZ 呈夹角 γ（称为摆角）。摆动辗压成形过程中，摆头带动锥面上模（即摆头）1 沿工件 2 的表面连续以一定的轨迹运动，液压缸 4 以一定的压力推动滑块 3 将工件向上送进。整个摆动辗压过程中，上模和工件局部接触，使工件 2 由局部变形累积为整体成形。

（二）摆动辗压特点及应用

摆动辗压是在压力作用下连续而局部成形，接触面积小，每一次变形量小，具有如下特点：

1）省力。与一般锻造过程相比，成形同样大小的工件，摆动辗压所需的总变形力显著减小，摆动辗压变形力为一般锻造变形力的 1/20 ~ 1/5，所需摆动辗压设备吨位小。

2）适合成形薄盘类零件。薄盘类零件是高径比小的零件。采用一般锻压设备生产薄盘类零件时，因坯料的高径比小，在坯料与模具的接触面将产生很大的摩擦力，使工件的单位面积变形力急剧上升，还会妨碍材料的流动变形。采用摆动辗压工艺生产薄盘类零件时，由于模具与坯料间的接触面积小，加之模具与坯料表面间存在滚动摩擦，摩擦因数大大降低，使妨碍金属流动的摩擦力大幅度减小，因此薄盘类零件的成形比较容易。

图 4-4 为铅试件普通镦锻和摆动辗压轴向力比较。从图中可以看出，摆动辗压轴向力比普通镦锻小得多，且工件越薄，即工件高径比 H/D 越小，摆动辗压成形的效果越好。对于带杆的薄盘类零件，更显示出摆动辗压的优势。

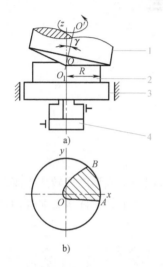

图 4-3 摆动辗压工作原理图

1—摆头（上模） 2—工件 3—滑块 4—液压缸

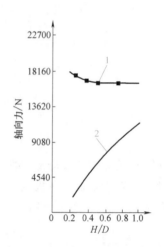

图 4-4 铅试件普通镦锻和摆动辗压轴向力比较

1—普通镦锻 2—摆动辗压

3）工作条件好。摆动辗压成形可以看作静压成形，无振动，噪声小，容易实现机械化和自动化，劳动环境好。

4）生产率高。

5）设备小，占地面积少。

摆动辗压除了有以上优点外，也有一些局限性，例如：

1）在辗压镦粗大直径圆盘坯料前，需要先制坯。因为摆动辗压是多次小变形累积的整体成形，而且辗压时坯料始终受偏心载荷作用，所以坯料高径比 H_0/D_0 不能太大，否则效率低，工艺稳定性差。

2）机器结构复杂。由于摆动辗压机要实现复杂的轨迹运动，始终在偏心载荷下工作，因此摆动辗压机比普通锻造机结构的紧凑性和刚度要求高，尤其是以用于冷精密成形的摆动辗压机最为明显。摆动辗压机的操作空间相对狭小，故摆动辗压工件的尺寸有一定的限制。

摆动辗压过程适用于低碳钢、中碳钢、有色金属等材料的塑性成形，也可用于粉末冶金的压制成形、板材成形、塑料及陶瓷的铆接。目前，冷摆动辗压可辗 $\phi190mm$ 的齿轮零件，精度等级达 7 级，生产率为 $6 \sim 12$ 件/min。热摆动辗压可以生产直径为 $\phi400 \sim \phi500mm$ 的盘类零件。摆动辗压工艺生产的产品有变速器齿轮、同步器齿环、差速器行星半轴齿轮、起动棘轮、油泵凸轮、离合器盘毂、半轴、端面齿轮、主减速器从动齿轮、空压机阀盖、碟形弹簧、扬声器导磁体、铣刀片等。

（三） 摆动辗压模具的设计

1. 摆动辗压件设计

热摆动辗压主要特点是省力，其成形后的锻件精度和表面粗糙度等与热模锻压力机上的模锻件相近；冷摆动辗压的特点是锻件精度高，表面品质好，可接近产品图的精度和表面粗糙度等要求；温摆动辗压综合了冷摆动辗压和热摆动辗压两个方面的特点。尽管各种摆动辗压成形的锻件几何精度和表面品质不同，但其锻件图的设计原理相同，都是根据零件图设计锻件图。

（1） 确定机械加工余量和公差　热摆动辗压时，加工余量和公差均可按热模锻压力机上模锻的情况选取。冷摆动辗压时，可按无余量的情况处理，公差可类比机加工公差选取。

（2） 分模面的选择　在开式摆动辗压时，选择分模面的基本要求是保证摆动辗压成形结束后，工件能从模腔中方便地取出。用开式模摆动辗压时，工件有横向毛刺，需要在辗压后切除，因此增加了切边工序。只有当工件外廓形状是非回转体时才采用开式，如摆动辗压成形六角螺钉头等。在闭式摆动辗压时，不产生横向毛刺，只产生纵向毛刺。采用闭式摆动辗压的优点是：不需要切边，虽然有纵向毛刺，但对机械加工影响不大；金属在闭式模内成形容易保证精度以及材料利用率高。但采用闭式摆动辗压对坯料的形状精度和体积精度有较高的要求。

（3） 拔模斜度　由于摆动辗压机一般都具有顶料装置，因此拔模斜度比模锻时小，一般取 2°~6°，外壁取小值，内壁取大值。冷摆动辗压时拔模斜度可取 1°~3°，一些精度要求高的表面甚至可以不留拔模斜度。

（4） 圆角半径　摆动辗压锻件的圆角半径可参照热模锻压力机上模锻的圆角半径选取。

2. 摆动辗压模具结构设计

适合辗压短轴类锻件的摆动辗压模具一般由上面的摆头（与摆头座相连）和下面的凹模组成。锻件形状复杂的部分，特别是形状属于非回转体的部分，均在凹模中成形，而形状简单的部分，则放在摆头内成形。

适合辗压带法兰的长轴类锻件的摆动辗压模具与平锻模相似，是由一个摆头和两块凹模组成（图 4-5），即摆头 1、活动凹模 5 和固定凹模 6。

摆头 1 通过压紧圈 2 和螺钉 3 紧固在摆头座 4 上。活动凹模通过压板 8 和螺钉 9 固定在

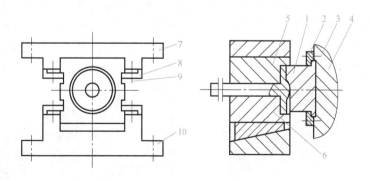

图 4-5　卧式摆动辗压模结构

1—摆头　2—压紧圈　3、9—螺钉　4—摆头座　5—活动凹模

6—固定凹模　7—夹紧滑块　8—压板　10—工作台

夹紧滑块 7 上，而固定凹模则固定在工作台 10 上，它们组成一个完整的凹模。

摆动辗压模具根据结构不同分为整体式摆动辗压模和镶块式组合模。采用镶块式组合模有两个目的：一是将整体式模具中最易磨损并产生塑性变形的部位用强度较高的金属镶块取代，一旦模具磨损，只需更换局部镶块即可；二是将模膛中容易产生应力集中的部位制成镶块，以消除应力集中。采用镶块组合模可显著地提高模具寿命和生产率。

图 4-6 是镶块模的典型结构。图 4-7 为有代表性的凹模凸台镶块。一般而言，模具尺寸和产品批量较大时，应采用镶块模，这样可降低模具成本。

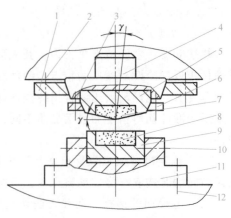

图 4-6 镶块模的典型结构

1—上模压板 2、3、10、12—螺钉 4、11—模板
5、9—外套 6—压板 7、8—镶块

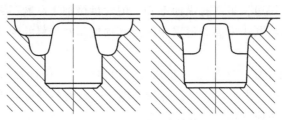

图 4-7 凹模凸台镶块

二、环件辗压

（一）环件辗压工作原理

环件辗压又称辗环成形或扩孔，它是借助环件辗压设备——环件辗压机（又称辗环成形机或扩孔机）使环形锻件直径扩大、壁厚减小、截面轮廓逐渐成形的塑性加工工艺。环件辗压是连续地周期局部塑性成形，与整体模锻成形相比，具有大幅度降低设备吨位和投资、振动冲击小、节能节材、生产成本低、力学性能高等显著技术经济优点，是生产轴承环、齿轮环、法兰环、火车车轮及轮箍、燃气轮机及航空航天发动机机匣、封严环、安装边等各类无缝环形锻件的先进制造技术，在工程机械、交通运输、船舶、石油化工、风力发电、航空航天、原子能等许多工业领域中日益得到广泛应用，其产品如图 4-8、图 4-9 所示。

图 4-8 直径 10 米级运载火箭铝环

图 4-9 异形截面环件锻件

（二）环件辗压的分类和应用

1. 环件辗压的分类

（1）径向辗压成形 环形锻件径向辗压成形原理如图 4-10 所示。驱动辊为主动辊，同时做旋转辗压成形运动和直线进给运动；芯辊为被动辊，做从动旋转辗压成形运动；导向辊和信号辊都为可自由转动的从动辊。在驱动辊作用下，环形锻件通过驱动辊与芯辊构成的辗压成形孔型产生连续局部塑性变形，使环形锻件壁厚减小、直径扩大、截面轮廓成形。当环形锻件经过多次周期辗压成形的旋转且直径扩大到预定尺寸时，环形锻件外圆表面与信号辊接触，驱动辊停止直线进给运动并返回，环件辗压过程结束。导向辊的导向运动保证了环形锻件在辗压成形过程中的平稳运动。

环形锻件径向辗压成形设备结构简单，广泛地用于中小型环件辗压生产，但辗压成形的环形锻件面有时也会出现凹坑缺陷。

（2）径-轴向辗压成形 为了改善辗压成形环形锻件的端面品质和成形复杂的截面，在径向环件辗压设备的基础上，增加一对轴向端面辗压辊，对环形锻件的径向和轴向同时辗压成形，这样使由径向辗压成形产生的环形锻件端面上的凹陷由于轴向辗压而得到修复和平整。轴向端面辗压成形还可使环形锻件获得复杂的截面轮廓形状。环形锻件径-轴向辗压成形原理如图 4-11 所示，驱动辊旋转辗压成形，芯辊径向直线进给，端面辗压辊做旋转端面辗压成形运动和轴向进给。在径-轴向辗压成形中，环形锻件产生径向壁厚和轴向高度减小，内、外直径扩大，截面轮廓成形的连续局部塑性变形，当环形锻件经反复多转周期辗压成形使直径达到预定值时，芯辊的径向进给和端面辊的轴向进给停止，环形锻件径-轴向辗压成形结束。与径向辗压成形设备相比，径-轴向辗压成形设备结构复杂，主要用于大型复杂截面的环件辗压生产。

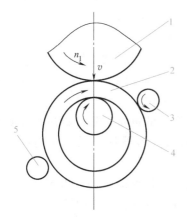

图 4-10 环形锻件径向辗压成形原理
1—驱动辊 2—环形锻件 3—导向辊
4—芯辊 5—信号辊

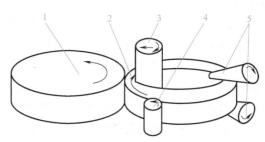

图 4-11 环形锻件径-轴向辗压成形原理
1—驱动辊 2—环形锻件 3—芯辊 4—导向辊 5—端面辗压辊

2. 环件辗压的应用和发展

环件辗压适于生产各种形状尺寸、各种材料的环形锻件或环坯。目前辗压成形环形锻件的直径为 $\phi40 \sim \phi10000$mm，高度为 $15 \sim 4000$mm，壁厚为 $16 \sim 48$mm，环形锻件的质量为 $0.2 \sim 82000$kg。环形件的材料为碳素钢、合金钢、铝合金、铜合金、钛合金、钴合金、镍基合金等。常见的辗压成形环形锻件产品有轴承环、齿轮环、火车车轮的轮箍、燃气轮机及航空发动机上的机匣、密封圈和安装边等。最大的辗压成形环形锻件是直径为 φ10000mm、高度为 4000mm 的核反应堆容器。辗压成形环形锻件的典型截面形状如图 4-12 所示。

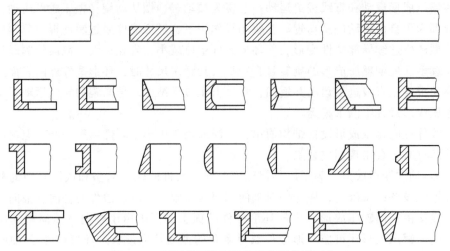

图 4-12　辗压成形环形锻件的典型截面形状

我国应用环件辗压技术始于 20 世纪 50 年代。目前，环件辗压技术已经成为环形机械零件生产的高效、先进和主要的方法之一，并向着以下几个方向迅速发展。

（1）大型化　直径为 φ2000mm 以上的大型环形锻件越来越多地采用环件辗压成形生产，而原来的马架扩孔生产由于劳动强度大、生产率低、锻件尺寸精度低和加工余量大等缺点，而逐步被淘汰。直径为 φ2000~φ10000mm 的环件辗压设备在美国、德国、英国、法国、日本、俄罗斯等国家的数量迅速增加，我国也从德国引进了直径为 φ3000~φ5500mm 的环件辗压设备。

（2）高速化　随着环件辗压设备及其上、下料辅助设备的机械化程度的提高，环件辗压速度和生产率随之迅速提高，在小型轴承环辗压成形自动生产线上，不仅下料、加热、制坯、辗压成形过程实现了自动化生产，而且生产率达到 300~1000 件/h。

（3）精密化　随着制坯的精化和环件辗压过程测控系统的进步，环件辗压精度逐渐提高，精密环件辗压技术迅速发展。目前，精密辗压成形的环形锻件直径尺寸精度可达到 1/1000mm。

（4）复杂化　一般环件辗压主要用于生产截面为矩形或近似矩形的环形零件，复杂截面的环形锻件通常也简化成截面近似矩形的环形件，然后再进行机械切削加工。但为了减少机械加工量、提高环形锻件的材料利用率，生产复杂截面环形锻件的技术得到高度重视和迅速发展。通过优化辗压成形用的环坯和合理设计辗压成形的孔型，许多复杂截面的环形锻件已能直接辗压成形。

（5）柔性化　为了满足小批量、多品种、多规格地生产环件，能快速更换成形孔型和工作参数调节方便的柔性环件辗压设备受到了重视。目前的柔性环件辗压设备的成形孔型更换时间为 1.5~2h，环形锻件直径为 φ250~φ900mm，质量为 20~100kg，非常适合批量为 50 件的小批量辗压成形生产。

（6）材料多样化　随着航空航天技术的发展，航空航天发动机的机匣、密封环和安装边等环形件大量采用高合金化的铝合金、耐热钢、不锈钢、钛合金和高温合金制造，这些材料的共同特点是变形抗力大、流动性差、加工过程窗口窄。更由于这些材料昂贵和对锻件组织性能要求高，使得发展特种合金精密辗压成形过程技术的需求变得越来越迫切。

（三）环件辗压的技术经济性

环件辗压过程通常是在将锻锤-环件辗压机、平锻机-环件辗压机、锻锤-压力机-环件辗压机等设备组合起来的生产线上实施，与传统的环形锻件自由锻造、环形锻件模锻过程相比，具有较好的技术经济效果，具体表现在以下几个方面。

（1）精度高、加工余量少、材料利用率高　辗压成形的环形锻件几何精度与环形模锻件相当，锻件的冲孔连皮小，而且无飞边损失。与自由锻工艺相比，辗压成形环形锻件精度大幅度提高，加工余量大幅度减少。

（2）内部品质好　辗压成形的环形锻件内部组织致密、晶粒细小、流线沿圆周方向分布，其组织性能、耐磨性和疲劳极限明显高于用其他方法锻造或机械加工生产的环形件。

（3）设备吨位小、投资少、锻件直径范围大　辗压变形是通过周期局部变形的积累而实现整个锻件变形的。与整体模锻变形相比，环件辗压变形力大幅度减小，因而辗压成形设备的吨位大幅度降低，设备投资大幅度减少。一般在环件辗压设备上可以加工的环形锻件直径范围大，环形锻件最大直径与最小直径可相差 3~5 倍，最大质量与最小质量相差数十倍，这是其他的加工设备难以达到的。

（4）生产率高　环件辗压设备的辗压成形速度通常为 1~2m/s，成形时间一般为 10s 左右，最短可达 3.6s，最大生产率可达 1000 件/h，大大高于自由锻造和模锻环形锻件的生产率。

（5）生产成本低　环件辗压具有材料利用率高、机加工工时少、生产能耗低、辗压成形孔型寿命长等优点，因而生产成本较低。据统计，环件辗压与自由锻相比，材料消耗降低 40%~50%，生产成本降低 75%。

（四）辗压成形工艺规程

环件辗压过程大致分为三个阶段：第一阶段，环坯从静止状态过渡到连续咬入孔型的转动状态，且每转进给量达到设计值。第二阶段，环件辗压过程以近似恒定的进给速度进行，直至环坯的径向尺寸接近规定的环形锻件尺寸。第三阶段，进给速度逐渐减小至停止，辗压成形结束。此阶段通过减小进给速度亦即减小每转进给量，对环坯进行辗压整形，使环坯壁厚均匀、形状完整。环件辗压工艺规程设计就是要合理分配上述三个阶段，获得合格的环形锻件。环件辗压过程可用图 4-13 表示，图中以进给速度为纵坐标，成形时间为横坐标。第一阶段为建立稳定辗压成形状态阶段，若此阶段时间过短，即进给速度太快，则有可能压扁环坯，使之无法咬入孔型。若此阶段时间过长，亦即进给速度太慢（每转进给量太小），则环坯可能无法锻透，即不能实现壁厚减小和径向尺寸扩大的成形。第二阶段的进给速度应满足环件辗压条件和辗压成形设备的能力条件，宜以较大的进给速度实现快速成形。在第三阶段的整形辗压时，进给速度应逐渐减小，使成形结束时的锻件直径由快速增加过渡到直径缓慢增加，从而防止环坯直径由于惯性而造成超差，同时通过低进给速度带来的小进给量，使环坯整形，从而增大其圆度和减小其壁厚差。当进给速度为零亦即停止进给时，应至少再转一圈，这对提高环形锻件的形状尺寸精度非常有利。与第一阶段的辗压成形时间相比，第三阶段的辗压成形时间应更长一些。在手动控制的 D51 型环件辗压机上，辗压成形工艺规程的执行完全依赖操作者的技能和经验，但对配备有计算机控制系统的环件辗压机，则需将辗压成形各个阶段的工艺参数输入计算机系统，让其自动执行设定的辗压成形工艺规程。

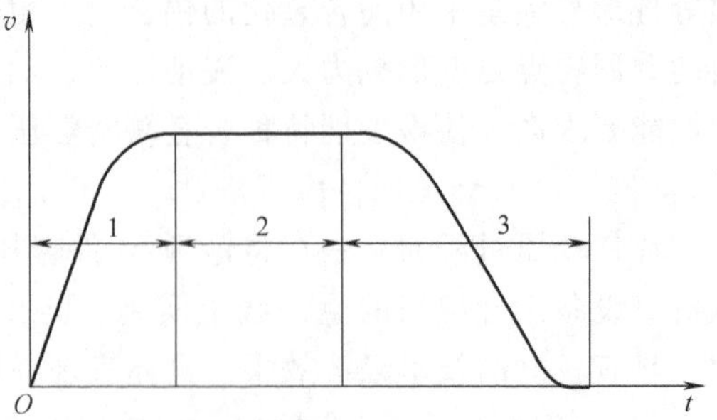

图 4-13　环件辗压过程三阶段示意图

三、辊锻

（一）辊锻工作原理

辊锻就是使金属坯料通过一对旋转的辊锻模，辊锻模对坯料产生压力，使坯料发生连续局部塑性变形，获得所需的锻件或预制件。辊锻变形原理如图 4-14 所示，坯料被辊锻模咬入后，高度方向受到压缩，少部分金属宽展，大部分金属沿长度方向流动。故辊锻工艺适用于减小坯料截面的锻造过程，如杆件的拔长、板坯的辗片以及沿杆件轴向分配金属体积的变形过程。

辊锻件流线好，疲劳极限高。辊锻的材料利用率高、劳动条件好，所需设备的吨位小，对设备的基础要求低，便于实现机械化和自动化，且生产率高。由于辊锻是静压力，所以冲击、振动和噪声都小，符合环境保护要求。

辊锻的送料方式有两种：坯料从辊锻机的一侧送入，从另一侧出来锻件的称为顺向送料，而从同一侧出来锻件的称为逆向送料。

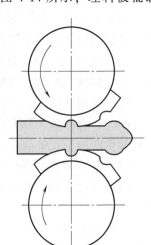

图 4-14　辊锻变形原理

辊锻变形的实质是坯料延伸变形。坯料在模具中压缩后，大部分金属沿长度方向流动，长度增加，高度降低，截面面积减少，只有局部金属横向流动而使宽度有所增加。辊锻适于拔长沿轴向对称的长轴类锻件或进行轴向体积分配的预锻，如前轴、转轴、钩尾框的制坯及成形等。

辊锻源自轧钢。所不同的是，由于轧制用的轧辊模膛剖面是等截面的，所以整个轧制过程稳定，任一时刻的变形（除坯料开始轧入和坯料轧制结束阶段）都可以代表整个轧制过程的变形；而辊锻则不然，由于任一时刻的辊锻变形一般均不同，为非稳定轧制过程，因此其变形区、坯料的咬入、辊锻时的前滑、后滑和宽展等均不相同。

（二）辊锻坯料的咬入方式

1. 端部自然咬入

用力将坯料靠紧锻辊，在摩擦力作用下，坯料被锻辊曳入时，称为自然咬入，如图 4-15 所示。采用后定位送料时，多为此咬入方式。

2. 中间咬入

前述端部自然咬入属顺向送料，即送料方向和锻辊旋转的切向一致；中间咬入的情况则相反，称为逆向送料，如图 4-16 所示，采用机械手送料时，多用此送料方式。此种方式送料时，辊锻模的突出部位直接压入坯料的中间部位，此时咬入角可比端部自然咬入时大，达 $32° \sim 37°$。

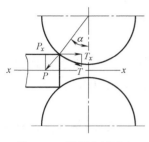

图 4-15 端部自然咬入

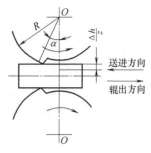

图 4-16 中间咬入

辊径一定时，减少压下量，或压下量一定时，加大辊锻机的直径，都有利于坯料咬入。影响咬入的因素很多，最主要的是辊锻模具与金属坯料接触表面间的摩擦因数。所有影响摩擦因数的因素，如模具与坯料的表面状态、坯料的物理-化学性能、变形速率与变形温度、润滑状态等都对咬入角有影响。

多道次成形辊锻时，尤其是辊锻经过预成形的坯件，由于其已有一定形状，一般不能采用自然咬入或中间咬入，很多时候必须采用强制咬入，即由送料机顶住坯件使其随模具一起运动，直至模具的凸台或凸槽的后壁将坯料拉入，如图 4-17 所示。

3. 前滑和后滑

坯料在辊锻时，受到辊锻模压缩，纵向延伸，横向宽展。辊锻模具与普通锻造模具不同，它是两端敞开的，金属坯料可同时向出口和入口两个方向延伸，故在坯料内部必然存在一个界面，称为中性面，如图 4-18 中的垂直虚线所示。

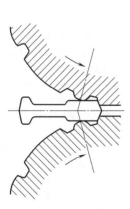

图 4-17 强制咬入

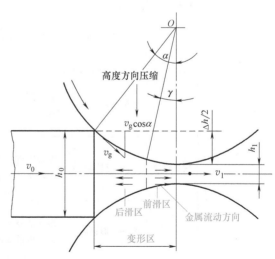

图 4-18 辊锻变形区金属的流动方向

此界面与轧辊的交点与该轧辊中心的连线同两个轧辊中心的连线形成的夹角 γ 称为中性角。在中性面的右侧为前滑区，其内金属的流动速度大于锻辊的线速度，称为前滑。中性面的左侧为后滑区，其内金属的流动速度小于锻辊的线速度，称为后滑。前滑及后滑对辊锻模相关模膛长度的确定有影响。

辊锻过程影响前滑的因素很多，如变形程度、摩擦因数、模具模膛及坯料的形状、加热温度及锻辊直径等。当变形程度、摩擦因数、锻辊直径增加时，前滑区增加。另外，温度越低，前滑区越大。凡是限制坯料宽展的模具模膛都能使前滑区增加。

（三）辊锻特点及分类

1. 辊锻的特点

1）生产率高。一个辊锻周期通常只需十几秒甚至几秒，适合大批量生产要求。

2）省力。由于辊锻是连续局部成形过程，模具与坯料接触面积小，因此所需的变形力较小，与整体模锻相比，可减小设备吨位70%～90%。

3）劳动环境好。由于辊锻是静压变形过程，冲击、振动、噪声小，符合环境保护要求。

4）易于与其他模锻设备组成机械化和自动化的生产线。

5）受变形特点的限制，对于复杂锻件，可能产生局部充填不良、尺寸精度较低的现象。

2. 辊锻的分类

辊锻过程按照用途、模膛形式、辊锻温度及送进方式的不同有多种分类，具体详见表4-1。

表 4-1　辊锻分类及应用

分类方法	类别		变形特点	应用
按用途分类	制坯辊锻	单模膛辊锻	一次或多次辊锻，或用闭式模膛一次辊锻	用于拔细坯料端部或未锻前制坯工序，如梅花扳手的杆部延伸（锻前制坯）
		多模膛辊锻	在开式模膛或开式与闭式组合的模膛中辊锻	主要用于模锻前制坯工序（代替锤上模锻的拔长和滚挤），也可用于拔细坯料端部，如连杆的制坯辊锻
	成形辊锻	完全成形辊锻	直接在辊锻机上完成锻件成形过程，可用开式或闭式	适用于小型锻件及叶片类锻件的直接辊锻成形，如用于辊锻镊子以及各类叶片等
		初成形辊锻	在辊锻机上基本成形，辊锻后再用较小设备整形	适用于辊锻截面差较大、形状较为复杂的锻件，如柴油机连杆、汽车前轴等
		部分成形辊锻	锻件部分在辊锻机上成形，另一部分用模锻成形	适用于辊锻具有长杆形或板片形的锻件，如锄头、镰刀、汽车变速操作杆、前轴等锻件
按模膛形式分类	开式模膛辊锻		上下模膛件有水平缝隙，宽展较自由	常用于制坯辊锻
	闭式模膛辊锻		宽展受限制，可强化延伸、限制锻件水平弯曲	既可用于制坯辊锻，也可用于成形辊锻
按辊锻温度分类	热辊锻		坯料加热至再结晶温度以上	用得最多
	冷辊锻		通常在常温下进行	多用于锻件精整或有色金属

（续）

分类方法	类别	变形特点	应用
按送进方式分类	顺向辊锻	坯料送进方向和辊锻反向一致	不需夹钳料头,常用于成形辊锻
	逆向辊锻	坯料送进方向和辊锻反向相反	操作方便,常用于制坯辊锻

四、等温锻造

（一）等温锻造过程特点

1. 概述

等温锻造是针对传统热模锻的不足而逐渐发展起来的一种材料加工工艺,它是通过在较低的应变速率下,使热坯料与模具温度基本保持不变来实现的,避免了坯料在锻造过程中温度降低和表面激冷的问题。等温锻造可以在很宽的温度、速度范围内以及坯料的任意原始组织条件下进行,可以减少变形力和提高金属的塑性。

航空航天锻件的生产过程取决于多个因素,包括制件的外形、性能要求和经济性。出于成本考虑,锻造过程必须优化,以减少最终制件所需的金属量。钛基和镍基耐热合金被广泛应用于航空航天零部件,比较贵重且难以加工,在锻造中使用过多的金属将会增加金属的消耗,提高生产成本。等温锻造通过精确地控制工件温度和变形速率能够生产出近似净成形制件,较好地控制显微组织及性能。

2. 等温锻造特点

等温锻造通常在液压机上进行。与普通热模锻相比,等温锻造时,金属材料的变形抗力大大减小,可使用功率较小的设备,节省设备占地面积和能耗。采用等温锻造还可以简化装备的结构和构件,用整体大锻件代替小锻件组合件。

等温锻造能够模锻出小模锻斜度或无模锻斜度的锻件、有明显阶梯截面的锻件、过渡半径较小的锻件和小切削加工余量的锻件;还可以成形出形状复杂的高精度锻件。等温锻造有以下特点:

1）降低了坯料金属变形抗力,减小了模具系统的弹性变形,提高了现有设备的生产能力。

2）提高了材料的塑性,甚至达到超塑性,使低塑性材料的成形成为可能。

3）操作简单,技术条件易于控制,减小了变形温度的波动,坯料体内及表层温度均匀,变形均匀,锻件的组织性能均匀,几何尺寸稳定。

4）降低了锻件的残余应力,减少了锻件在冷却和热处理时的变形量。

5）通过减少加工余量,提高产品尺寸精度,提高材料利用率。

6）使用保护-润滑玻璃涂层,减小了热金属与周围介质的相互作用,减薄了氧化皮和其他缺陷层的厚度,改进了表面质量。

7）等温锻造没有坯料均匀等轴细晶的要求,也没有规定成形温度和成形速度的取值原则,使得其锻造过程要求和实施成本比超塑成形低了许多。

8）等温锻造对模具与工件等温的要求大大增加了模具成本,成形温度越高,模具成

（二）材料的等温锻造性能

对于确定的材料，影响等温锻造过程的因素有变形温度、应变速率、变形程度以及润滑条件等。合理的等温锻造过程可以保证材料具有较高的塑性和低的变形抗力，有利于等温锻造过程的稳定进行。材料的等温锻造性能可由塑性图和应力-应变曲线确定。完整的塑性图给出了压缩时的变形程度，拉伸时的抗拉强度、伸长率和断面收缩率，扭转时的扭转角度和转数，冲击韧度以及其他技术性能和力学性能随变形温度的变化规律。由材料的塑性图可以得到塑性区和脆性区的最大值和最小值，由此确定材料的变形温度范围。应力-应变曲线则反映了材料的变形抗力随变形程度的变化规律，由此可以得知材料的加工硬化及软化特性。不同种类的材料其塑性图和应力-应变曲线具有很大的差异，为了合理地确定等温锻造过程的加热规范，应对各种不同材料的等温锻造性能进行分析。

1. 钢铁材料的等温锻造性能

图 4-19 给出了碳素钢的伸长率 A、断面收缩率 Z、冲击韧度 a_K，以及抗拉强度 R_m 随温度的变化曲线。图 4-20 为合金钢的伸长率 A、断面收缩率 Z、冲击压缩极限变形程度 ε_K 以及抗拉强度 R_m 随温度的变化曲线。对于碳素钢和合金钢，当温度高于 700℃ 时，具有较高的塑性和较低的变形抗力，并且变形抗力随变形程度的变化不大，如图 4-21 所示。因此，碳素钢和合金钢的变形温度范围是比较宽的。

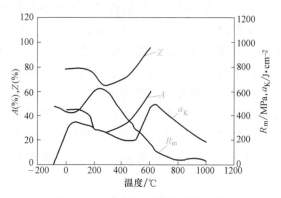

图 4-19 碳素钢（碳的质量分数为 0.15%）的塑性曲线

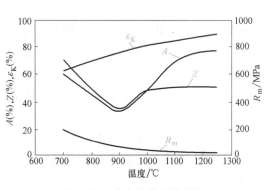

图 4-20 合金钢的塑性曲线

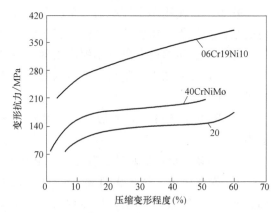

图 4-21 1000℃时材料静压缩时的应力-应变曲线

由于普通碳素钢的锻造温度范围较宽，因此通常采用常规热变形方法进行成形。但是，对于形状复杂，且具有窄筋、薄腹板的小型零件，由于变形温度降低会影响到材料的成形性，因此需采用等温锻造或适当预热模具来进行加工。对于合金钢，尤其是形状复杂的小型合金钢锻件，由于锻造温度范围比较窄，采用常规热变形方法通常需要进行多火次成形，而采用等温锻造，不仅可以一道工序进行成形，而且由于可以在较低的变形温度下成形，因此可以获得高品质的合金钢锻件。

2. 铝合金的等温锻造性能

铝合金作为仅次于钢铁的实用金属材料，在工业上得到了极为广泛的应用。近年来，由于铝合金具有密度低、强度高、耐腐蚀等特点，用于结构材料的开发与应用研究很多。

变形铝合金基本的合金元素除铝以外是铜、镁、硅、锰、镍、锌、铬以及钛等。一般来说，随着合金化程度的提高，铝合金的强度得到提高，但塑性降低，并且其锻造温度范围比较窄，通常在100℃左右，某些高强度铝合金的锻造温度范围甚至小于100℃。例如7A04（LC4）超硬铝，其主要强化相为 $MgZn_2$ 和 Al_2CuMg 化合物，铝与 $MgZn_2$ 形成共晶，其熔化温度为470℃。因此，其始锻造温度应低于430℃。7A04铝合金的退火温度为390℃（表明7A04具有较高的再结晶温度），因此，该合金终锻温度通常取350℃。由此可以看出，7A04的锻造温度范围只有80℃左右。

图4-22为2A12铝合金的塑性曲线，从图中可以看出，2A12铝合金在350~450℃温度范围的塑性较好，能进行65%的压缩变形。当温度高于450℃或低于350℃时，塑性较低。由此可以看出，2A12铝合金应在350~450℃，以不大于65%冲击压缩变形进行塑性加工。

对于等温锻造来说，变形速度是影响材料成形过程的重要工艺参数之一。图4-23给出了应变速率对2A12铝合金屈服强度的影响曲线：①在350~450℃温度范围内，2A12铝合金的屈服强度随应变速率的升高而增加；②不同温度条件下的屈服强度随应变速率的变化规律大致相同，其变化幅度非常大。由该图还可以得知，当2A12铝合金在较低的应变速率等温锻造时，可以采取较低的变形温度；而当应变速率较高时，则需要在较高的温度下进行等温锻造。

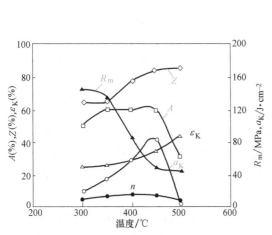

图 4-22　2A12 铝合金的塑性曲线

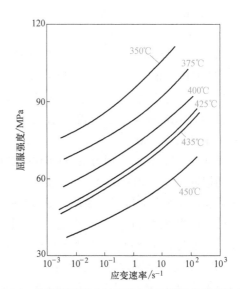

图 4-23　应变速率对 2A12 铝合金屈服强度的影响曲线

图4-24为2A14铝合金的塑性曲线，可以看出，2A14铝合金的塑性加工性能比2A12铝合金差。尤其是在高变形速度条件下，2A14铝合金的塑性比较低，在250~450℃温度范围内，只能进行45%以下的冲击压缩变形。在变形速度比较低的准静态压缩时，该铝合金在200~450℃，可以进行65%以上的压缩变形。但是，由该图还可以得出，2A14铝合金的变

形抗力随温度的变化幅度非常大，温度降低会使它的变形抗力急剧增加。因此，2A14 铝合金应在 350～450℃，以不大于 45% 以下的冲击压缩变形进行塑性加工，或以 85% 以下的静态压缩变形进行塑性加工。对于 2A14 铝合金的等温锻造，由于变形速度较低，可以在比较低的 350℃ 温度附近进行。

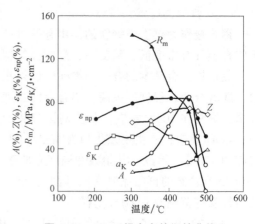

图 4-24　2A14 铝合金的塑性曲线

3. 镁合金的等温锻造性能

与铸造镁合金相比，变形镁合金具有更优良的综合性能，可以满足多样化结构的要求。变形镁合金是未来空中运输、陆上运输以及军工领域的重要结构材料，这些领域所需要的许多板材、棒材、型材、管材、锻件是无法用铸造产品代替的。等温锻造作为难变形材料加工技术，为变形镁合金的应用提供了有效的手段。采用等温锻造技术可以制造大截面空心型材，以及具有壁薄、形状复杂、综合性能高的镁合金零部件。

图 4-25 为 MA8 镁合金的伸长率 A、断面收缩率 Z、冲击韧度 a_K、抗拉强度 R_m、冲击压缩极限变形程度 ε_K、静态压缩极限变形程度 ε_{np} 以及扭转次数 n 随温度的变化曲线。从图中可以看出，MA8 镁合金在很宽的温度（300～500℃）内具有较高的塑性。在 300～500℃，无论在低速静压缩变形，还是在冲击变形时，单道次压缩量可达 70%～80%。该合金的锻造温度通常为 350～480℃，加热温度一般不超过 480℃，否则会产生过热。终变形温度控制在 350℃。而 MA8 镁合金的等温锻造温度可以低一些，最低可取 300℃。

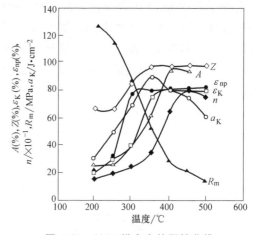

图 4-25　MA8 镁合金的塑性曲线

图 4-26、图 4-27 分别为 AZ31B 和 AZ31C 镁合金的塑性曲线。AZ31B 和 AZ31C 镁合金为 Mg-Al-Zn 系合金，从图 4-26 可以看出，AZ31B 镁合金对变形速度极为敏感，在冲击变形时的允许压缩变形程度小于 30%，但低速静压缩时的允许压缩变形程度最高可达 80% 以上，塑性提高 1.5 倍以上。AZ31B 镁合金在低速静压缩时的合适变形温度为 350～450℃，在锤上进行冲击变形时的温度为 350～425℃。

AZ31C 镁合金所含有的主要合金元素是 5%～7% 的铝，该合金具有较高的强度，在热变形时具有较低的塑性。在 250～400℃，进行低速静压缩时的允许压缩变形程度为 40%～60%，而在锤上进行冲击变形时的温度范围非常窄，仅约 50℃，且只允许 20%～30% 的压缩变形。对于该合金，采用等温锻造过程是一种比较有效的方法。表 4-2 为镁合金的变形温度范围和允许变形程度。从表 4-2 可以看出，镁合金的变形温度范围比较窄，尤其是高强度镁合金的变形温度范围更窄。因此，镁合金等温锻造在航空、航天领域结构件的成形上是不可缺少的重要加工技术之一。

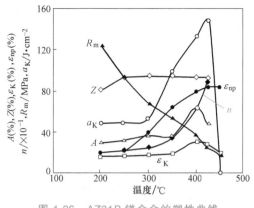

图 4-26 AZ31B 镁合金的塑性曲线

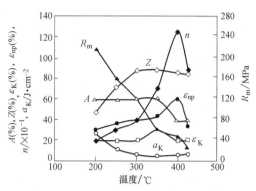

图 4-27 AZ31C 镁合金的塑性曲线

表 4-2 镁合金的变形温度和允许变形程度

镁合金	变形温度/℃		允许变形程度(%)	
	静压成形(液压机)	冲击成形(锤)	静压成形(液压机)	冲击成形(锤)
MA1	320~500	320~500	85~90	80~85
MA2	350~450	350~425	80	30
MA3	350~380	325~375	60	20~30
MA5	320~380	—	25~30	—
MA8	350~480	350~480	70~80	70
MA10	300~375	300~350	50~60	25~30
BM17	390~480	390~450	80	50~70
BM65-1	280~460	320~410	90	30~40

4. 钛合金的等温锻造性能

钛合金是最常用的等温锻造材料之一。表 4-3 列举了一些商业用钛合金。这些合金的流动应力对温度及应变速率都非常敏感,特别是 α+β 钛合金及 β 转变温度以下的纯 α 钛合金。

表 4-3 等温锻造常用的钛合金

α 钛合金和近 α 钛合金	商业用纯钛、Ti-5Al-2.5Sn、Ti-8Al-1Mo-1V、Ti-2.5Cu、Ti-6Al-2Nb-1Ta-0.8Mo、Ti-5Al-5Sn-2Zr-2Mo
α+β 钛合金	Ti-6Al-4V、Ti-6Al-4V-2Sn、Ti-6Al-2Sn-4Zr-2Mo
β 钛合金	Ti-13V-11Cr-3Al、Ti-8Mo-8V-2Fe-3Al、Ti-10V-2Fe-3Al

如图 4-28 所示,钛合金的力学性能对组织极为敏感,且钛合金的弹性模量低,约为钢铁材料的 1/2,加工硬化程度较小,而回弹很大,难以满足尺寸精度等要求。这些特点使得钛合金产品的加工与制造比其他材料的难度要大得多。钛合金的滑移面较少,滑移方向受到严格限制,成形与加工需要大吨位的压力机。此外,钛合金在塑性加工过程中很容易产生裂纹。因此,钛合金的塑性加工通常是在高温下进行的,例如热锻、等温锻造、超塑性加工等。

图 4-29 和图 4-30 分别为工业纯钛 TC4 钛合金的塑性曲线,可以看出,钛的合金化会降

低其工艺塑性。例如，工业纯钛在 600~1200℃ 的温度范围内，具有较高的塑性和较低的强度，其热加工温度范围比较宽；而 TC4 钛合金的热加工温度范围为 800~1200℃。

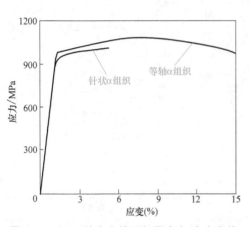

图 4-28　TC4 钛合金的组织及应力-应变曲线

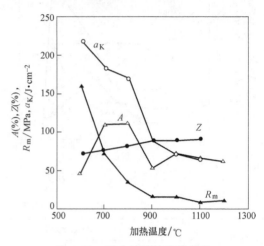

图 4-29　工业纯钛的塑性曲线

即使在高温变形条件下，钛合金的变形抗力也比一般的钢铁材料高。如图 4-31 所示，钛合金的变形抗力随温度的降低急剧增加，且比钢铁材料的增加速度要快得多。钛合金锻造时，即使锻件温度有少许降低，也将导致变形抗力大大提高。因此，钛合金的锻造温度范围通常比较窄，见表 4-4。

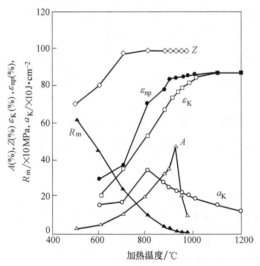

图 4-30　TC4 钛合金的塑性曲线

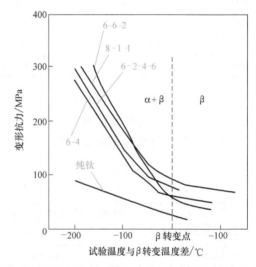

图 4-31　变形温度、组织状态对钛合金变形抗力的影响

表 4-4　钛合金的锻造温度

合金组成	(α+β)/β 相变温度/℃	铸锭开坯温度范围/℃		成形锻造温度范围/℃	
		加热温度	终锻温度	加热温度	终锻温度
工业纯钛	约 882℃	980	750	900	700
Ti-2Al-1.5Mn	910~930	980	750	900	800
Ti-5Al-4V	920~960	1050	850	920	800

（续）

合金组成	$(\alpha+\beta)/\beta$ 相变温度/℃	铸锭开坯温度范围/℃		成形锻造温度范围/℃	
		加热温度	终锻温度	加热温度	终锻温度
Ti-5Al-2.5Cr	930~980	1150	750	950	800
Ti-5Al-2.5Sn	1025~1050	1150	900	1000	850
Ti-6Al-4V	960~1000	1050	850	950	800
Ti-5Al-2Cr-2Mo-1Fe	930~980	1150	750	950	850
Ti-5Al-2.5Sn-3Cu-1.5Zr	950~990	1150	900	960	850
Ti-6Al-6V-2Sn-0.5Cu-0.5Fe	930~960	1150	900	930	850
Ti-6.5Al-3.5Mo-0.25Si	970~1000	1150	900	970	850
Ti-6.5Al-3.5Mo-2.5Sn-0.3Si	970~1000	1150	900	970	850
Ti-8Mo-11Cr-3Al	750~800	—	—	1150	850

5. 镍基高温合金的等温锻造性能

在镍基高温合金的锻造中，由高温合金含量偏析引起的问题在传统锻造中相当严重。模具冷却会引起工件的温度降低到溶解温度以下，从而导致沉积和可加工性降低，出现裂纹。同时，在变形过程中温度升高，传统锻造的大应变速率导致熔融，特别是在低熔点相聚集的晶界。因此，严格控制锻造温度时，镍基高温合金比传统锻造有明显的优势。

图 4-32 为 Inconel 718 镍铬铁合金的真实应力与温度、应变速率的关系曲线。从图中可以看出，曲线有一个峰值，随后下降，最终处于稳定状态，这是经过动态再结晶材料的显著特征，提高了材料的延展性和可加工性。峰值后流动应力的下降是由于变形过程中产生了热量。试验中发现，流动应力会随着材料晶粒大小和晶粒结构的不同而显著不同。

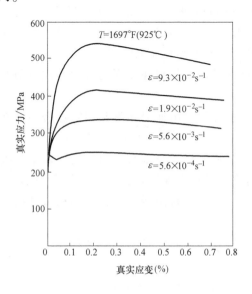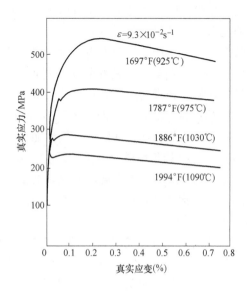

图 4-32 Inconel 718 镍铬铁合金的流动应力曲线

细晶粒粉末冶金制成的镍基耐热合金适合于等温锻造。研究表明，当量直径 m 值达到 $0.5\mu m$ 时，在应变速率为 10^{-3} 或更小时，粉末冶金材料的流动应力要比铸造材料小。

Inconel718 镍铬合金的主要特征可归结为：

1）流动应力受温度影响很大。

2）在低应变速率时，流动应力对应变速率较为敏感。

3）晶粒细小。

这些特征使得粉末冶金镍基合金相对于传统锻造更适合等温锻造。等温锻造避免了由于模具冷却而引起的金属流动和显微结构等问题。它可以在更低的应变速率下锻造工件，从而减小锻造变形力及有更好的充填模膛能力。但是，为了在锻造中保证对应变速率的敏感性，预成形坯料需要有较细晶粒，并且在锻造过程中始终保持晶粒细小。因此，有均匀两相的粉末冶金合金最符合此要求。

（三）等温锻造的润滑

等温锻造的润滑是为了降低摩擦，从而获得良好的金属流动性，使锻件较易与模具分离及获得较好的锻件表面品质。等温锻造时润滑剂不能堆积，否则会影响最终制件的精度。润滑剂必须形成一个防护层，以防止材料在加热或锻造中表面发生氧化。同时，润滑剂不能与工件及模具发生反应。等温锻造中用到的润滑剂与传统锻造中用的不同，传统锻造中用到的润滑剂不能在较大的温度范围内发挥作用，只能在锻造温度或较窄的温度区间内发挥效能。油基或石墨基的润滑剂如二硫化钼，不适用于等温锻造，因为它们在高温下很快分解。不同的玻璃混合物以釉料或其水溶液及有机溶液能够为等温锻造提供良好的润滑效果。将釉料研磨成粉末，然后制成浆状（溶剂如酒精等）用来浸泡或喷涂材料。溶剂蒸发后剩下粉末状涂层包裹在坯料表面，该涂层在锻造温度下会变成一层黏稠的玻璃态液体，既能保证润滑效果，又能防止坯料表面氧化。

1. 等温锻造对润滑剂的要求

（1）具有良好的成膜性、保证产品易于出模　在整个变形过程中，所采用的润滑剂能在模具与坯料之间形成连续的润滑薄膜，并具有较小的摩擦因数，由此可以降低变形力，使坯料的变形更加均匀。膜厚不一定相同，但需要起到分离模具与坯料表面的作用，防止黏模现象的发生，保证产品易于出模，避免模具损耗，提高产品表面品质。

（2）防止坯料氧化　良好的润滑剂可以降低甚至防止坯料在成形过程中和成形前加热时的氧化现象，获得表面品质高的等温锻造产品。

（3）具有良好的绝热性能　为了减少热坯料从加热炉中取出转移到模具过程中的热量消耗，所用润滑剂应具有良好的绝热性能。

（4）不与模具和坯料发生化学反应　在成形过程中和成形前加热时，润滑剂不与模具和坯料发生化学反应，否则会影响模具的使用寿命以及成形件的表面品质和使用性能。

（5）易于涂敷和除去　为了适应机械化和自动化等温锻造的要求，所用润滑剂应易于涂敷和方便除去。

（6）便于贮存及性能稳定　润滑剂在贮存与使用过程中，应具有性能稳定、无毒，不受环境温度、氧化、微生物的影响，符合环保要求。

（7）价格低廉、货源广泛　等温锻造所用润滑剂应满足价格低廉、货源广泛的要求，这是工业化生产所必须考虑的现实问题。

2. 等温锻造常用润滑剂

等温锻造常用润滑剂的主要成分见表 4-5，有石墨、二硫化钼（MoS_2）、聚四氟乙烯、氮化硼（BN）、氧化铅（PbO）以及玻璃等。

表 4-5　等温锻造常用润滑剂及使用温度

主要成分	使用温度/℃	备注
石墨	-270~1000	熔点：3700℃；450~500℃时氧化
二硫化钼（MoS_2）	-270~350	熔点：1250℃；380~450℃时氧化
聚四氟乙烯	-270~260	熔点：327℃
氮化硼（BN）	500~800	熔点：2700℃；700℃时氧化；低温使用困难
氧化铅（PbO）	200~650	熔点：850℃；370~480℃时变为 Pb_3O_4；550℃以上仍为 PbO；低温时无效

镁合金等温锻造采用的润滑剂的主要成分是石墨，也可以在胶体悬浮液中添加一些有机的或无机的化合物，以获得更好的润滑效果。石墨润滑剂的载体是矿物油或水。石墨与机油按 1.5：1 比例配成的油基石墨，可以在 500~600℃温度下使用。

二硫化钼在金属表面的黏着强度比石墨高，应用比较广泛。二硫化钼具有黑灰色美丽光泽，与石墨一样具有六方晶系层状结构。在二硫化钼中加入防氧化剂氧化硼作为黏结剂，在 300~700℃挤压碳素钢、低合金钢以及不锈钢时，能够保持良好的润滑效果。但是，高镍合金对硫的渗透十分敏感，在挤压时，即使少量的硫也会引起晶间破坏。

聚四氟乙烯是四氟乙烯（C_2F_4）的聚合体，是一种热塑性塑料。作为润滑剂使用，四氟乙烯只是单纯地使两种金属隔离开来。由图 4-33 可以看出，聚四氟乙烯只适合于较低温度下的成形过程。

作为润滑剂使用的氮化硼是白色的微细粉末，具有与石墨类似的六方晶系层状结构。氮化硼在 700℃以下时具有良好的耐热性、化学稳定性以及绝缘性能。大气中，氮化硼在 900℃以下的摩擦因数为 0.2，因而适于用作高温润滑剂。但氮化硼与钢铁材料的附着性能相对较差，在应用上受到一定限制。

玻璃润滑剂是高熔点金属与合金等温锻造常用润滑剂。玻璃润滑剂只有在熔融状态才具有良好的

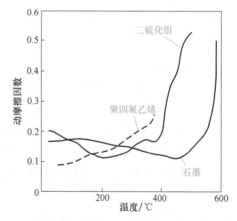

图 4-33　石墨、二硫化钼、聚四氟乙烯的动摩擦因数-温度曲线

润滑性能。润滑剂保持最佳黏度的温度范围越宽，润滑效果越好。黏度的变化与玻璃润滑剂的组成有关。玻璃润滑剂的成分应含有 SiO_2、K_2O、Na_2O、Al_2O_3、CaO、Li_2O、B_2O_3、BaO、MgO、PbO 等氧化物。等温锻造时的最佳黏度在 $1.5×10^2~3×10^3 Pa·s$。

表 4-6 为 6 种钛合金等温锻造用玻璃润滑剂化学成分。表 4-7 为不同温度条件下的 6 种玻璃润滑剂的黏度。对于钛合金等温锻造而言，在 850~950℃，使用 6 号或 2 号玻璃润滑剂为宜；在 800~1080℃，使用 4 号（80%）+5 号（20%）或 2 号（60%）+3 号（40%）混合玻璃润滑剂为宜。

表 4-6　钛合金等温锻造用玻璃润滑剂化学成分

玻璃润滑剂编号	氧化物含量/(质量分数,%)					
	SiO$_2$	Al$_2$O$_3$	B$_2$O$_3$	Na$_2$O	CaO	MgO
1	57~61	—	17~18	18~20	4~5	—
2	61	3	1	15	6	—
3	40	5	35	5	5	—
4	55	14	13	2	16	—
5	34	1.7	35	17	7.5	4.8
6	54	5	8.5	27.5	5	—

表 4-7　几种玻璃润滑剂不同温度下的黏度

玻璃润滑剂编号	不同温度下的黏度/Pa·s				
	800℃	900℃	1000℃	1050℃	1100℃
1	136400	5234	784	—	185
2	1067950	50030	6507	—	1327
3	437350	22690	3156	—	708
4	—	100000	10000	7400	4500
5	—	30	15	12	—
6	—	1000	80	50	—

玻璃润滑剂是由玻璃粉、稳定剂、固结剂以及水组成的悬浮液。稳定剂一般采用黏土或膨润土；固结剂由水玻璃、酪素胶或亚硫酸酒精糟组成。配制时，一般 1000g 玻璃粉需加水 400g。

等温锻造时涂敷玻璃润滑剂，可以防止金属与周围气氛发生化学反应，即表面氧化、吸收气体以及表面合金元素的贫化等，减缓金属的氧化速度。

为了将润滑剂有效地涂敷到坯料表面上，在涂敷润滑剂之前，要对坯料进行吹砂处理。将坯料加热到 120~150℃，可以使玻璃润滑剂涂敷到坯料上后立即固结，能很好地粘附到坯料表面。玻璃润滑剂的涂敷方法有三种形式：

1）用喷雾器将玻璃润滑剂涂敷到坯料表面的喷涂方法。

2）将坯料浸入悬浮液中进行浸涂的浸涂方法。

3）用刷子将玻璃润滑剂涂敷到坯料表面的刷涂方法。

采用喷涂方法虽然可以将润滑剂比较均匀地涂敷到坯料表面上，但该方法劳动条件差，润滑剂损耗大；浸涂和刷涂方法操作简单、润滑剂耗损小，但涂敷不均匀。一般润滑剂的涂层厚度小于 0.25mm。

等温锻造结束后，必须将坯料表面上的残留玻璃润滑剂和氧化皮清除掉。在工序之间去除残留玻璃润滑剂和氧化皮的目的，是防止其压入下一道工序的成形件中。成形件表面可以采用机械的或化学的方法进行清理。机械清除方法有喷金属砂、喷氧化铝砂、喷石英砂、湿喷砂、喷丸清理和滚筒打光等。采用湿喷砂清理时，为了防止腐蚀，需要向水中加入氮化钠或磷酸钠，或者经清理后将坯料放入氮化钠或磷酸钠溶液槽内进行洗涤。喷丸清理可能会降低坯料表面的品质，对加工余量小的，特别是最后一道工序的成形件一般不允许使用这种方法。化学清理方法有酸洗和碱洗两种。采用化学清理方法主要是去掉由于凝结而残留下来的玻璃润滑剂薄膜。氢氟酸或氢氟酸与硫酸的混合物对溶解玻璃润滑剂最有效，但是，它与金属会发生化学反应，从而对等温精密成形件或切削加工余量小的成形件尺寸精度有很大的影响。因此，最好使用加氧化剂的氢氧化钾或氢氧化钠溶液来清洗等温成形件。

（四）等温锻造模具材料

1. 等温锻造模具材料的一般要求

与常规热变形不同，等温锻造时的模具预热温度比较高，与坯料的变形温度大致相同。并且，通常等温锻造的变形速度较低，变形时间比常规热变形时间长。因此，等温锻造的模具材料选择非常重要。等温锻造用模具材料需要满足以下要求。

1）在高温下具有较高的强度、硬度、韧性以及耐磨性能，并且在长期服役过程中，组织与性能热稳定性好，耐热疲劳性能好，不易变形。

2）等温锻造模具往往是在较高的温度下工作，与变形坯料、空气以及润滑剂等其他介质接触，要求模具材料在高温下具有抗氧化性与耐蚀性。

3）为了充分发挥等温锻造在加工复杂形状、高尺寸精度产品的优势，所用模具材料应具有线膨胀系数小、导热性能好的特点。

4）为了便于模具制造，要求等温锻造模具材料具有良好的可锻性、可切削性、可磨削性、焊接性以及热处理变形小的特点。

2. 等温锻造常用模具材料的选择

等温锻造模具材料的选择，主要取决于等温成形件的材料种类、形状尺寸、工作条件以及变形温度、变形速度和要求的尺寸精度等。

（1）热作模具钢 对于铝、镁等熔点较低的金属等温锻造，模具材料一般采用热作模具钢40Cr5MoSiV1、3Cr2W8V，硬度为45~50HRC。铜合金由于变形温度较高，可以采用3Cr2W8V、3Cr3Mo3W2V，硬度为45HRC左右。

（2）钛合金和高温合金等温锻造用模具材料 钛合金和高温合金的等温锻造温度大多在800℃以上，由于模具工作温度较高，要求模具材料具有较高的高温强度、抗氧化性、抗热疲劳性、抗蠕变性、耐磨性、冲击韧性、淬透性以及导热性能。

目前，钛合金和高温合金的等温锻造模具一般采用铸造镍基高温合金制造，如 IN100、IN718 等高温合金、MAR-M200、KC6K、K3、K5，以及 TZM 钼基难熔合金等。TZM 钼基难熔合金在高温下极易氧化，要求在真空条件下锻造，使得锻造过程和装备极为复杂，投资大，并且生产率很低。

（五）等温锻造设备

虽然等温锻造可以在通用压力机、挤压机上进行，但是，从提高生产率，便于机械化和自动化生产的角度出发，最好使用专用等温锻造设备，低速的液压传动更适合等温锻造。等温锻造设备需要满足以下基本要求。

（1）具有加热装置 等温锻造时，需要将模具加热到坯料的变形温度，因此，等温锻造设备应配备加热装置。可以采用感应加热、电阻加热等方式预热模具。

（2）模具的固定　等温锻造设备的工作空间尺寸应能够可靠地安装模具装置，其闭合高度应能保证很方便地更换模具装置。为了充分发挥等温锻造过程的近净成形特点，应将模具牢固地安装在设备上，并且安装与调整方便。对于钛合金和高温合金的等温锻造，由于变形温度较高，模具夹持器以及螺钉通常采用镍基高温合金制造，以保证模具装置在变形温度下长期工作时的稳固性。

（3）良好的热绝缘性能　为了提高等温锻造设备的稳定性和使用寿命，等温锻造设备的工作部分与加热至高温的模具之间应具有可靠的热绝缘性能。

流动应力取决于应变速率，而应变速率又决定了锻造变形力。材料的流动应力及变形力可通过降低应变速率和压力机的速度来保证其在允许的范围内。实际上，如果工件的原始厚度较大、表面积较小，并且变形力较小，则可以提高锻打速度。因此，要在整个锻造过程中控制压力机，以便在不同的阶段使用不同的应变速率。这是一个基本的要求，因为在整个锻打过程中零件的几何外形、金属流动状况及锻造变形力都在变化。零件的尺寸和模具的许用压力可以作为选择等温锻造压力机的依据。模具的大小取决于工件的大小、加热技术、模具成本等。

（六）锻后热处理

等温锻件的热处理像大多数工程材料一样，对整体性能要求严格。靠单独的等温锻造不能获得最佳的显微组织，必须通过锻后热处理改善显微组织以获得最佳的晶粒尺寸、晶界形态、相及相的分布。

在热处理中，最重要的因素是冷却方式和工件的冷却速率。冷却速率与材料转变相的生长动力共同决定着材料的性能。通常高的强度需要高的冷却速率。另外，镍基合金材料在冷却速率较低时能生成锯齿状的晶界和最佳的显微组织。尽管材料的力学性能是选择材料的最重要的因素，但也应考虑其他的因素。工件各部分的冷却速率不同将产生较大的热应力，从而产生大的残余应力，最终导致淬火裂纹、变形及较差的力学性能。应用各种不同的淬火介质（如空气、油、聚合物、水）及其喷射状态、冷却方法控制热处理规范，可调整冷却速率及工件的显微组织、力学性能和残余应力。航空航天锻件的热处理目的是求得良好的力学性能和最小残余应力之间的平衡。

高温合金和钛合金的等温锻件常用的热处理工艺有退火和固溶处理等。具体每种材料的锻件热处理工艺要参考相应标准，尤其是航空锻件等特殊应用的等温锻件要严格执行热处理标准要求，以期达到最佳的内部组织和性能。

五、液态模锻

（一）液态模锻原理

液态模锻也称为挤压铸造、锻打铸造以及熔汤锻造等，是一种锻铸结合的工艺方法。该方法采用铸造工艺将金属熔化、精炼，并用定量浇勺将金属液浇入模膛，随后利用锻造工艺的加压方式，使金属液在模膛中流动充型，并在较大的静压力下结晶凝固，且伴有小量塑性变形，从而获得力学性能接近纯锻造锻件而优于纯铸造件的毛坯或零件。

目前，采用这种工艺生产的单件质量可达300kg以上，其材料包括有色金属及其合金、铸铁、碳素钢和不锈钢等。采用此工艺可制造大型铝合金活塞、镍黄铜高压阀体、气动单元组件的仪表外壳、铜合金涡轮等产品。

液态模锻工艺分为金属液和模具准备、浇注、合模施压以及开模取件四个步骤，具体如图 4-34 所示。

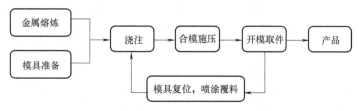

图 4-34 液态模锻流程图

液态模锻工艺按加压方式可以分为以下三种形式。

（1）凸模加压凝固法 如图 4-35 所示，熔化的金属浇入凹模 1 中，凸模 2 下行与凹模形成封闭模腔，待熔融的金属逐渐凝固时加压使其成形。这种方法适用于铸锭或形状简单的厚壁件，在凸模压力作用下液态金属不产生向上移动。

（2）直接液态模锻法 如图 4-36 所示，熔融的金属液浇入凹模 1，凸模 2 下行与凹模形成封闭模腔，同时将液态金属压成一定形状。模腔中的液态金属在一定压力的作用下向上流动，中间冷却凝固。如果没有使多余金属溶液溢出的措施，则凸模的最终位置便由注入溶液的量来决定，并在工件底部和顶部厚度的变化上反映出来。杯状和空心的法兰状工件常采用直接液态模锻法加工。

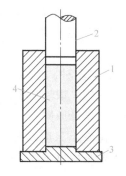

图 4-35 凸模加压凝固法

1—凹模 2—凸模 3—底板 4—金属溶液

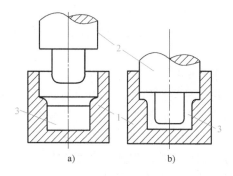

图 4-36 直接液态模锻法

1—凹模 2—凸模 3—金属溶液（工件）

（3）间接液态模锻法 如图 4-37 所示，熔融的金属液浇入下模 2 中，上模 1 先与下模 2 组成部分模腔，待凸模 3 下行时将液态金属挤出，形成一定的形状。间接液态模锻常采用组合模具，其特点是除凸模作用于工件外，上模也参与加压作用。金属流动和直接液态模锻法相似。由于金属溶液是以较低的速度连续流动的，所以

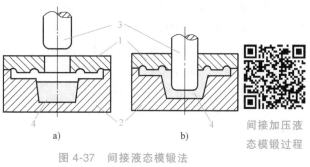

间接加压液态模锻过程

图 4-37 间接液态模锻法

1—上模 2—下模 3—凸模 4—金属溶液（工件）

不会产生喷流或涡流等现象，模腔内的空气也比较容易排出，加压效果显著。

（二）液态模锻的特点

液态模锻工艺具有如下特点。

1）在成形过程中，液态金属自始至终承受等静压，并在压力下完成结晶凝固。

2）已凝固的金属在压力作用下，产生塑性变形，使制件外侧壁紧贴模腔壁，液态金属获得等静压；由于已凝固层产生塑性变形，要消耗一部分能量，因此液态金属承受的等静压不是定值，它是随着凝固层的增厚而下降的。

3）液态模锻与压力铸造比较，由于液态金属直接注入模腔，避免了在压力铸造情况下，液态金属在短时间内，沿着浇道充填模腔时卷入气体的危险；况且液态模锻压力是直接施加在金属液面上，避免了压力铸造时的压力损失。由液态模锻获得的锻件比压力铸造组织更加致密。

4）与热模锻相比较，液态模锻是在单一模腔内，利用金属流动性填充模腔，避免了热模锻时采用多个模腔和金属充满模腔时产生镦挤性的强制流动方式，使液态模锻成形能大大低于热模锻的成形能。

（三）液态模锻用模具

1. 设计要求

设计液态模锻模具的基本要求是：所生产的制件应保证产品图样所规定的尺寸和各项技术要求，减少机加工部位和加工余量；能适应液态模锻工艺要求；在保证制件品质和安全生产的前提下，应采用合理、先进、简单的结构，动作正确可靠，易损件拆换方便，便于维修；模具上各种零件应满足机械加工工艺和热处理工艺要求，选材适当，配合精度合理，达到各种技术要求；在条件许可时，模具应尽可能实现通用化，以缩短设计和制造周期，降低成本。

2. 设计原则

液态模锻模具的设计依据是锻件图。液态模锻锻件类型有许多种，但由于工艺的特殊性，无论哪种类型的锻件，均无须制坯，因此模具结构特点是一模一锻。为了使制件成形后顺利出模，在锻件图设计时，应结合模具结构的要求，掌握以下设计原则。

（1）分模面　其选择除按一般模锻件设计原则使模腔具有最小深度以便工件脱模外，还要考虑加压部位等因素。尽可能有较少的分模面产生，这主要是取决于锻件的复杂程度和成型后锻件出模的难易程度。

（2）加工余量　非加工表面不设余量，加工表面可加放 3~6mm 余量，易形成表面缺陷处可增大余量。

（3）模锻斜度　与顶出装置平行的侧面可考虑较小的出模斜度，一般取 1°~3°。

（4）圆角半径　锻件的尖角与模具对应凹角处，考虑充型排气和模具制造及热处理等要求，一般设计成圆角，根据尺寸可选圆角半径为 3~10mm。

（5）收缩量　简单形状锻件，收缩量由材料性质、成形温度和模具材料确定；对于复杂形状锻件，应考虑收缩不均匀问题。

（6）锻件最小孔径　孔径与锻件尺寸有关，有色金属最小孔径一般为 $\phi25~\phi35mm$，黑色金属则为 $\phi35~\phi50mm$。

（7）排气孔和排气槽　液态模锻时由于温度较高，常使用一些润滑剂（涂料）来防止工件与模具粘合。模锻时润滑剂中的某些成分会挥发成气体，液态金属凝固时，也有一部分气体析出。这些气体在模锻时往往集中在转角处或其他模面上无法排出，致使工件棱角下塌，平面凹陷，出现缺陷。为了将模锻时产生的气体有效地排出，在金属液最后充填的盲腔底部应开排气孔，排气孔应小于直径 2mm，有时考虑气体能顺利排出，可在分模面或镶块配合面局部开设排气沟槽，槽深 0.1~0.15mm，宽度应根据锻件具体尺寸确定。

（8）凸、凹模间隙　凸、凹模间隙要适当，过小则因凸、凹模的装配误差而相碰或咬住；过大则金属液容易通过间隙喷出，造成事故，或者在间隙中产生毛刺，减小加压效果，阻碍卸料。合理的间隙与加压开始时间、加压速度、压力大小、工件尺寸及金属材料有关。如加压开始较晚，则可采用较大间隙。可依工件材料来选定间隙，一般情况下铝及铝合金取 0.05~0.1mm，铜及铜合金取 0.1~0.3mm，具体可按表 4-8 选用。

表 4-8　凸模与凹模的间隙

锻件材料	间隙/mm	锻件材料	间隙/mm
铝	0.05~0.1 或 0.2	镍黄铜	0.3~0.4
铜	0.1~0.5 或 0.15~0.3	钢	0.075~0.12 或 0.07~0.13

（9）模具结构　由于液态模锻能够加工更为复杂的模锻件，所以其模具的结构也较为复杂，液态模锻所用的模具与液态模锻的成形方式有关，模具结构大致可以分为如下三种。

1）简单模。简单模的结构与工作过程如图 4-38 所示。其主要用于凸模加压凝固成型中。

2）可分凹模。可分凹模的结构与工作过程如图 4-39 所示。其主要用于直接液态模锻成型中。凹模模膛由固定凹模与活动凹模共同组成，当工件完全凝固后，凸模上行返回原始位置，活动凹模移开，便可取出工件。工件取出后活动凹模返回，与固定凹模又形成一个完整的模膛，至此，一次完整的模锻过程结束。

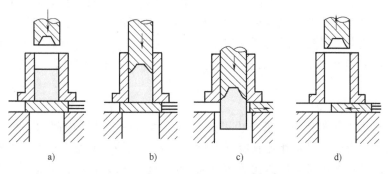

a)　　　　　b)　　　　　c)　　　　　d)

图 4-38　简单模的结构与工作过程

3）组合模。组合模的结构与工作过程如图 4-40 所示。其主要用于间接液态模锻成形方式中。间接液态模锻的凹模由 2~3 块组成，可以制造形状更为复杂的工件。图 4-40 所示的凹模由三块组成。当凹模与垫块组成一个封闭模膛后浇入金属液（图 4-40a），上模下行使金属液部分成形（图 4-40b），凸模再下行封闭模膛，并对金属液施加压力，使其成形并在压力下凝固（图 4-40c）。工件完全凝固后垫块下行（图 4-40d），上模回程与工件脱离（图 4-40e），最后凸模上行。工件卡在凸模上被带出凹模，并被限位停止的上模卸下（图 4-40f），待垫块回复到原始位置时，完成一次模锻过程。

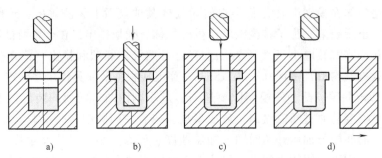

图 4-39 可分凹模的结构与工作过程

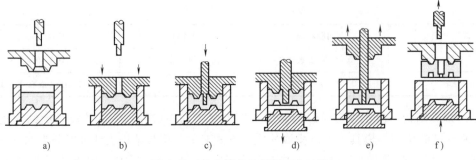

图 4-40 组合模的结构与工作过程

（10）表面粗糙度 模具的表面粗糙度直接影响工件的表面粗糙度，应使模膛的表面粗糙度比工件的表面粗糙度数值小一级，以保证获得合格的工件表面质量。

（四）液态模锻设备

1. 对液态模锻设备的要求

液态模锻时要求设备有足够大的压力，并持续作用一定时间（即保压时间），这一特点决定了液态模锻设备属于液压机类型，而不是锻锤、热模锻压力机、螺旋压力机等；液态模锻要求尽量缩短液态金属浇注后的开始加压时间，故要求加压设备有足够的空程速度和一定的加压速度；需要有模具的开闭装置。一般来说，有上、下两个压缩缸就可以达到这一要求。

2. 常用液态模锻设备

（1）液态模锻专用液压机 液态模锻是介于压铸与一般模锻中间的一种工艺，其所用设备与压铸机和一般模锻设备相比具有下列特点：由于工件在液态下成形，并在足够的压力下结晶，制造同一零件所需的压力比压铸机大，比一般模锻设备小；液态模锻时，由于金属模锻前后的温差很大，收缩强烈，锻后工件有时会牢牢地卡在凸模上，所以应设置工件拆卸装置，此外要求专用液压机有较大的回程力，以满足回程时进行卸料的要求；液态模锻常使用垂直分模的可分凹模，为了使可分凹模在模锻时可强有力地合模，并在模锻后及时地分开，需要一个有足够力量的水平运动机构，一般通过设置水平方向运动的液压缸来实现；液态模锻专用液压机的主要工作缸应垂直布置，便于使凸模将力直接传递于毛坯上，同时也为结晶过程创造了良好的条件；除工作缸外，液态模锻专用液压机，还要有可以独立操作的辅助缸，由其带动活动横梁运动，活动横梁的作用在于有水平分模的模具，可将上模固定于其上，模锻完毕后，卸下卡在凸模上的工件，凹模需要有独立作用的两部分时，可将外面部分固定在活动横梁上，当工件尺寸较大．又需要采用垂直分模，而水平缸的作用力又不足时，常用固定在活动横梁上的锁紧装置来闭合凹模；液态模锻专用液压机上应有顶出工件的装置。

（2）在通用液压机上的液态模锻　液态模锻可用一般的通用液压机来进行。对于形状简单的工件，不必改装设备；对于形状复杂的工件，要适当改装设备。可在非专用设备上液态模锻的零件主要是有色金属的拉杆、棒（长径比不大），各种实心的工件；高度较小、中心孔较大的典型凸缘（法兰）类工件；各种尺寸的轴瓦，直径小于60mm的有色金属空心工件等。

（3）在螺旋压力机上的液态模锻　某些工厂也使用螺旋压力机进行液态模锻，但螺旋压力机的工作特性与锻锤相同，滑块在工作时没有固定的下止点，只有当运动部分的能量全部被工件、模具和机架所吸收后才能停止。滑块的行程速度过大，不能直接对液态金属加压，也没有保压功能，所以不能使液态金属在一定压力下凝固，这与在液压机上进行的液态模锻有较大的区别。螺旋压力机上进行液态模锻时，液态金属浇入凹模后，不能立即对液态金属施加压力，只有当液态金属充满凹模初步成型并冷却到半凝固状态时才能对其施加压力，否则金属会飞溅出来，造成事故。

（五）液态模锻工艺参数

液态模锻的工艺参数主要包括比压、模具预热温度、合金液浇注温度、加压开始时间、保压时间等。

（1）比压　比压是指液态模锻时，液锻力作用在合金液上所形成的压强。对于结晶时体积收缩的合金，比如铝合金，压力下结晶使其熔点升高，在结晶温度不变的条件下，相当于增加了过冷度。实际上，压力改变了形核条件，只要工艺参数选择适当，用增加压力的方法比常压下用增加过冷度的方法更易获得细晶组织。增加压力对液锻件的性能提高会有很大的作用，但压力的提高往往受到设备的限制，且过高的压力也会使模具的寿命降低，增加动力的消耗。合适的压力值与浇注温度、工件形状、尺寸、加压方式等因素有关，根据经验，浇注温度越高，所需的压力值也越大。

（2）模具预热温度　模具温度是充型前模具自身的温度。模具温度低，合金液的热量损失快，使温度迅速下降，流动性降低，充型困难，易导致充不满、冷隔等缺陷，在高温合金作用下，会产生较大的热应力，造成模具热疲劳损坏；模具温度高，则合金液的热量不易散失，合金液充型时流动性好，利于充型，合金液易产生黏模，造成脱模困难，降低模具使用寿命，再经液锻力的作用下，模具会产生变形以致压坏。压铸方式充型的液锻模，由于充型时有较大的压力和较高的充型速度，模具温度可尽量取低一些。常用液态合金模具预热温度见表4-9。

表4-9　模具工作温度范围

合金	模具工作温度范围/℃	合金	模具工作温度范围/℃
锌合金	150~200	铜合金	200~350
铝合金	150~300	钢	150~400
铝镁合金	170~280	铸铁	150~400
镁合金	150~250		

（3）合金液浇注温度　合金液浇注温度是指合金液在充型时的温度。浇注温度高时，合金液的流动性好，有利于充型，但温度过高会使锻件内产生缩孔、缩松等缺陷，并会导致脱模困难，使模具寿命降低；浇注温度低，合金液的流动性差，充型困难。常用液态合金的浇注温度如表 4-10 所示。

表 4-10　常用液态合金的浇注温度

合金类别	牌号	浇注温度/℃	合金类别	牌号	浇注温度/℃
铝合金	ZL102	640~690	青铜	ZCuSn10Zn2	1100~1180
	ZL203	670~720		ZCuSn5Pb5Zn5	1100~1170
	ZL301	640~720		ZCuAl10Fe3Mn2	1120~1170
	A704,2A12	680~720		ZCuAl9Mn2	1100~1150
	2A14,6A02				
镁合金	ZM5	710~760	钢		1530~1560
纯铝		700~730	灰铸铁		1380~1420

（4）加压开始时间　加压开始时间是液态金属注入模膛至加压开始的时间间隔。从理论上讲，液态金属注入模膛后，过热度会降低为零，到"零流动性温度"加压为宜。加压开始时间的选用主要与合金熔点和特性有关。

（5）保压时间　升压阶段一旦结束，便进入稳定加压，即保压阶段。从保压开始至结束（卸压）的时间间隔为保压时间。

（6）加压速度　加压速度是指加压开始时液压机的行程速度。加压速度过快，金属液易卷入气体和飞溅；过慢则自由结壳太厚，降低加压效果。加压速度的大小主要与制件尺寸有关。

（六）液态模锻件常见缺陷及其原因

液态模锻件的组织状态基本属于铸态结晶组织，但晶粒细小，致密；缩松、缩孔基本消除。液态模锻件易产生的缺陷有以下几种。

（1）缩松、缩孔和表面气孔　产生这些缺陷的原因有如下几种：①合金冶炼和精炼过程中除气不好；②模具排气不好；③压力不足，未能完成补缩；④壁厚不均匀，压力传递困难，各部分凝固收缩速度不同。

（2）偏析　常出现枝晶偏析、化学偏析、比重偏析等。原因是某些合金在压力下凝固，促使低熔点相远离结晶前沿，形成偏析。

（3）夹渣和氧化物　在金属冶炼和精炼过程中未除净夹渣。有色合金在浇注过程中也会产生氧化物。

（4）裂纹　一是由于制件各部壁厚不均匀，不能同时凝固，二是因为制件成型时受力不均。这两种情况都会产生较大应力，致使制件产生裂纹。

六、热挤压

（一）热挤压原理及分类

所谓热挤压，就是加热到一定温度的金属在强烈的三向不均匀压缩力的作用下，从热挤压模的模口中流出或流入狭小的模腔中，从而获得所需热挤压件的一种压力加工方法。

用挤压方法所生产的各种挤压件，可以是不需再加工的机械零件，也可以是供给其他机械加工的中间坯料或半成品，这主要根据产品零件的要求而定。同冷挤压一样，一般可将钢质机械零件的热挤压分为三种：正挤压、反挤压和复合挤压。

根据变形情况，正挤压过程可分为三个阶段，如图 4-41 所示。

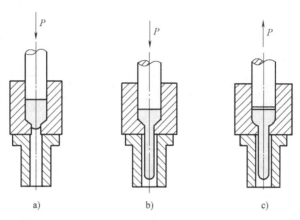

图 4-41 正挤压过程示意图

a）凸模接触坯料 b）凸模完成挤压 c）凸模向上运动

第一阶段，在凸模与坯料接触时，当凸模在动力作用下，产生的力超过金属坯料的屈服强度时，金属便开始流动。首先在横向充填模腔，此时由于热挤压坯料本身的温度下降，摩擦力逐渐增大，因此压力数值是在不断增加的，一直到此阶段结束（图 4-41a）。在此阶段结束时，金属顺着凸模施加压力的方向，通过热挤压模凹模的模口向下有少量的流动。

第二阶段为第一阶段结束后，凸模在压力机滑块的带动下，继续向下运动，一直到压力机的滑块行至下死点为止。此阶段的最后时刻，即是正挤压过程中压力最大的时刻（见图 4-41b）。假如热挤压坯料的体积选择过大，则会出现热挤压金属过剩的现象，金属流动由于受阻，压力急剧上升，致使模具破裂和设备损坏；假如坯料的体积选择过小，则会造成挤压件尺寸小于设计尺寸，致使热挤压件报废。

第三阶段即是第二阶段的结束到凸模离开挤压件返程向上运动为止，当第二阶段结束后，凸模开始离开挤压件，此时的压力数值为最小（图 4-41c）。第三阶段结束后，剩下的工作是将热挤压件从凹模内或凸模上取出。热挤压过程应当迅速进行，否则坯料温度下降，挤压力急剧上升，金属塑性变形差，影响挤压成形件的品质。一般热挤压过程通常在 3~6s 之间完成。这也说明，热挤压的生产率高。

反挤压的特点是金属流动方向与凸模的运动方向相反（图 4-42）。采用反挤压能制成圆形、正方形、矩形以及其他形状的空心零件。钢质热挤压件的壁厚和软金属冷挤压件不同，后者壁厚最薄为 0.08~1.5mm，而前者必须在 2mm 以上。因为在热挤压时，钢挤压件壁厚过薄，会产生挤压件筒口高低严重不平和壁厚不匀等缺陷。根据变形情况，反挤压同正挤压一样，也可分为三个阶段：

第一阶段和正挤压完全一样（图 4-42a）。这一过程是使坯料金属开始流动的阶段，坯料金属在凸模的压力作用下，首先在横向充填凹模模腔，然后在凸模与凹模的间隙中向上有少量的流动。这一瞬间压力直线上升，假如此时凸模和凹模的中心线不重合，间隙不均匀，则会使下一阶段挤压件的壁厚不均和筒口高低不平。

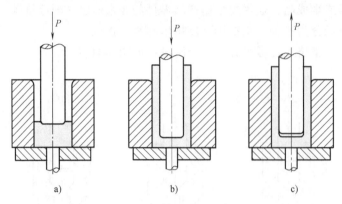

图 4-42　反挤压过程示意图

a）凸模接触坯料　b）凸模完成挤压　c）凸模向上运动

第二阶段为凸模继续向下运动，在压力的作用下，迫使坯料金属在凸模与凹模之间的环状间隙中向上流动（图 4-42b）。此时压力数值并无很大的增加，因为此时的挤压坯料温度不断下降（但也有人认为略有增加，其原因是有热效应存在），摩擦力也在不断增加。因此，势必使挤压力略有增加。这一阶段的最后，也是反挤压过程中压力数值最大的时刻。在冷挤压软金属时，挤压件的底部厚度（即连皮厚度）最薄可达 0.3mm，但在钢质机械零件热挤压中，底部厚度必须在 3mm 以上。因为在热挤压过程中，金属坯料的温度不断下降，特别是在筒壁金属薄处，温度下降更厉害，造成挤压力剧增，塑性下降。

第三阶段热为挤压力变为零再转为拉力的过程，一直到退件结束（图 4-42c）。当第二阶段结束后，由于挤压件的温度下降，而使筒壁金属收缩，凸模因受热而膨胀，挤压件筒壁会紧箍在凸模上。在凸模上升过程中，热挤压件也随着上升，直到与脱料板相碰，凸模所受拉力也急剧增加，达到最大值。当热挤压件脱出凸模时，挤压过程随之结束。应该指出，凸模所受的拉力，虽然不会大于挤压力，但它往往会由于热挤压件紧箍在凸模上，再加上热挤压件的上筒口高低不平，脱料时有折断凸模的可能。

复合挤压的特点是一部分金属的挤出方向与加压方向相同，另一部分金属的挤出方向与加压方向相反，是正挤压与反挤压的复合。复合挤压适合于各种复杂形状制件的挤压，改变凹模孔口或凸、凹模之间缝隙的轮廓形状，就可以挤出形状和尺寸不同的各种空心件和实件。

（二）热挤压生产的优缺点和工艺特点

1. 热挤压生产的主要优点

1）热挤压生产的挤压件，其机械加工余量小，正常单边余量为 0.5~2.5mm。其值的选取视产品零件的具体要求和加工方法而定。另外，用这种生产方法加工的挤压件，其表面质量和尺寸精度高。因此，在零件要求不太高的情况下，热挤压件的内孔和外壁无须再进行机械加工，可节约大量金属材料和机加工工时。

2）热挤压生产的劳动生产率很高，这是由于在液压机上生产，很容易实现机械化和自动化，滑块一次行程就可以生产一个挤压件。

3）热挤压生产所得到的挤压件，其力学性能远高于用其他压力加工方法所得到的制件。

2. 热挤压生产的缺点

1）热挤压生产采用的模具，特别是凹模，其使用寿命较低。一只普通合金工具钢的模具，仅能生产 1000~2000 个热挤压件。但如果选择更优良的材料和进行恰当的热处理，并在使用中进行良好的冷却与润滑，使用寿命就能得到显著提高。

2）热挤压生产要求对被挤压的坯料进行高品质的加热。因为热挤压时，氧化皮会在模具上刻出凹痕或粘在模具上刮伤挤压件。对钢质机械零件热挤压来说，其坯料的加热，最好是采用无氧化或少氧化加热。如果采用一般的加热方法，则应在热挤压前将坯料上的氧化皮清除干净，方可进行热挤压工作。

（三）热挤压过程的生产特点

1）为了保证挤压件的品质，要求坯料端面平整，不能留有切割毛刺，否则在热挤压过程中，会产生挤压件壁厚不均和筒口高低不平等缺陷。

2）为了提高挤压件的品质，延长热挤压模的使用寿命和保证热挤压过程的顺利进行，应尽可能采用无氧化或少氧化均匀加热。

3）在热挤压过程中，要求对热挤压模的工作部分进行良好的冷却和润滑。因为模具长时间与热坯料接触，如果得不到充分的冷却，就会很快产生热疲劳。良好的润滑不仅能减少摩擦、降低挤压力，还能大大地提高模具的使用寿命。

4）当挤压气门类型的零件时，往往采用两道模腔进行热挤压。在设计热挤压过程和模具时，一定要将金属在第一道和第二道模腔内的挤压变形量分配合适。应当指出，在热挤压过程中，挤压量分配得适当与否，对热挤压模的使用寿命和热挤压工作能否顺利进行有很大关系。

5）在热挤压后的热处理及表面清理等工序中，挤压件的各部尺寸会略有缩小。这一点在设计热挤压模时，应预先考虑到。

（四）热挤压坯料计算及备料

1. 坯料尺寸计算

坯料直径的大小，是根据热挤压模凹模的孔径和坯料种类（即热轧钢材或冷拔钢材）决定的。

若采用热轧钢材，其坯料直径可按下式进行计算：

$$d = \frac{D - K}{\alpha_1}$$

式中　D——热挤压模凹模的直径（mm）；

　　　α_1——钢材的线膨胀系数，一般可取 $(10 \sim 15) \times 10^{-6}$ m/℃；

　　　K——热轧钢材的上极限偏差（mm），其值可根据直径大小查表得出。

若采用冷拉钢材，其坯料直径的计算方法，基本上与采用热轧钢材的情况相同。但有一点必须说明，冷拉钢材通常是按下极限偏差进行拉制的，加上冷拉钢材的表面粗糙度值比热轧钢材低得多，在相同情况下，冷拉钢材的坯料直径要比热轧钢材的坯料直径大，只有这样才能使加热后的坯料直径更加接近凹模模腔的直径。

2. 坯料长度的确定

关于坯料的长度，在已知坯料直径（d）的情况下，可通过下列公式进行计算：

$$L = \frac{V_1 + V_2 + V_3}{0.785d^2}$$

式中 V_1——热挤压件的体积（mm^3）；

       V_2——飞边（横向飞边和纵向飞边）的体积（mm^3）；

       V_3——坯料在加热过程中烧损的体积（mm^3）。

七、精密模锻

精密成形技术即近净成形技术或净成形技术（near net shape technique and/or net shape technique），是指坯料成形后，仅需少量加工或不再加工，就可用作机械构件的成形技术。它较传统成形技术减少了后工序的切削量，减少了材料、能源消耗。它是建立在新材料、新能源、信息技术、自动化技术等多学科高新技术成果的基础上，改造了传统的成形技术，使之由一般成形变为优质、高效、高精度、轻量化、低成本、无公害的成形。它使得成形的产品具有精确外形、高尺寸精度和低表面粗糙度。

精密模锻能获得表面品质好、机械加工余量少且尺寸精度较高的锻件。一般精密模锻件只需要少量后续机加工，大大减少了机加工工作量，节省了原材料，提高了劳动生产率，降低了零件生产成本。用精密模锻生产的直齿锥齿轮齿形无须再进行机械加工，精度等级可达7级。精密模锻叶片轮廓尺寸精度可达±0.05mm，厚度尺寸精度可达±0.06mm，表面粗糙度值可达 $Ra = 3.2 \sim 0.8\mu m$。

据统计，每100万t钢材由切削加工改为精密模锻，可节约钢材15万t（即15%），可减少机床15000台。

目前，精密模锻主要应用在如下两个方面。

（1）生产精化坯料 生产精度较高的零件时，利用精密模锻取代一般切削加工，即将精密模锻件进行精机加工得到成品零件。

（2）生产精密模锻件 用于生产精密模锻能达到其精度要求的零件，减少切削加工，有时也可完全采用精密模锻方法生产成品零件，如用冷锻方法生产的扬声器导磁体。

（一）精密模锻工艺过程设计

1. 精密模锻件的可成形性分析

精密模锻件表面不应有（或允许有少量的）氧化皮，有时还要控制脱碳层厚度。因此，热精密模锻时通常采用少无氧化加热坯料。往往使用具有较高精度的模具和合适的精密模锻设备进行精密模锻。在精密模锻时要严格控制模具温度、锻造温度、润滑条件和操作等。此外，还要注意提高坯料的下料精度和下料品质。

用普通模锻方法能锻造的任何合金材料都可以精密模锻。一般锻造用的铝合金和镁合金等轻金属和有色金属，因其具有锻造温度低、不易产生氧化、模具磨损少和锻件表面粗糙度值低等特点，更适宜精密模锻。

由于钢在低温下的变形抗力较大，因此对模具的强度和耐磨性要求较高。采用精密模锻坯料的温度较高，要求模具有较高的热硬性和热态下的抗疲劳强度等。此外，钢材加热时容易氧化和脱碳。所以，钢质零件精密模锻比轻合金和有色金属困难。

某些特殊合金，如耐热合金和钛合金等，因为材料的变形抗力大，造成模具寿命低，精密模锻生产较为困难。

通常旋转体零件如齿轮、轴承等最适宜于精密模锻。形状复杂的零件，只要锻造时能从模腔中取出，一般都可进行精密模锻。

一般如能在精密模锻生产中严格控制各种因素，则精密模锻件的尺寸精度比模具精度约低 1~2 级。

影响锻件尺寸精度的因素主要有：

（1）零件结构的可成形性　由于精密模锻件是坯料在模腔中塑性变形而成，这就要求设计者应尽量考虑锻造变形特征，设计出适合精密模锻过程的零件形状。在制订精密模锻过程方案时，应根据变形过程中金属的流动特点，考虑零件结构对锻件尺寸精度的影响，采取相应的技术措施。

（2）模腔的尺寸精度和磨损　模腔的尺寸精度和在工作中的磨损对锻件尺寸精度有直接影响。在模腔的不同位置，由于变形金属的流动情况和模腔各个部位所受到的压力不同，因此磨损程度也不相同。模腔水平方向的磨损会引起锻件外径尺寸增大和孔径尺寸减小；模腔垂直方向的磨损会引起锻件高度尺寸增大。

精密模锻时，模锻无氧化皮的坯料比模锻有氧化皮的坯料模具磨损量减少约 16%。若采用性能较好的模具材料并对模具进行氮化等表面处理，可以提高模具耐磨损性能。同时，精密锻造时对模具进行良好的润滑和冷却，也可减少模具磨损。所以，应根据实际情况确定模具磨损偏差。

此外，模具弹性变形、坯料烧损对锻件尺寸精度也有直接影响。润滑剂不均匀和润滑剂残渣也会使锻件某些尺寸减小；锻件冷却时也可能发生变形。

精密模锻件的表面粗糙度与坯料的氧化程度（与加热时的氧化程度和加热后氧化皮的清除情况有关）、模腔表面粗糙度、锻模润滑、冷却和清洁及锻件的冷却条件等因素有关。

如果零件的尺寸精度和表面粗糙度要求很高，用精密模锻尚不能达到，则精密模锻可作为精化坯料的工序取代一般精度的切削加工，此时精密模锻件只需预留精加工余量。

采用精密模锻是否经济与生产批量、节约原材料的程度、减少机械加工的效果以及模具成本等因素有关，需要进行具体的技术经济分析。一般来说，零件的生产批量在 2000 件以上时，精密模锻即可充分显示出其优点。

2. 精密模锻过程设计

精密模锻过程设计的主要内容如下：

1）根据产品零件图绘制锻件图。

2）确定模锻工序和辅助工序（包括切除飞边、清除毛刺等），决定工序间尺寸，确定加热方法和加热规范。

3）确定清除坯料表面氧化皮或脱碳层的方法。

4）确定坯料尺寸、质量及其允许偏差，选择下料方法。

5）选择精密模锻设备。

6）确定坯料润滑和模具润滑及模具的冷却方法。

7）确定锻件冷却方法和规范，确定锻件热处理方法。

8）提出锻件的技术要求和检验要求。

在制定精密模锻件图时可参考以前章节。要注意合理确定分模面、机械加工余量和公差等级、模锻斜度、圆角半径等。

例如，复杂锻件的可分凹模模锻，其可分凹模分模面的选择与开式模锻完全相同。根据锻件的形状和特点，分模面有三种基本形式，即水平分模、垂直分模和混合分模（图 4-43）。对于一些带空穴或多孔的零件，可采用多向闭式模锻，有多个分模面，其冲头的个数不止一个，凹模的分块也常在两块以上。

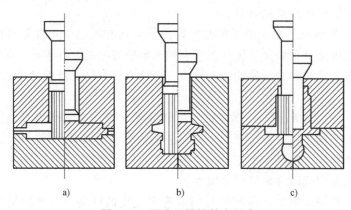

图 4-43　可分凹模的基本形式
a）分平分模　b）垂直分模　c）混合分模

（二）精密模锻模具设计

设计精密模锻的模具时，应该根据锻件图、过程参数、金属流动分析、变形力与变形功、设备参数和精密模锻过程中模具的受力情况等，确定模具工作零件的结构、材料、硬度等，核算其强度并确定从模膛中迅速取出锻件的方法。然后，进行模具的整体设计和零件设计，确定各模具零件的加工精度、表面粗糙度和技术条件等。

精密模锻模具按凹模结构形式可分为整体凹模、组合凹模和可分凹模。整体凹模制造比较简单，适用于精密模锻时单位压力不大的锻件。组合凹模是精密模锻中常用的模具结构形式。

组合凹模用于下述两种情况。

1）凹模承受很大压力，整体凹模强度不够时，采用预应力圈对凹模施加预应力，以提高凹模的承载能力。

2）模膛压力虽没有超过 1000MPa，但为了节约模具钢，仍可采用双层或三层组合凹模。采用组合凹模，便于对模具进行热处理，便于采用循环水或压缩空气冷却模具。

可分凹模用于模锻形状复杂的锻件，当锻件需要两个以上的分模面才能进行成形和顺利地从模膛中取出时，采用这种结构。但模具较复杂，对模具加工要求高。采用可分凹模时，往往由于活动凹模部分的刚度不够而产生退让，在分模面上形成飞边（纵向毛刺），造成锻件的圆度偏差。如果飞边（纵向毛刺）尺寸稳定，可在模具设计时预先估计，以获得圆度偏差很小甚至没有圆度偏差的锻件。但是，由于各种因素的变化，飞边（纵向毛刺）的厚度往往不稳定，所以不易消除锻件的圆度偏差。只有采用足够刚度的可分凹模，才能防止形成飞边（纵向毛刺），可靠地减少以至消除锻件的圆度偏差。

图 4-44 所示为组合凹模式反挤压模具，凸模固定端为锥形，凸模 3 和紧固套圈 4 由螺母 5 锁紧固定在上模部分。由于挤压力通常较大，因此，在凸模固定端设置淬硬的垫板 2。

凹模采用三层预应力组合形式，预应力组合凹模的中心位置可通过若干组调节螺钉 9 和压板 7 予以调整。整个三层凹模在压合后，由压板 14 将其紧压在下模座中。顶杆 8 与预应力组合凹模圈构成了反挤压凹模的模腔，顶杆承受整个轴向反挤压力，其底部设置垫板 12。顶杆的中心位置也可通过若干组螺钉 10 予以调整。挤压后工件易滞留在凹模中，由顶杆 8 和推杆 13 将零件顶推出模腔。挤压件也可能紧箍在凸模上，则由卸料板 15 将其卸下。

图 4-45 所示为在液压机或螺旋压力机上热挤压钛合金台阶轴锻件的可分凹模式模具。两个锥棱柱形的半凹模 7 和 8 通过销轴 9 与连接推杆 2 铰接，连接推杆 2 固定在压力机的顶出器上。两半凹模安置在凹模座 1 中，支承表面间的角度为 30°。利用支承环 3 作凹模顶起的支承或作凸模工作行程的限位。采用这种模具挤压锻件时，由于模具弹性变形，在凹模分模面间会出现厚度为 0.1~1.25mm、宽度为 3~5mm 的毛刺。

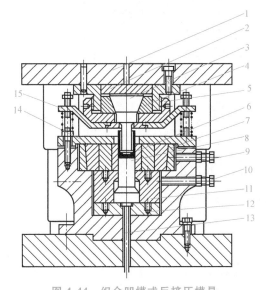

图 4-44　组合凹模式反挤压模具

1—上模座　2、12—垫板　3—凸模　4—紧固套圈
5—螺母　6—预应力组合凹模　7、14—压板　8—顶杆
9、10—调节螺钉　11—垫座　13—推杆　15—卸料板

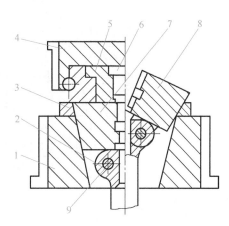

图 4-45　热挤压钛合金台阶轴锻件的可分凹模式模具

1—凹模座　2—连接推杆　3—支承环　4—凸模固定座
5—过渡圈　6—凸模　7、8—半凹模　9—销轴

（三）复动成形

复动成形又称闭塞锻造，也有人称其为"浮动成形""分模锻造"或"径向挤压"。它是采用复动式凸模在两个方向或多个方向对坯料施加不同的压力，使之产生多向流动，从而可在一道变形工序中获得较大的变形量和复杂的型面，完成复杂零件塑性成形。复动成形技术可以降低噪声、减少振动和提高锻压机械的自动化程度。冷精密模锻复动成形过程示意图如图 4-46 所示。先将上下成形模具闭合并施加一定的合模载荷，再由复动式

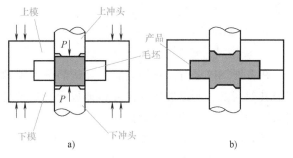

图 4-46　复动成形（闭塞锻造）原理

a）成形前　b）成形后

凸模施加压力，致使坯料产生多向流动，从而在一道变形工序中将万向节十字轴、差速器锥齿轮等形状十分复杂的零件冷精密模锻塑性成形。

采用复动成形，既可使用专用多向压力机，也可使用单动压力机加专用复动成形模架。对大批量生产的小型精密锻件，如等速万向节星形套、三销轴等，采用后一种方法更为经济实用。

图 4-47 是专用复动成形模架结构示意图。专用复动成形模架的合模力来自液压缸。为了在有限的模架空间内得到足够大的合模力，液压缸工作在高压状态。为了减少锻造时的液压冲击和降低液压油的发热，要配置专用冷却系统，还要采用粗大的液压软管输送高压油，这使整个模架系统变得比较复杂，造价昂贵，可靠性变差。

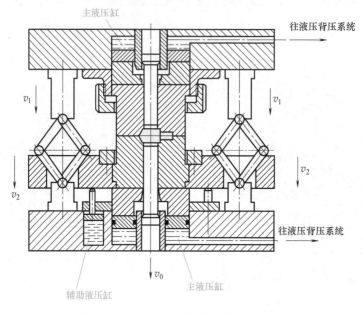

图 4-47　专用复动成形模架结构示意图

为了简化复动成形模架结构，降低制造成本，可以将氮气弹簧（也有人称其为氮缸或气体弹簧）应用到专用复动成形模架中。应用氮气弹簧代替液压缸，并用高压储气瓶充当蓄能器。

生产实践证明了这种装置能取代复杂的液压装置，应用可靠，能达到复动成形的特殊要求。

（四）精密模锻模具的模膛设计

1. 精密模锻模具模膛的一般设计

在普通热模锻时，终锻模膛尺寸按热锻件图确定，由于仅考虑了锻件的冷却收缩，没有考虑其他因素，所以锻件的尺寸偏差较大。对于精度要求较高的精密模锻件，应考虑各种因素的影响，合理地确定模膛尺寸。

图 4-48 所示的精密模锻锻模的模膛尺寸可按下式简化确定，然后通过试锻修正。另外，还应在锻件尺寸偏差中考虑模膛的磨损等因素。

模膛直径 A 按下式计算：

$$A = A_1 + A_1\alpha t - A_1\alpha_1 t_1 - \Delta A \qquad (4-1)$$

凸模直径 B 按下式计算：

$$B = B_1 + B_1\alpha t - B_1\alpha_1 t_1 + \Delta B \qquad (4-2)$$

式中　A——模膛直径（mm）；

A_1——锻件相应直径的公称尺寸（mm）；

α——坯料的线膨胀系数（1/℃）；

t——终锻时锻件的温度（℃）；

α_1——模具材料的线膨胀系数（1/℃）；

t_1——模具工作温度（℃）；

ΔA——模锻时模膛直径 A 的弹性变形绝对值（mm）。

B——凸模（模膛冲孔凸台）直径（mm）；

B_1——锻件孔的公称直径（mm）；

ΔB——模锻时凸模直径 B 的弹性变形值（当直径 B 变大时，ΔB 为负值，当直径 B 减小时，ΔB 为正值）（mm）。

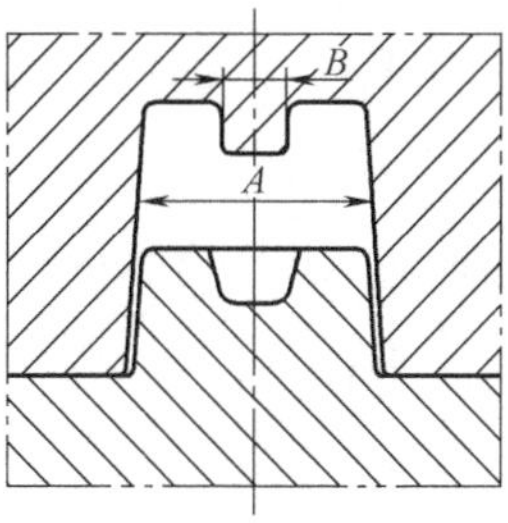

图 4-48　精密模锻锻模的模膛

模膛的尺寸和表面粗糙度要根据锻件所要求的精度和表面粗糙度等级选定，中小型锻模和形状不太复杂的模膛取 1~3 级精度；大锻模和形状复杂的模膛取 4~5 级精度。如果锻件要求较高的精度，则要相应提高模膛的制造精度，因而使模具制造难度增加。确定模膛表面粗糙度应考虑加工的可能性，为了利于金属流动和减小摩擦，应降低表面粗糙度值。通常，模膛中重要部位的表面粗糙度值应为 $Ra < 0.4\mu m$，一般部位应 $Ra = 0.8~1.6\mu m$。

2. 减少精密模锻负载的工艺措施

在精密模锻时，为了降低冲头或凹模的负载，人们积累了丰富的经验。除了在开式模锻时合理设计飞边槽以及精确制坯以外，还可在条件许可的情况下，人为减少坯料与凹模模膛或冲头的接触面积，从而降低负载。如：

1）带中心孔的圆盘类锻件，即带连皮锻件的闭式精密模锻，在冲头和凹模中心预留补偿空间，如图 4-49所示。

2）直齿圆柱齿轮精锻时，在坯料中心预加工分流孔，如图 4-50 所示，上图为将已加工好分流孔的坯料放入齿形模膛，尚未加载；下图是加载后金属的流动情况，可以见到分流孔的体积变小。也有人把这个分流孔称为"减压孔"。

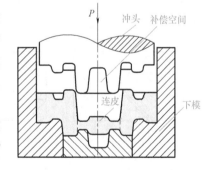

图 4-49　带中心孔的圆盘类锻件的闭式精密模锻

直齿圆柱齿轮精锻时，还可在模具上设计分流孔，如图 4-51 所示。上图为将已加工好分流孔的坯料放入齿形模膛，尚未加载；下图是加载后金属的流动情况，可以见到金属流入模具中的分流孔，形成轴心余量。有人将其设计成为圆柱体，称之为"分流轴"或"减压轴"。

分流减压方法，多年来一直受到锻压界的重视。特别是在研究圆柱体杯杆复合挤压时的金属流动规律时，20 世纪 70 年代后期，西安交通大学的赵静远教授就明确指出：金属复合挤压时的流动规律，取决于分流点的位置。他还认为，分流点位置不仅决定了平变复合挤压时的金属流动规律，而且直接影响到复合挤压力的大小。他同时求解出了在任何外摩擦条件下的复合挤压流动规律，而且能用很简单的方法快速确定出子午面上的分流点，快速计算出复合挤压力。

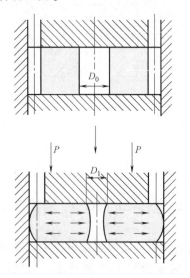

图 4-50　坯料中心预加工分流孔的精密模锻

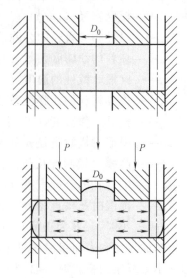

图 4-51　模具中心预加工分流孔的精密模锻

3）在模具的冷或热压反印法制作模具模膛时，常常应用诸多的减轻载荷方法。如图 4-52 所示，在模具坯料上预留减荷穴，减少坯料与凹模接触面积，或如图 4-53 所示，在模具坯料表面设计成带有特殊形状。任何减少与冲头接触面积的措施，均能起到减轻变形力的作用。

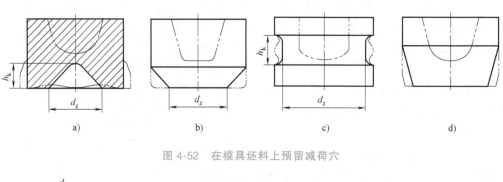

图 4-52　在模具坯料上预留减荷穴

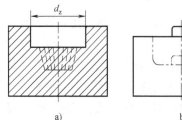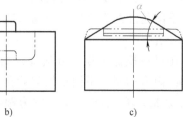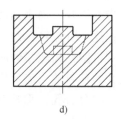

图 4-53　在模具坯料表面设计成带有特殊形状

4）模具模膛的穿孔挤压成形。设计专用的压缩挤压母模具，挤压成形模膛。将母凹模模膛设计为锥形，将模坯中间加工一个通孔，放在母凹模模膛内由上往下压缩，使模坯下部的截面积不断减小，母凹模膜腔侧壁对模坯的压力不断加大，直至最后使模坯内腔（模腔）成形，但与母凹模模腔底部也不会完全接触，如图4-54所示。

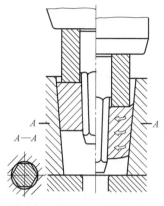

3. 精密模锻模具的模膛制造

制造精密模锻模具的材料通常是难加工材料，目前国内模具模膛一般都采用电火花加工（EDM）。但电加工的生产率很低，不论在精密模锻模具开发速度方面还是模具制造品质方面，都不能满足现代批量生产的要求。高速加工技术的出现，为精密模锻模具制造技术开辟了一条崭新的道路。尽可能用高速加工来代替电火花加工，是加快精密模锻模具开发速度、提高模具制造品质的必

图 4-54　模具模膛的挤压成形

然趋势。为了提高精密模锻模具使用寿命，构成模具模膛的有关零件一般都用高强度的合金钢制造，这些材料经过热处理后硬度很高，无法用常规的机械加工方法加工。几十年来，对付这类难加工材料的最好办法就是采用特种加工。我国精密模锻模具的模膛加工至今几乎是电火花加工"一统天下"。电火花加工在精密模锻模具制造中一直起着十分重要的作用。生产技术的发展和产品更新换代速度的加快，对精密模锻模具的生产率和制造品质提出了越来越高的要求，于是电火花加工存在的问题就逐渐暴露出来。

从物理本质上说，电火花加工是一种靠放电烧蚀的"微切削"过程，加工过程非常缓慢；在电火花对工件表面进行局部高温放电烧蚀过程中，工件材料表面的物理-力学性能受到一定程度的损伤，常常在模膛表面产生微细裂纹，表面粗糙度值也达不到技术要求，因而经过电加工后的锻模模膛一般还要进行费力、费时的研磨、抛光。因此，电火花加工的生产率低，制造品质不稳定。在许多场合，模具的制造已成为影响新产品开发速度的一个关键因素。

和电火花加工相比，高速加工的主要优点是：

（1）产品精度高、品质好　高速切削以高于常规切削速度10倍左右的切削速度对模具进行高速加工，毛坯材料的余量还来不及充分变形就在瞬间被切离工件，工件表面的残余应力非常小；切削过程中产生的绝大多数热量（95%以上）被切屑迅速带走，工件的热变形小；高速加工过程中，机床主轴以极高的转速（10000~80000r/min）运转，激振频率远远离开了"机床—刀具—工件"系统的固有频率范围，零件加工过程平稳、无冲击。因此，零件的加工精度高，表面品质好，表面粗糙度值可达 $Ra\,0.6\mu m$ 以上。经过高速铣削的模膛，表面品质能达到磨削的水平，常常可实现工序集约化，省去后续的许多精加工工序。

（2）生产率高　与传统切削加工相比，高速切削加工发生了本质性的飞跃，其单位功率的金属切除率提高30%~40%，切削力降低30%，刀具的切削寿命提高70%，留于工件的切削热大幅度降低，低阶切削振动几乎消失。随着切削速度的提高，单位时间毛坯材料的去除率增加，切削时间减少，加工效率提高，从而能缩短产品的制造周期，提高产品市场竞争力。用高速加工中心或高速铣床加工模具，可以在工件一次装夹中完成模膛的粗、精加工和精密模锻模具零件其他部位的机械加工，切削速度很高，加工过程本身的效率比电加工要高出好几倍。除此以外，它既不要做电极，常常也不需要后续研磨与抛光，又容易实现加工过

程自动化。因此，高速加工技术的应用，使精密模锻模具的开发速度大为提高。

（3）能加工形状复杂的硬质零件和薄壁零件 高速切削时，切削力大为减少，切削过程变得比较轻松。高速切削可以加工淬火钢，材料硬度可高达60HRC以上，加工过程甚至可以不用切削液。在模具的高淬硬钢件的加工过程中，采用高速切削代替电火花加工和磨削抛光工序，可避免电极制造和电火花加工时间，大幅度减少钳工的打磨与抛光量。高速加工的"小量""快进"使切削力大大减少，能高速排除切屑，减少热应力变形，提高刚性差和薄壁零件切削加工的可能性，有利于加工复杂模膛中一些细筋和薄壁。

作为现代先进制造技术中最重要的技术之一的高速加工技术代表了切削加工的发展方向，并逐渐成为切削加工的主流技术。近几年来，高速加工技术在国内已开始逐渐发展应用。据统计，在工业发达国家，目前有85%左右的模具电火花成形加工工序已被高速加工所替代。

高速加工技术改变了传统模具加工采用的"电火花加工→手工打磨、抛光"等复杂冗长的工艺流程，甚至可用高速切削加工替代原来的全部工序。高速加工技术除可应用于淬硬的精密模锻模膛的直接加工外，在EDM电极加工、快速样件制造等方面也得到广泛应用。大量生产实践表明，应用高速切削技术可节省模具后续加工中约80%的手工研磨时间，节约加工成本费用近30%，模具表面加工精度可达1μm，刀具切削效率可提高一倍。模具表面因电火花加工（EDM）产生白硬层也消失了，这样就大大提高了模具寿命，减少了返修量。

以国内某汽车公司锻造厂运用米克朗的高速铣加工曲轴和连杆锻模为例，传统的加工工序为：外形粗加工→仿形铣粗加工模膛→热处理→外形精加工→数控电火花粗、精加工模膛→钳工打磨抛光模膛→表面强化处理。采用高速加工后的工序为：外形粗加工→热处理→外形精加工→高速铣加工模膛→表面强化处理大大简化了工序。

4. 组合凹模尺寸

由H13和3Cr2W8V等模具钢制造的凹模，当模膛工作压力小于1000MPa时可采用整体凹模。选定凹模材料后，可按弹性力学方法根据模膛直径d和工作压力p决定凹模外径D，并核算其强度。对于圆形截面的凹模，可按受内压的厚壁圆筒计算公式近似计算。

由H13和3Cr2W8V等模具钢制造的凹模，当模膛工作压力为1000~1500MPa时，采用双层组合凹模；模膛工作压力为1500~2500MPa时，采用三层组合凹模。

组合凹模各圈直径可参考上述来决定。压合面的角度γ一般为1°30′。外预应力圈外径d_2与凹模模膛直径d_1的比值一般为4~6。图4-55所示为三层组合凹模压合前的配合情况。

5. 模具材料

（1）冷锻用模具材料 钢冷锻时的变形抗力较大，模具工作部分产生很大的应力并受到剧烈的摩擦，所以它应具有高的强度、硬度、韧度和耐磨性。为了保持模具工作部分的尺寸精度和不发生塑性变形，模具材料应有足够高的屈服强度。由于硬度与抗压屈服强度大致为正比关系，所以模具应

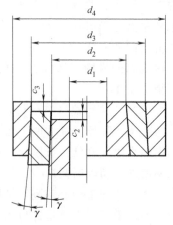

图4-55 三层组合凹模

该有足够高的硬度。冷锻时，由于塑性变形功以热能的形式释放出来，会引起锻件和模具温度升高，所以冷锻模具材料也要求热稳定性好。模具材料还应具有良好的冷加工性能（如易切削、表面粗糙度值低等）和热加工性能（锻造性能好、热处理淬透性高和变形小等）。

负荷较轻的冷锻模、下料模和冷切边模等主要用碳索工具钢及低合金工具钢制造。用于冷锻模的碳素工具钢主要有 T7A、T8A、T10A 几种。

尺寸较大、形状较复杂的冷锻模具可用淬透性较高的低合金工具钢制造。常用的有9Mn2V、CrWMn、Cr12（相当于 GCr15）、9SiCr、CrWMn 和 9WMn2 等。高碳工具钢和中铬工具钢具有淬火变形小、淬透性好和耐磨性高等特点，常用来制造承受负荷大、生产批量大、耐磨性好、热处理变形小和形状复杂的模具。常用的冷锻用模具材料除了高铬工具钢外，还有 W6Mo5Cr4V2，7Cr7Mo3V2Si 等。

（2）热锻用模具材料　热模锻对高温坯料进行打击，变形金属流动剧烈，锻件与模具接触时间较长，要求模具材料具有高的热稳定性、高温强度和硬度、冲击韧度、耐热疲劳性和耐磨性且便于切削加工。较轻工作负荷的热锻模可用低合金钢来制造，如 4SiCrV、8Cr3等。一般负荷的热精锻模采用 5CrMnMo 等锻模钢来制造。复杂形状的锻模采用 H13（4Cr5MoSiV1）、3Cr2W8V 等钢种制造。

为了使锻模模腔有高的耐磨性，可采用表面处理（氮化、软氮化、渗硼和渗铬等）方法提高其耐磨性。进行氮化或软氮化的模具钢，应在处理温度下有足够的热稳定性。当采用电火花加工和成形磨削方法加工模具时，要求模具钢有较高的渗透性，而需使用淬透性较高的低合金工具钢。模具的磨损情况和工作寿命还与模具设计、操作、润滑条件和模具维护等有关，若忽略这些因素，即使选用优质的材料和采用良好的加工过程制造模具，也不一定能得到较高的模具寿命。

（3）锻模的焊接修补　锻模在加工后期或使用过程中，有时会出现裂痕、崩角、模边磨损、划伤等缺陷，一般可采用冷焊、氩弧（烧）焊、激光焊等主要焊接方法进行修补；如果裂纹或磨损量较大时，也可采用堆焊。

模具冷焊修补是在极短时间内释放上千安的大电流，在无热变形的情况下，将碳素钢、合金钢等专用的焊条（或焊丝、焊片）熔在金属基体上，焊条（或焊丝、焊片）的成分与母材的成分相近或相同，适用于修复锻模的少量缺陷。经过该技术修复的 4CrMnSiMoV1 等模具钢的大量金相分析证明，修补材料与母体结合牢固，基体不变形，无组织性能改变，热影响区极小，修补层硬度可达 50HRC 以上。

还可采用氩弧焊和激光焊修补锻模。

在氩弧焊的过程中，电弧空间在氩气保护下，焊材经电弧高温溶解，接触模具表面时会立刻冷却及凝固。氩弧焊前模具一般要进行预热、保温以减少氩弧焊时焊缝中的内应力。氩弧焊后要进行热处理，使焊缝与母材的硬度、组织性能相匹配。

对于精密锻模的补焊可利用高能量的激光焊进行。激光焊的优点是焊时加热范围小，模具不会变形及焊接溶池周边不会产生凹陷。在窄小、深腔等精细部位进行补焊，其边缘不会烧损。由于用惰性气体保护，补焊部位不会烧焦，氧化性极低。通过操纵杆控制以及显微镜下操作，焊点准确率高，焊点直径可达到 0.2mm。各种专用焊材适合不同模具材质，焊后可进行抛光蚀纹。

应用氩弧焊和激光焊修补锻模可节省大量改模、修模或返工所付出的材料、人工及时间的成本。

课后思考

1. 摆动辗压可以用于锻造哪些种类锻件？
2. 环件辗压分类有哪些？
3. 液态模锻与压铸工艺有何区别？
4. 等温锻造成形有哪些工艺条件？为什么等温锻造能改善锻件的力学性能？
5. 什么是辊锻？辊锻能成形哪些锻件？
6. 热挤压成形过程需要注意什么？
7. 精密模锻和普通模锻有什么区别？

【新技术·新工艺·新设备】

等温锻造设备新进展

2014年7月1日，陕西宏远航空锻造有限责任公司等温锻造生产线（一期）建设项目160MN等温锻造压力机（图4-56）顺利实现热载试车。该设备由天津市天锻压力机有限公司设计制造，设计压力160MN，实际最大压力可达到200MN。该设备在设计过程中充分考虑了等温锻造过程的控制需求，具有加载速度和位移精确可控的特点，尤其是其滑块速度0.005mm/s的超低速控制能力，可满足航空特种高温合金、钛合金以及金属间化合物等难变形合金锻件的等温超塑成形，可满足目前所有航空飞机机身结构钛合金精密锻件，以及发动机难变形合金盘、轴类锻件的等温精密模锻成形。根据超塑成形理论，在等温锻造条件下，160MN压力机锻造能力相当于800~1000MN普通压力机的锻造能力。

同时，160MN等温锻压力机具有双工作台、全自动机械手，该等温锻造压力机与围绕机械手的"扇形"电炉群布局构成了等温锻造生产线，集成物联系统不仅提高主设备的利用率，而且使机械手从每台电炉取料、转运时间趋于一致，可大大提高锻件的一致性和批次稳定性。160MN等温锻造压力机以及配套生产线建成之后，将极大地促进航空飞机及其发动机锻件的研制生产，为突破我国航空工业发展瓶颈贡献力量。

2018年4月9日，航空工业贵州安大航空锻造有限责任公司的250MN等温锻造压力机（图4-57）启动生产，标志着中航工业安大等温锻造能力重大提升，向锻件"优质、精密、高效、环保"方向发展。

该等温锻造压力机最大压力为300MN，主体机构、液压系统、电器系统以及双工作台设计在现有等温锻造设备基础上均有大幅提升，可实现大型锻件、复杂结构件及盘类件的精密成形，设备之间高效兼容，结合机器人精准控制，产品生产率较传统设备提升两倍，产品品质稳定性和材料利用率大幅提升。设备投产后，将极大地满足我国大型钛合金、高温合金等难变形材料复杂锻件的成形需要，有力促进航空、航天、船舶、风电等领域对大型等温锻造技术的研发应用，对实现大型等温锻造盘轴件的国内自主研制具有重要的战略意义。

图 4-56　陕西宏远 160MN 等温锻造压力机

图 4-57　中航工业安大 250MN 等温锻造压力机

2019 年 9 月 21 日，西安三角防务股份有限公司正式签约建设全球最大的 300MN 等温锻造液压机。该设备采用钢丝预应力缠绕结构，具备低速控制、平衡控制、保压控制等功能，能够有效提高设备刚度和使用寿命。建成后，将主要用于等温锻、热模锻产品的工艺研制，适用于温合金、钛合金、粉末合金等各种难变形合金材料及复杂形状的大型结构件、盘类零件、航空发动机叶片等高端锻件的等温锻造成形。2021 年 3 月 31 日，300MN 等温模锻液压机热试成功（图 4-58）。该项目的建设应用对我国实现大型模锻结构件、精密盘轴类等温锻件的自主制造、自主研发具有重大意义，将显著提升我国航空装备制造业的技术水平，促进我国新材料加工领域的技术进步。

图 4-58　三角防务 300MN 等温模锻液压机热试成功

【工匠精神·榜样的力量】

叶林伟：巧手"玩转""巨无霸"

在中国二重德阳万航模锻有限责任公司，有一个总重 2.2 万 t、13 层楼高的庞然大物，这就是中国二重历时 10 年打造的"重装之王"，目前世界上最大的八万吨模锻压机。而让这台巨无霸发出澎湃能量的正是这位瘦削的年轻人——叶林伟（图 4-59）。10 年前，这位内江小伙来到德阳求学、工作，经过不懈努力，成为了中国八万吨模锻压机的首位操作手。

图 4-59 叶林伟

2012 年，中国二重开始八万吨模锻压机的试制生产，如何精确操控这台前所未有的机器巨人，前行的每一步都是在摸着石头过河，而这个先行者的重任，就放在了刚刚参加工作不久的叶林伟肩上。为了尽快掌握压机操作技术和初步的维修能力，叶林伟利用休息时间在家自学八万吨液压原理图。由于八万吨液压原理都是英文，叶林伟借助词典，一点点摸索，凭借着一股子初生牛犊不怕虎的钻劲儿，短短一个月时间就通过了外方技术考核。

每当坐在八万吨模锻压机操作台前，叶林伟总是透出与他年龄不符的沉稳与专注，他的手轻轻推动操纵杆，数吨重的金属坯料不断被挤压成型，工友们戏称这个过程叫"压月饼"。

2017 年，叶林伟迎来了他人生的第一块"大月饼"——C919 起落架。

2017 年 5 月 5 日，我国自主研制的新一代喷气式大型客机 C919 顺利完成首飞，在飞机着陆的时刻，主起落架成功经受住了载重 70 多吨飞机落地瞬间的冲击力，而这台起落架就出自叶林伟之手。

7 年时间，他压制各种航空锻件上千件，先后荣获中央企业青年岗位能手、德阳市技术能手等荣誉称号（图 4-60）；他也将这份热爱传递给后来者，7 年时间，先后参与制定了八万吨模锻压机人机操作界面和工艺参数列表，参与了压机操作界面的汉化工作，即使新晋操作员没有一点英语基础，但只要经过了系统的培训，也能胜任八万吨模锻压机的操作，为二重培训出多位八万吨模锻压机操作手。

图 4-60 叶林伟的部分荣誉证书

叶林伟说："非常感谢德阳把我从一个懵懂少年培养成了八万吨大型模锻压机的第一位操作手，作为无数工业产业者中的一员，我也希望更多的年轻人能够保持积极学习的态度，奋斗永不停歇，为我们中国制造业提供更多新鲜的血液，为我们的重装事业贡献自己的青春和力量。"专注，是一种很纯粹的力量，这种力量的源头来自于人对自己做的事情，是发自真心的热爱，叶林伟将这份热爱通过掌心与八万吨模锻压机操作台紧紧联系在了一起。

参 考 文 献

[1] 闫洪. 锻造工艺与模具设计 [M]. 北京：机械工业出版社，2013.

[2] 胡亚民，华林. 锻造工艺过程与模具设计 [M]. 北京：北京大学出版社，中国林业出版社，2006.

[3] 姚泽坤. 锻造工艺与模具设计 [M]. 西安：西北工业大学出版社，2013.

[4] 陈学慧. 汽车贯通轴平锻工艺 [J]. 锻压技术. 2009，5（34）：33-35.

[5] 李志广，崔随现，胡丰泽. 钢质锻件加热时间的确定 [J]. 热加工工艺，2010，39（13）：102-104.

[6] 胡亚民，伍太宾，等. 摆动辗压工艺及模具设计 [M]. 2版. 重庆：重庆大学出版社，2008.

[7] 中国机械工程学会塑性工程学会. 锻压手册：第3卷　锻压车间设备 [M]. 3版. 北京：机械工业出版社，2013.

[8] 郭鸿镇，姚泽坤，虢迎光，等. 等温精密锻造技术的研究发展 [J]. 中国有色金属学报，2010，20（专辑1）：570-576.

[9] 夏巨谌，等. 金属材料精密塑性成形方法 [M]. 北京：国防工业出版社，2007.

[10] 宋培林. 突缘叉模锻的设计改进 [J]. 模具技术，2008（6）：14-16.

[11] 章庆洪，崔勇，等. 年产百万件E级连杆锻件工艺设计 [J]. 工程建设与设计，2000（3）：32-33.

[12] 中国机械工程学会塑性工程学会. 锻压手册：第1卷　锻造 [M]. 3版. 北京：机械工业出版社，2013.

[13] 龚小涛，周杰，徐戊娇，等. 铝合金等温锻造技术发展 [J]. 锻压装备与制造技术，2009（2）：23-25.

[14] 张正修，等. 螺旋压力机及其吨位的计算方法 [J]. 机械工人（热加工），2000（2）：46-48.

[15] 蔡塘. 锻压行业设备构成与发展前景 [J]. 设备管理与维修，2007（8）：13-14.

[16] 程培源. 模具寿命与材料 [M]. 北京：机械工业出版社，2004.

[17] 张应龙. 锻造加工技术 [M]. 北京：化学工业出版社，2008.

[18] 刘俊超. 有关锻造技术应用发展模式的研究 [J]. 科技资讯，2017（10）：105-106.

[19] 许久海. 锻造技术的应用发展模式分析 [J]. 中国新技术新产品，2017（8）：62-63.

[20] 张如华，付俊新. 锻件镦粗成形的材料规格范围 [J]. 金属成形工艺，2001，19（6）：37-39.

[21] 中国锻压协会. 特种合金及其锻造 [M]. 北京：国防工业出版社，2009.

[22] 夏巨谌. 典型零件精密成形 [M]. 北京：机械工业出版社，2008.

[23] 李永堂，付建华. 锻压设备理论与控制 [M]. 北京：国防工业出版社，2005.

[24] 卢银德. 大型锻件的热处理工艺 [J]. 金属热处理，2004，29（4）：47-49.

[25] 张方，窦忠林，邹彦博. 航空锻造技术的应用现状及发展趋势 [J]. 航空制造技术，2015（7）：60-63.